高等学校教材

综合化学实验

■ 姜建辉　赵俭波　卢亚玲　主编

化学工业出版社

·北京·

内容简介

《综合化学实验》以培养高素质化学人才为目的，实验设计以教育部关于一流本科课程建设"两性一度"为指标。实验内容涉及知识范围广，教材内容分为三个层次，第一层次是综合实验中要用到的仪器设备及操作方法，第二层次为基础性实验，第三层次为综合设计性实验。其中，部分实验内容是由教师科研成果转化而来，具有较好的综合性和创新性，使本教材具备了综合性、教育性、前导性。

《综合化学实验》可作为高等学校化学、应用化学及相关专业的本科生教材，也可供化学类相关专业的教师和科研技术人员参考。

图书在版编目（CIP）数据

综合化学实验 / 姜建辉，赵俭波，卢亚玲主编. —
北京 ：化学工业出版社，2023.6
ISBN 978-7-122-42782-3

Ⅰ. ①综… Ⅱ. ①姜… ②赵… ③卢… Ⅲ. ①化学实
验 Ⅳ. ①O6-3

中国国家版本馆 CIP 数据核字（2023）第 077184 号

责任编辑：李 琰　　　　　　　　　　　文字编辑：葛文文
责任校对：李 爽　　　　　　　　　　　装帧设计：关 飞

出版发行：化学工业出版社（北京市东城区青年湖南街 13 号　邮政编码 100011）
印　　装：北京印刷集团有限责任公司
787mm×1092mm　1/16　印张 13¼　字数 325 千字　2023 年 10 月北京第 1 版第 1 次印刷

购书咨询：010-64518888　　　　　　　售后服务：010-64518899
网　　址：http://www.cip.com.cn
凡购买本书，如有缺损质量问题，本社销售中心负责调换。

定　　价：35.00 元

《综合化学实验》编写组

主　编　姜建辉　赵俭波　卢亚玲

副主编　戴　勋　梁鹏举　李治龙

编　者（按姓氏笔画排列）

丁慧萍　王咏梅　卢亚玲　田明霞

李治龙　张　园　赵俭波　姜建辉

梁鹏举　戴　勋

主　审　田维亮

前 言

《综合化学实验》根据教育部高等学校化学类专业教学指导委员会关于化学类专业实验的基本教学要求，并在教学实践的基础上结合我校应用化学、化学专业实际编写而成。按照"厚基础、强能力、高素质、宽口径"的要求，通过实验教学环节既训练学生熟练掌握各项化学操作技能，又培养实践创新能力，培养符合 21 世纪社会发展需要，能从事生产、研究、开发、分析和设计的高级技术人才和继续在化学、医学、材料科学、环境科学、药学等领域进行深入研究的、具有很强创新意识的高级研究人才。

本书根据化学类专业特点对开设的实验进行了合理的分类，按照实验内容分为综合实验常用仪器、天然产物化学、合成化学、精细化学品化学、高分子化学、环境化学、材料化学、综合设计性实验八大部分，对学生进行研究方法和思维训练，同时兼顾基础性、应用性专业的教育特点，通过研究性综合实验，直接将学生引导进入化学研究前沿，注重提高学生分析问题、解决问题的能力，培养学生的创新意识、科研能力和团队精神。

综合化学实验对学生掌握知识的广度和深度提出了更高的要求，实验突出了知识间的内在联系。通过学习综合实验，培养学生综合运用化学学科知识和实验技巧的能力，培养学生实验的整体感和全局观，使学生受到最基本的科学训练，了解科研工作的基本步骤和内容，使学生具有初步的科研创新意识。通过专题创新实验培养学生独立思考、创新能力以及团结协作精神，使其初步具有独立开展实验工作的能力，为今后从事生产和相关领域的科学研究与技术开发工作打下坚实基础。

塔里木大学的姜建辉、赵俭波、卢亚玲担任主编，戴勋、梁鹏举、李治龙担任副主编，参加本书编写的人员有：卢亚玲（第一章），丁慧萍（第二章），张园、田明霞（第三章），赵俭波（第四章），戴勋（第五章），王咏梅（第六章），梁鹏举（第七章），姜建辉、李治龙（第八章）。全书由主编统稿定稿。编写过程中参考了不少国内外有关化学实验教材和文献资料，在此对相关作者表示衷心感谢！

本书的出版得到了塔里木大学一流专业"应用化学"项目的经费支持，特予感谢！

由于经验和水平所限，书中不当之处仍难避免，敬请读者批评指正。

编者

2022 年 12 月

目录

第一章 综合实验常用仪器

第一节 紫外-可见分光光度计

【基本原理】

紫外-可见分光光度法是根据物质分子对波长为 $200\sim780\text{nm}$ 范围的电磁波的吸收特性所建立起来的一种定性、定量和结构分析的方法。其理论基础是朗伯-比尔（Lambert-Beer）光吸收定律。

$$A = \lg \frac{1}{T} = -\lg T = \varepsilon bC \tag{1-1}$$

式中，A 为吸光度；T 为透射率；ε 为摩尔吸光系数；b 为液层厚度；C 为试样浓度。

在实际测定过程中，用已知准确浓度的标准溶液作为测定对象，测得其吸光度值，绘制标准曲线（$A\text{-}C$ 曲线）。根据待测溶液在相同条件下的吸光度数值，可从标准曲线上查得待测液的浓度。此外也可采用比较法和标准加入法进行测定。

【基本结构】

紫外-可见分光光度计分为单波长分光光度计和双波长分光光度计两类。单波长分光光度计又分为单光束和双光束分光光度计。紫外-可见分光光度计主要由光源、单色器、吸收池、检测器、信号处理记录及显示系统五大部分组成，如图 1-1 所示。

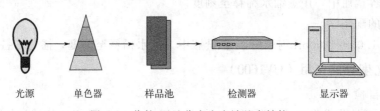

光源　　　单色器　　　样品池　　　检测器　　　显示器

图 1-1　紫外-可见分光光度计基本结构

1. 光源

光源的作用是提供分析所需的连续光谱。紫外-可见分光光度计常用的光源有热辐射光源和气体放电光源两类。

钨灯是可见光区最常用的光源，使用的波长范围为 320～2500nm。氢灯和氘灯是紫外区最常用的光源，使用的波长范围为 165～375nm。

2. 单色器

单色器的作用是将光源发出的复合光分解为按波长顺序排列的单色光。它的性能直接影响入射光的单色性，从而影响测定的灵敏度、选择性和校正曲线的线性关系等。单色器由入射狭缝、反射镜、色散元件、聚焦元件和出射狭缝等几部分组成，其关键部分是色散元件，起分光作用。色散元件有两种基本形式：棱镜和光栅。

3. 吸收池

样品池，也称吸收池、比色皿等，用于盛放试液，由玻璃或石英制成，玻璃吸收池只能用于可见光区，而石英池既可用于可见光区，也可用于紫外光区。

4. 检测器

检测器是一种光电转换元件，其作用是将透过吸收池的光信号强度转变成电信号强度并进行测量。目前，紫外-可见分光光度计中多用光电管和光电倍增管。

5. 信号处理记录及显示系统

紫外-可见分光光度计多采用数字电压表等显示，或用 X-Y 记录线，并配有计算机数据处理平台。

【仪器和药品】

仪器：紫外-可见分光光度计（UV1600、UV2400 或其他型号），石英比色皿，容量瓶，烧杯，胶头滴管，吸量管。

药品：待测标准溶液，样品溶液，蒸馏水。

【操作步骤】

1. 溶液的配制

（1）待测标准溶液的配制

准确称取 0.5g 水溶性待测标准溶液，置于 1000mL 容量瓶中，用适量蒸馏水溶解定容。用 10mL 吸量管分别移取 0.00mL、2.00mL、4.00mL、6.00mL、8.00mL 和 10.00mL 于 6 个 50mL 容量瓶中，用蒸馏水稀释至刻度。

（2）样品的配制

取未知液 1.00～5.00mL 于 50mL 容量瓶中，用水稀释至刻度，摇匀，备用。

2. 分光光度计的使用（UV1600）

（1）开机自检

打开紫外-可见分光光度计电源开关，点击显示屏上 SPD 图标，仪器初始化自检。

（2）联机

初始化自检完成后点击联机，点击电脑桌面上的 SPD5.0 快捷方式启动软件，联机成功后进入 SPD5.0 主菜单界面。

（3）光谱扫描

点击功能-光谱扫描进入光谱扫描测量功能，输入起始波长、结束波长、扫描间隔等参数，参数设置完成后点击确定。

将参比样品置入样品池内，点击基线，仪器自动建立基线。待测样品置入样品池内，点击测试，即得扫描光谱图。在光谱扫描数据子窗口点击鼠标右键，可执行坐标设置、图谱缩放和自动调整最佳显示区域、保存、峰谷检测功能。峰谷检测功能同时显示带数据标注的图谱峰谷和峰谷数据列表。

（4）定量测定

定量测量功能用于获得待测样品浓度，通常使用标准曲线法。标准曲线法是测得多组标准样品的吸光度值（已知浓度），通过已设置的线性回归方程功能，自动生成吸光度和浓度的工作曲线 $C=A \times K+B$（K 为斜率，C 为浓度，B 为截距），获得待测溶液的吸光度值即可自动计算出样品的浓度值。

点击功能-定量，进入定量测量功能，输入测定波长、样品浓度单位等参数，参数设置完成后点击确定。

对参比样品进行调零和调满度操作，依次输入标准样品的浓度值，依次测试标准样品吸光度值。仪器自动生成标准曲线和标准曲线方程。然后点击样品区域依次测试待测样品吸光度值，待测样品的浓度会根据标准曲线方程自动计算出来。

3. 最大吸收波长的确定

以蒸馏水为空白，用 1cm 石英比色皿，在紫外区 200～400nm 波长范围内进行扫描，以 1nm 为间隔扫描得待测标准溶液吸光度与波长关系图，找出最大吸收波长。

4. 标准曲线的绘制

以试剂空白为参比，在最大吸收波长处测定各标准溶液的吸光度值，绘制标准曲线。

5. 样品溶液的测定

准确移取稀释好的待测溶液，以试剂空白为参比，在最大吸收波长处测定样品溶液的吸光度值。

【数据处理】

1. 吸收曲线的绘制

以标准溶液的吸光度 A 为纵坐标，波长 λ 为横坐标，绘制吸收曲线。

2. 标准曲线的绘制

以标准溶液的吸光度 A 为纵坐标，相应的浓度 C 为横坐标，绘制标准曲线。

3. 样品溶液含量的计算

从标准曲线上查出样品溶液的吸光度值 A 所对应的 C 值，按下式计算含量（$\mu g \cdot mL^{-1}$）：

$$C=C_x \times \frac{1.00}{50} \tag{1-2}$$

【注意事项】

1. 使用的吸收池必须洁净，并注意配对使用。容量瓶、移液管均应校正、洗净后使用。

2. 取吸收池时，手指应拿毛玻璃面的两侧，装盛样品以池体的 4/5 为度，使用挥发性溶液时应加盖，透光面要用擦镜纸由上而下擦拭干净，检视应无溶剂残留。吸收池放入样品室时应注意方向相同。用后用溶剂或水冲洗干净，晾干防尘保存。

3. 试样测定和工作曲线测定的实验条件应完全一致。

【思考题】

1. 紫外-可见分光光度计由哪些部件构成？各部件的功能是什么？
2. 紫外-可见分光光度计定性、定量依据是什么？

第二节　红外光谱仪

【基本原理】

　　红外吸收光谱法主要依据分子内部原子间的相对振动和分子转动等信息来确定物质分子结构和鉴别化合物。不同的化学键或官能团，其振动能级从基态跃迁到激发态所需的能量不同，因此要吸收不同的红外光，在不同波长出现吸收峰，从而形成红外光谱。

　　产生红外吸收的条件：①辐射后具有能满足物质产生振动跃迁所需要的能量；②分子振动有瞬间偶极矩变化。

【基本结构】

　　傅里叶变换红外光谱仪（Fourier transform infrared spectrometer，FTIR）是 20 世纪 70 年代问世的，被称为第三代红外光谱仪。FTIR 主要由红外光源、迈克尔逊（Michelson）干涉仪、检测器、计算机等组成。光源发散的红外光经干涉仪处理后照射到样品上，透射过样品的光信号被检测器检测到后以干涉信号的形式传送到计算机，由计算机进行傅里叶变换的数学处理后得到样品红外光谱图。图 1-2 是 FTIR 的基本结构，它与色散型红外光度计的主要区别在于干涉仪和计算机两部分。其干涉仪采用迈克尔逊干涉仪，是 FTIR 的核心部分，按其动镜移动速度不同，可分为快扫描型和慢扫描型，一般的 FTIR 均采用快扫描型的迈克尔逊干涉仪，慢扫描型迈克尔逊干涉仪主要用于高分辨光谱的测定。

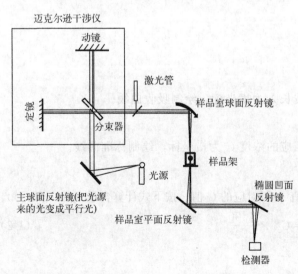

图 1-2　傅里叶变换红外光谱仪基本结构

【仪器和药品】

仪器：BrukerALPHA 傅里叶变换红外光谱仪或美国热电尼高力公司 Nicolet 5700 智能傅里叶红外光谱仪，手动液压式红外压片机及配套压片模具，玛瑙研钵，红外灯。

药品：干燥粉末样品，KBr。

【操作步骤】

1. 空白压片

用电子天平称取一定量的 KBr 粉末（每份约 200mg），在红外灯下于研钵中加入 KBr 进行研磨，直至 KBr 粉末颗粒足够小（注意 KBr 粉末须干燥）；然后将 KBr 装入模具，在压片机上压片，先将压力上升至 10MPa 左右，稳定 5～10s，接着将压力上升到 18MPa 左右，稳定 10～15s 后打开气阀，取出样品。

2. 样品压片

取干燥的约 1mg 试样置于干净的玛瑙研钵中，在红外灯下研磨成细粉，再加入约 150mg 干燥且已研磨成细粉的 KBr 一起研磨至二者完全混合均匀，混合物粒度约为 $2\mu m$ 以下（样品与 KBr 的比例为 1：100～1：2000）。然后取适量的混合样品按空白压片操作压片。

3. 开机准备

打开稳压电源，仪器一般常开，如果仪器设置待机状态，则长按绿色按钮 4～5s 即开机，预热 30min。

启动 OPUS8.0 IR 工作站：点击桌面 OPUS 图标，输入密码即可安全登录，登录后仪器会初始化，等待 1～2min，仪器右下端会有提示 PQ 测试，测试完成后点击"关闭"即可。

4. 样品测定

把 KBr 压片放入吸收池样品架中，点击"常规测量"，设定扫描范围 4000～400cm^{-1} 或采用默认参数。放入空白 KBr 压片，点击"测量背景单通道光谱"，得到背景的扫描谱图。放入样品压片，点击"测定样品单通道光谱"，得到样品光谱图。

5. 结束工作

扫描结束后，取出样品架，取下薄片，将压片模具、试样架等擦洗干净置于干燥器中保存好。

【数据处理】

在测定的谱图中根据出现吸收带的位置、强度和形状，利用各种基团特征吸收的知识，确定吸收带的归属。若出现了某基团的吸收峰，应该查看该基团的相关峰是否也存在。应用谱图分析，结合其他分析数据，可以确定化合物的结构单元，再按照化学知识和解谱经验，提出可能的结构式。然后查找该化合物标准谱图来验证推断的化合物的结构式。

1. 确保试样与 KBr 药品的纯度与干燥度。
2. 在制备样品的时候要迅速，以防止其吸收过多的水分，影响实验结果。
3. 试样放入仪器的时候动作要迅速，避免其中的空气扰动影响实验的准确性。
4. KBr 压片的过程中，粉末要在研钵中充分磨细，且于压片机上制得的透明薄片的厚度要适当。

【思考题】

1. 为什么测试粉末固体样品的红外光谱时选用 KBr 制样？有何优缺点？
2. 用 FTIR 测试样品的红外光谱时为什么要先测试背景？
3. 如何用红外光谱鉴定饱和烃、不饱和烃和芳香烃的存在？

第三节　表面张力仪

【基本原理】

　　表面张力是液体，尤其是表面活性剂水溶液的一种基本性质。表面张力仪是一种用物理方法代替化学方法测定表面张力的仪器。表面张力仪根据所使用的技术不同，按测试原理可分为如下几类：铂金板法，铂金环法，气泡压力法，悬滴法，旋转滴法。以下介绍铂金板法和铂金环法。

　　铂金板法：当感测铂金板浸入被测液体后，铂金板周围就会受到表面张力的作用，当液体表面张力及其他相关的力与仪器测试的反向的力达到平衡时，感测铂金板就会停止向液体内部浸入。这时候，仪器的平衡感应器就会测量浸入深度，并将它转化为液体的表面张力值。铂金板法的具体测试步骤为：①将铂金板浸入液体内；②在浸入状态下，由感应器感测平衡值；③将感应到的平衡值转化为表面张力值，并显示出来。

　　铂金环法：由于被广泛应用于 du Nouy 表面张力仪，这种方法又称为 du Nouy 法，并因操作简便而被广泛使用。如图 1-3 所示，铂金环法这个称法是因测试部分与液体样品间会形成一个环形。铂金环法的测量方法为：①将铂金环轻轻地浸入液体内；②将铂金环慢慢地往上提升，即液面相对下降，使得铂金环下面形成一个液柱，并最终与铂金环分离。铂金环法就是感测一个最高值，而这个最高值形成于铂金环与液体样品将离而未离时。这个最高值转

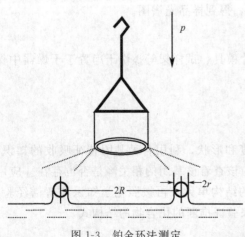

图 1-3　铂金环法测定

化为表面张力值的精度取决于液体的黏度。

$$\gamma = \frac{p}{4\pi R}F \tag{1-3}$$

式中，γ 为表面张力；p 为作用于铂金环向下的力；F 是一个修正值，它的大小取决于环的直径与液体的性质。这个修正值很重要，因为向下的力并不一直是垂直的，而且随铂金环拉起来的液体的状况也很复杂。r 为铂金环（金属丝）的半径，$2R$ 为铂金环的内径（两个金属丝中心间的距离）。

一般而言，F 值通过 Zuidema & Waters 等式计算得到：

$$(F-a)^2 = \frac{4b}{\pi^2} \times \frac{1}{R^2} \times \frac{p}{4\pi R\rho} + c \tag{1-4}$$

式中，ρ 为液体的密度差；a 为 0.7250；b 为 $0.09075\mathrm{m}^{-1}\cdot\mathrm{s}^2$；$c$ 为 $0.04534-1.679r/R$。

【基本结构】

表面张力仪主机正面如图 1-4 所示。
表面张力仪主机背面如图 1-5 所示。

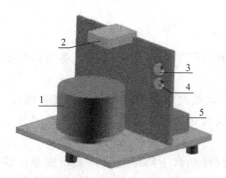

图 1-4　表面张力仪主机正面
1—升降平台；2—传感器；3—粗调旋钮；
4—细调旋钮；5—电源变压器

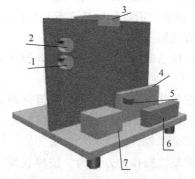

图 1-5　表面张力仪主机背面
1—细调电位器；2—粗调电位器；3—传感器；4—控制电路板；
5—仪器矫正电位器 R_2（20k）；6—接口面板；7—电源变压器

【仪器和药品】

仪器：JK99C 表面张力仪，镊子，玻璃皿。
药品：蒸馏水，液体样品。

【操作步骤】

1. 脱机测试步骤

（1）铂金板法（吊片法）

按下 set 键跳至模式，用上下键选择模式 1（吊片法）。按下 set 键跳至速度选择，用上下键选择速度，通常使用 2（慢速）；按下 set 键跳至触发张力，用上下键选择，通常使用 5（即 $5\mathrm{mN}\cdot\mathrm{m}^{-1}$）。在模式 2 中，跳过此选择。按下 set 键跳至吊片宽度，使用上下键调节数据，最后按下 test 键，仪器即按吊片法原理自动工作。待完成测试后按 print 键即可打印出数据。

（2）铂金环法（吊环法）

按下 set 键跳至模式，使用上下键选择模式 2（吊环法）。按下 set 键跳至速度选择，用上下键选择速度，通常使用 2（慢速）；按下 set 键跳至吊环外径平均，用上下键调节数据。与模式 1 相比，跳过了触发张力选择。最后按下 test 键，仪器即按吊环法原理自动工作。待完成测试后按 print 键即可打印出数据。

2. 联机测试步骤

（1）铂金板法（吊片法）

① 打开仪器开关，打开电脑，调出（全自动张力仪 . EXE）应用程序。

② 在选项菜单中点击"连接"选项，连接计算机与仪器，一般默认使用 COM1。如果连接成功，则屏幕右上角实测数据会不断更新；如果连接失败，会有提示"Connect error!"。

③ 将铂金板挂在挂钩上，并在选项菜单中点击"设置"选项，设置测试模式、铂金板周长、触发张力值及中点偏移。

④ 调节仪器的粗调和细调旋钮，直到程序屏幕上的重力 $= +0.000 \text{mN} \cdot \text{m}^{-1}$。或者使用软件界面的"清零"按钮进行软件清零。

⑤ 清洗铂金板。

⑥ 在样品皿中加入测量液体，擦干样品皿外壁，在升降平台上垫上垫圈，将烧杯置于垫圈上。

⑦ 准备就绪后，按"测试"键开始记录，仪器会自动绘制整个表面张力值的变化曲线，数据记录完成后将整个曲线显示在屏幕上。可以记录表面张力值，也可以选择文件"另存为"，存储实验结果。

⑧ 重复性操作的方法为：按停止键，等表面张力仪样品台下降停止后，重新按测试键测试，看读取值情况。此时不用理会表面张力仪显示出的残留值。一般情况下如果这个值超过 $5 \text{mN} \cdot \text{m}^{-1}$ 时，才需要重新清洗铂金板。

（2）铂金环法（吊环法）

① 打开仪器开关，打开电脑，调出（JK99C 全自动张力仪铂金环法 . EXE）应用程序。

② 在选项菜单中点击"连接"选项，连接计算机与仪器，如果连接成功，则屏幕右上角实测数据会不断更新；如果连接失败，会有提示"Connect error!"。

③ 在选项菜单中点击"自检"选项。

④ 将铂金环挂在挂钩上，并在选项菜单中点击"设置"选项，设置测试模式、铂金环外径、中点偏移和密度差。注释中可以填入用户所需的信息。

⑤ 调节仪器的粗调和细调旋钮，直到程序屏幕上的重力 $= +0.000 \text{mN} \cdot \text{m}^{-1}$。或者使用软件界面的"清零"按钮进行软件清零。

⑥ 清洗铂金环，步骤为：用镊子夹取铂金环，并用流水冲洗，冲洗时应注意与水流保持一定的角度，原则为尽量做到让水流洗干净环的表面并且不能让水流使环变形。通常情况用水清洗即可，但遇有机溶液或其他污染物用水无法清洗时，用丙酮清洗或用 20% HCl 加热 15min 进行清洗。然后再用水冲洗，用酒精灯烧干即可。

⑦ 在样品皿中加入测量液体，擦干样品皿外壁，在升降平台上垫上垫圈，将烧杯置于

垫圈上。

⑧ 根据平台的高低，选择平台升高的范围。选择菜单中点击"设置"选项。

⑨ 准备就绪后，按"测试"键开始记录，仪器会自动绘制整个表面张力值的变化曲线，数据记录完成后将整个曲线显示在屏幕上。可以记录表面张力值，也可以选择文件"另存为"，存储实验结果。

⑩ 重复性操作的方法为：按测试键重新测试，看读取值情况。

【数据处理】

记录不同浓度的表面张力。

【注意事项】

1. 应确保在正式测试前先将主机打开 10min，使传感器预热平衡，等系统稳定后方可使用。

2. 使用前应将铂金板挂至挂钩上，做好清零处理，方法分为两步：①当显示值与零相比差别很大时，先用软件归零；②软件归零后再用粗调（|显示值|>1mN·m^{-1} 时）和微调（|显示值|≤1mN·m^{-1} 时）按钮进行归零处理，应确保最后的显示值与零最接近。

3. 每次测试前应确保铂金板及玻璃皿干净。确保铂金板干净的方法：在通常情况下先用流水（最好蒸馏水）清洗再用酒精灯烧铂金板，当整个板微红时结束（时间为 20～30s）并挂好待用。确保玻璃皿干净的方法：在测试前将玻璃皿清洗并烘干，测试时应先取被测样品进行预润湿，以保持所测数据的有效性。

4. 铂金板未冷却下来之前请不要将它与任何液体接触，以免其弯曲变形影响测量值准确性。

【思考题】

1. 比较铂金板法与铂金环法。
2. 铂金环法存在哪些不足？

第四节　高效液相色谱仪

【基本原理】

同一时刻进入色谱柱中的各组分，由于在流动相和固定相之间溶解、吸附、渗透或离子交换等作用的不同，在两相间反复多次地做相对运动，进而达到分离目的，通过检测器时，样品浓度被转换成电信号传送到工作软件，数据以图谱形式表现出来。

【基本结构】

高效液相色谱仪按仪器功能不同可分为分析型、制备型、半制备型等。其主要结构为：

高压输液系统、进样系统、分离系统和检测系统。此外还配有辅助装置：梯度淋洗、自动进样及数据处理等。高效液相色谱分析的流程：由高压泵将贮液罐中的流动相吸入色谱系统，然后输出，导入进样器，被测物由进样器注入，并随流动相通过色谱柱，在柱上进行分离后进入检测器，检测信号由数据处理设备采集与处理，并记录色谱图，废液流入废液瓶。图1-6为高效液相色谱仪的结构示意图。

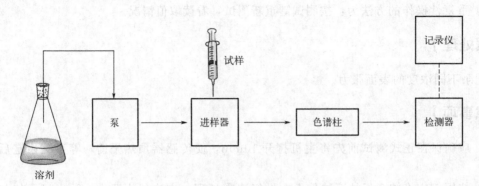

图 1-6　高效液相色谱仪结构示意图

【仪器和药品】

仪器：岛津 LC-20A 高效液相色谱仪（配自动进样器），$0.45\mu m$ 滤膜。
药品：甲醇（色谱纯），超纯水，标准对照品溶液，样品溶液。

【操作步骤】

1. 标准溶液准备

准确称取一定量的标准对照品，用甲醇-水配成一定浓度的对照品母液。取适量体积的标准对照品母液，配成一系列浓度的标准溶液。

2. 样品准备

① 开机之前，准备好所用的流动相和样品，样品要尽可能清洁，可选用样品过滤器或样品预处理柱（SPE）对样品进行预处理。检查储液器的吸滤头是否在液面以下。流动相和样品必须过 $0.45\mu m$ 滤膜。

② 必须使用高效液相色谱（HPLC）级或相当于该级别的流动相，并过 $0.45\mu m$ 滤膜。过滤后的流动相必须经过充分脱气，以除去其中溶解的气体等，如不脱气易产生气泡，基线噪声增加、灵敏度下降，甚至无法分析。

③ 查看仪器使用记录，了解仪器当前状况。

3. 仪器操作步骤

① 按仪器说明书依次打开 A 泵、B 泵、柱温箱、自动进样器、检测器、系统控制器、电脑显示器、主机（注：仪器各单元的开关均在左下角）。

② 设定色谱条件，如选用的色谱柱型号、洗脱方式、流动相比例、检测器波长、流速、进样体积。设定色谱条件后，检查基线是否正常。

4. 进样分析

状态变为 Ready 状态，当基线稳定后，可以准备进样。先将标准溶液按浓度从小到大顺序进样分析，后进样品，记录各峰的保留时间 t_R 和峰面积，对照比较标准溶液与样品溶液的 t_R，确定样品中组分的位置，由外标法计算各组分的含量。

5. 结束工作

所有样品分析完毕后，冲洗色谱柱 40min 以上，关闭仪器。

【数据处理】

1. 绘制标准曲线。
2. 计算样品中待测组分的含量。

【注意事项】

1. 流动相必须用 HPLC 级的试剂，使用前过滤除去其中的颗粒性杂质和其他物质（使用 $0.45\mu m$ 或更细的膜过滤）。

2. 流动相过滤后要用超声波脱气，脱气后应该恢复到室温后使用。

3. 使用缓冲溶液时，测完样品后应立即用水相（如 95％水）冲洗管路及柱子 1h，然后用甲醇（或甲醇水溶液）冲洗 40min 以上，以充分洗去离子。对于柱塞杆外部，测完样品后也必须用 20mL 以上超纯水冲洗。

4. 长时间不用仪器时，应该将柱子取下，用堵头封好保存，注意不能用纯水保存柱子，而应该用有机相（如甲醇等），因为纯水易长霉。

5. 每次测完样品后应该用溶解样品的溶剂清洗进样器。

【思考题】

1. 高效液相色谱法是如何实现高效、快速、灵敏的？
2. 正相色谱与反相色谱在应用上各有何特点？

第五节　气相色谱仪

【基本原理】

利用试样中各组分在气相和固定相间的分配系数不同，当气化后的试样被载气带入色谱柱中运行时，组分就在其中的两相间进行反复多次分配，固定相对各组分的吸附或溶解能力不同，则各组分在色谱柱中的运行速度就不同，经过一定的柱长后，便彼此分离，按顺序离开色谱柱进入检测器，产生的离子流信号经放大后，在记录器上描绘出各组分的色谱峰。

【基本结构】

气相色谱仪的基本构造有两部分，即分析单元和显示单元。前者主要包括气源及气路控制系统、进样装置、恒温器和色谱柱。后者主要包括检测器和自动记录仪。色谱柱（包括固定相）和检测器是气相色谱仪的核心部件，气相色谱仪的基本结构见图1-7。

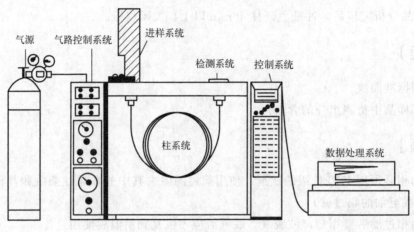

图 1-7　气相色谱仪的基本结构

【仪器和药品】

仪器：岛津 GC-2010 Plus 气相色谱仪（配备 FID 氢火焰检测器），$10\mu L$ 微量注射器，$0.45\mu m$ 滤膜。

药品：待测样品，标准溶液。

【操作步骤】

1. 溶液准备

标准溶液：准确称取一定量的标准对照品，用甲醇或乙醇等配成一定浓度的对照品母液。取适量体积的标准对照品母液，配成一系列浓度的标准溶液。

样品溶液：处理好的液体样品过 $0.45\mu m$ 滤膜，备用。

2. 仪器操作

① 按顺序打开气体发生器开关或钢瓶总阀、减压阀以及净化器上的空气开关阀，通气 10min 左右（如长时间没开机应通气 20min 以上）。若发现仪器进样口胶垫已经使用过，则拧下进样口压帽，更换进样胶垫（如长期进针，进样口内可能进油，需定期清洗进样口）。

② 在通气期间，检查各压力表是否达到规定指示值。

③ 打开电源开关，观察界面上的温度设定值和流量是否正确。

④ 上述检查无误后，进行升温，可以看到温度指示灯亮，各路温控开始加热，此时可以打开工作站，走基线。

⑤ 点火：当氢焰温度达到设定值后，勾选进行点火，可以看到工作站上氢焰的基线迅

速上升，过几秒之后以一定斜率向零点漂移，说明氢焰已点着火。

⑥ 参数设定：修改工作站的"采集设置"，设定色谱柱型号，升温方式，进样口、检测器温度，氮气、氢气、空气流速，进样量（自动进样器），实验时间。如色谱柱为 Rtx-Wax 毛细管柱或其他性能类似的色谱柱，采用程序升温，初始温度 40℃（保持 3min），以 10℃ · min^{-1} 升至 200℃（保持 2min），进样口温度 220℃，检测器（FID）温度 220℃，氮气流速 30mL · min^{-1}，空气流速 400mL · min^{-1}，氢气流速 40mL · min^{-1}，进样量 1μL。方法可以提前设定。

3. 进样分析

状态变为 Ready 状态，当基线稳定后，可以准备进样。先将标准溶液按浓度从小到大顺序进样分析，后进样品，记录各峰的保留时间 t_R 和峰面积，对照比较标准溶液与样品溶液的 t_R，确定样品中组分的位置，由外标法计算各组分的含量。

4. 结束工作

所有样品分析完毕后，降温至安全温度后，先后关闭工作站、色谱仪电源、气体发生器或钢瓶。

【数据处理】

1. 绘制标准曲线。
2. 计算样品中待测组分的含量。

【注意事项】

1. 点燃氢火焰时，应将氢气流量调大，以保证顺利点燃。点燃火焰后，再将氢气流量缓慢降至规定值。若氢气流量降得过快会熄火。

2. 注意样品体积必须准确、重现。每次进样和拔出注射器的速度应保持一致。

3. 必须注意排除气泡，若仍有空气带入注射器内，可将针头朝上，轻轻敲注射器管，待空气排尽后，排除多余试液，再用滤纸擦净针头。

【思考题】

1. 色谱法的定量方法有哪些？
2. 气相色谱仪常见的检测器有哪些类型，各自有何特点？
3. 进样速度慢会产生什么影响？

第六节　质谱仪

【基本原理】

质谱仪又称质谱计，是根据带电粒子在电磁场中能够偏转的原理，按物质原子、分子或分子碎片的质量差异进行分离和检测物质组成的一类仪器，能够实现成分和结构分析。

【基本结构】

质谱仪以离子源、质量分析器和离子检测器为核心（图1-8）。离子源是使试样分子在高真空条件下离子化的装置。电离后的分子接受了过多的能量，会进一步碎裂成较小质量的多种碎片离子和中性粒子。它们在加速电场作用下获取具有相同能量的平均动能而进入质量分析器。质量分析器是将同时进入其中的不同质量的离子，按质荷比（m/z）大小分离的装置。分离后的离子依次进入离子检测器，采集放大离子信号，经计算机处理，绘制成质谱图。离子源、质量分析器和离子检测器都有多种类型。质谱仪按应用范围分为同位素质谱仪、无机质谱仪和有机质谱仪；按分辨能力分为高分辨、中分辨和低分辨质谱仪；按工作原理分为静态仪器和动态仪器。

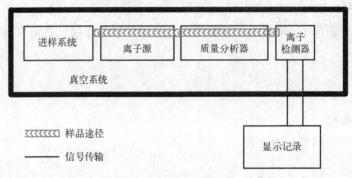

图1-8　质谱仪的基本结构

【仪器和药品】

仪器：液相色谱-质谱联用仪（安捷伦6410B三重串联四极杆质谱，配电喷雾离子源），分析天平（感量0.00001g），容量瓶，滤膜等。

药品：标准品（含量为97%），甲醇（色谱纯），待测样品。

【操作步骤】

1. 溶液准备

（1）标准溶液

精密量取标准工作溶液适量，用流动相稀释，配制成一系列标准溶液（如浓度为0.1～5.0μg·L^{-1}），供液相色谱-质谱联用仪测定用。

（2）样品溶液

取适量提取、净化过的样品溶液，用流动相稀释，滤膜过滤，备用。

2. 仪器准备

提前一天开机抽真空，设定参数，实验开始前平衡色谱柱30min，同时检查仪器各个参数是否正常，如有故障排除故障后再进行样品测定。

3. 液相色谱-质谱条件的设定

（1）色谱条件

C_{18}（150mm×2.1mm，3.5μm），或相当者；柱温：30℃；流速：0.3mL·min^{-1}；进样量：10μL；运行时间：8min；流动相：乙腈/水（50/50，体积比）。

（2）质谱条件

离子源：ESI；扫描方式：负离子或正离子模式；检测方式：多反应监测；毛细管电压：4.5kV；雾化气温度：330℃；雾化气流速：10L·min^{-1}；数据采集窗口：8min；驻留时间：0.3s；如甲硝唑测定，定性离子对选择172/128，172/82，定量离子对选择172/128，锥孔电压60V，碰撞电压10V。

4. 进样分析

分别将各浓度工作溶液放入自动进样器，然后按浓度从小到大顺序依次进样。在工作站界面设定序列进样，并启动色谱软件采集色谱图，记录各标准溶液和样品的出峰情况及峰面积。

【数据处理】

1. 以特征离子质量色谱峰面积为纵坐标，标准溶液浓度为横坐标，绘制标准曲线。求回归方程和相关系数。

2. 计算待测物含量。

【注意事项】

1. 仪器使用前需确定质量轴是否有偏差。

2. 色谱柱压力平稳后再进行样品分析。

【思考题】

1. 质谱中的离子化方法有哪些？各有什么特点？

2. 分子离子峰是如何识别的？什么是氮律？

第七节 核磁共振仪

【基本原理】

核磁共振现象来源于原子核的自旋角动量在外加磁场 B_0 作用下的运动。根据量子力学原理，原子核与电子一样，也具有自旋角动量，其自旋角动量的具体数值由原子核的自旋量子数决定，不同类型的原子核，其自旋量子数也不同。

质量数和质子数均为偶数的原子核，自旋量子数 $I=0$，如^{12}C、^{16}O。

质量数为奇数的原子核，自旋量子数为半整数，如^1H、^{13}C、^{17}O。

质量数为偶数，质子数为奇数的原子核，自旋量子数为整数，如^2H、^{14}N。原则上，自

旋量子数 $I \neq 0$ 的原子核都可以获得核磁共振（NMR）信号。但目前有实用价值的仅限于 ^1H、^{13}C、^{19}F、^{31}P 及 ^{15}N 等核磁共振信号，其中 H 谱和 C 谱应用最广。

$I \neq 0$ 的原子核自旋时产生磁矩，在外磁场 B_0 中有 $2I+1$ 个不同的空间取向，分别对应于 $2I+1$ 个能级，也就是说核磁矩在外磁场中的能量也是量子化的，这些能级的能量为：

$$E = -\mu_z B_0 = -\gamma \frac{h}{2\pi} m B_0 \tag{1-5}$$

根据选择定则，能级之间的跃迁只能发生在 $\Delta m = \pm 1$ 的能级之间，此时跃迁的能量变化为：

$$\Delta E = \gamma \frac{h}{2\pi} B_0 \tag{1-6}$$

当射频辐射的能量 $h\nu_0 = \Delta E$ 时，发生共振跃迁，这就是裸核在磁场中的行为。

实际上，核外有电子绕核运动，电子的屏蔽作用抵消一部分外加磁场。原子核实际感受到的磁场强度为 $(1-\sigma)B_0$，核磁共振的条件为：

$$\Delta E = \gamma \frac{h}{2\pi}(1-\sigma)B_0 \tag{1-7}$$

式中，σ 为屏蔽常数。

由于屏蔽作用，原子的共振频率与裸核的共振频率不同，即发生了位移，称为化学位移，用 δ 表示。若选择某一标准物质，将它的化学位移定为零，则其他化合物的化学位移都可以与这一标准物质相比较，表示为：

$$\delta = \frac{\nu_{试样} - \nu_{标准}}{\nu_{标准}} \times 10^6 \tag{1-8}$$

式中，$\nu_{试样}$ 为试样中被测定核的共振频率；$\nu_{标准}$ 为标准物中核的共振频率。

δ 为无量纲常数，是一个与磁场强度无关的数值。常选用的标准物质是四甲基硅烷（TMS），在 H 谱和 C 谱中，把它的化学位移定为零，在图谱的右端。大多数有机化合物的核磁吸收信号在谱图上都位于它的左边。

磁性核之间的相互作用使共振峰分裂成多重线，这一现象称为自旋-自旋偶合。偶合强度 J 用多重谱线的间隔（以 Hz 为单位）表示。多重谱线的数目为 $2nI+1$，式中，n 为被讨论的核相邻的磁性核的数目；I 为相邻磁性核的核自旋量子数。对于质子来说，因为 $I=1/2$，所以谱线数目等于 $n+1$，多重线内各峰的强度可根据简单的统计方法求出，与二项展

图 1-9 CH_3CH_2I 的质子类型

开式的系数成比例。也就是说，一个邻近质子使被讨论核的共振峰分裂成双线（1:1），两个邻近质子产生三重线（1:2:1），三个邻近质子产生四重线（1:3:3:1）等。例如，图 1-9 为 CH_3CH_2I 的质子类型，其核磁共振谱图中 $\delta = 1.6 \sim 2.0$ 处的—CH_3 峰是三重峰，在 $\delta = 3.0 \sim 3.4$ 处的—CH_2 峰是四重峰，其原因是分子中存在两种质子，即甲基上的质子（H_d）和亚甲基上的质子（H_c），甲基上的质子 H_d 除了受外磁场作用外，还受到相邻碳原子上质子 H_c 的影响。

【基本结构】

核磁共振仪基本由射频发射系统、探头、磁场系统、信号接收系统、信号处理与控制系统五部分组成，见图 1-10。

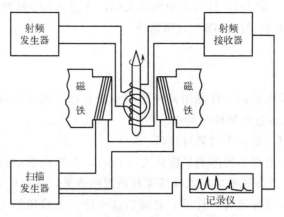

图 1-10　核磁共振仪基本结构

【仪器和药品】

仪器：Bruker AVANCE Ⅲ 500MHz 超导核磁共振仪，注射器。

药品：未知试样，去离子水。

【操作步骤】

1. 按照测试要求准备好测试所需的样品管。H 谱的样品需稀一些，一般只需 1mg 左右；C 谱的样品浓一些，一般需 10mg 左右。根据样品的性质，选择好氘代试剂，试剂约 0.5mL，溶解后，将样品管密封好。

2. 将样品管插入转子，然后用定深量筒控制样品管的高度。

3. 将转子按序列放入进样器，在控制台中编制样品名称、序号、溶剂、检测种类和其他参数，设置完成后提交，开始测试。

4. 在实验记录本上对实验进行记录，并在测试结束后将样品管取下。

5. 测试过程中，仪器会经历 6 个步骤：

① Load（进样）：通过压缩空气使样品进入机体。

② ATM（调谐）。

③ Lock（锁场）：根据相应的氘代溶剂，进行锁场，以消除电磁波漂移或电磁体的不稳定情况。

④ Shim（匀场）：保持稳定均匀的磁场。

⑤ Acq（采集）：采集核磁信号。

⑥ Proc（处理）：控制台对谱图进行自动处理。

【数据处理】

测试完成后，对所得谱图进行处理，并进行如下分析：

① Adjust phase（调整相位）：将谱图变形的相位调回最佳的对称位置。

② Calibrate axis（谱图校准）：通过 TMS 或溶剂对核磁谱图进行校准。

③ Pick peaks（标峰）：标识出峰的位置。

④ Integrate peaks（积分）：计算对应峰的大小，并选择其中峰型较好的作为基准。

⑤ Plot（打印）：调整谱图范围，打印谱图。

【注意事项】

1. 要得到高分辨率的谱图，样品溶液中绝对不能有悬浮的灰尘和纤维，一般情况下用脱脂棉和滤纸把样品直接过滤到样品管中。

2. 测试微量样品时，要戴手套处理样品。

3. 控制溶剂量，一般样品的溶剂量应该为 0.5mL，在核磁管中的长度为 4cm 左右，溶剂量太少会影响匀场，进而影响实验的准确度和谱图的效果，溶剂量太多会导致浪费。

4. 尽量选用优质核磁样品管，样品管必须清洗干净，无残留溶剂和杂质，以免影响测试结果，并且最好不要在核磁管上乱贴标签，这会导致核磁管轴向的不均衡。

5. 样品在磁场的位置很重要，应保证处在磁场的几何中心，除非有特殊要求。

【思考题】

1. 产生核磁共振的必要条件是什么？

2. 核磁共振谱图的峰高是否能作为质子比的可靠量度？积分高度和结构有什么关系？

3. 核磁共振谱能为有机化合物结构分析提供哪些信息？

第八节　X 射线衍射仪

【基本原理】

X 射线是由物理学家伦琴在研究真空管高压放电现象时意外发现的，它可以穿过不透明物体的特殊功能迅速引起了科学界的轰动。究其本质，X 射线是一种波长较短的电磁波，由图 1-11 可知，X 射线的左边与 γ 射线重叠，右边与紫外线重叠。在微观物质世界中，当一束单色的 X 射线照射晶体表面时，由于原子间和分子间的距离正好在 X 射线的波长范围内，会在晶体内部发生散射，散射后的 X 射线相互干涉，因此 X 射线在某些特殊方向上被加强或减弱，于是会形成各式各样的衍射花样。1913 年英国物理学家布拉格父子提出了将衍射线条位置、强度和晶体内部结构联系起来的方程（布拉格方程）：

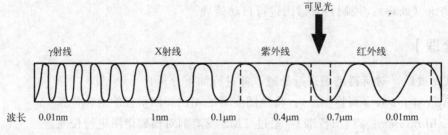

图 1-11　电磁波谱

$$2d\sin\theta = n\lambda \tag{1-9}$$

式中，d 为晶体的晶面间距；n 为任意正整数；θ 为入射 X 射线与相应晶面的夹角；λ 为 X 射线波长。

【基本结构】

X 射线衍射仪（XRD）主要由图 1-12 所示结构构成。①高稳定度 X 射线源：提供测量所需的 X 射线，改变 X 射线管阳极靶材质可改变 X 射线的波长，调节阳极电压可控制 X 射线源的强度。②样品及样品位置取向的调整机构系统：样品须是单晶、粉末、多晶或微晶的固体块。③射线检测器：检测衍射强度或同时检测衍射方向，通过仪器测量记录系统或计算机处理系统可以得到多晶衍射图谱数据。④衍射图的处理分析系统：现代 X 射线衍射仪都附带安装有专用衍射图处理分析软件的计算机系统，它们的特点是自动化和智能化。

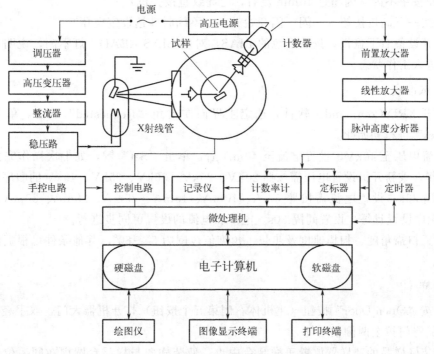

图 1-12　X 射线衍射仪基本结构图

【仪器和药品】

仪器：德国布鲁克 D8 ADVANCE X 射线衍射仪。
药品：待测样品。

【操作步骤】

1. 试样制备

X 射线衍射分析的样品主要有粉末样品、块状样品、薄膜样品、纤维样品等。样品不同，分析目的不同（定性分析或定量分析），则样品制备方法也不同。

以粉末样品为例，粉末应有一定的粒度要求，可用玛瑙研钵研细后使用。定性分析时粒度应小于 $44\mu m$（350 目），定量分析时应将试样研细至 $10\mu m$ 左右。

常用的粉末样品架为玻璃试样架，在玻璃板上蚀刻出试样填充区（20mm×18mm）。玻璃样品架主要用于粉末试样较少的情况（约少于 $500mm^3$）。填充时，将试样粉末一点一点地放进试样填充区，重复这种操作，使粉末试样在试样架里均匀分布并用玻璃板压平实，要求试样面与玻璃表面齐平。如果试样的量少到不能充分填满试样填充区，可在玻璃试样架凹槽里先滴一薄层用乙酸戊酯稀释的火棉胶溶液，然后将粉末试样撒在上面，待干燥后测试。

2. 开机步骤

① 打开墙壁水冷、XRD 电源开关。

② 按下水冷机按钮，等待温度显示（22～24℃）。

③ 旋转设备左侧主机旋钮（0～1）5～10s 后按绿色按钮开机，设备进入自检，等待正面左侧高压按钮不闪（闪超过 10min 左右，会导致直接关机）。

④ 轻按一下高压按钮（一闪一闪开始升压，不闪时即达设定电压）。

⑤ 打开设备右下盖板，按下绿色的 BIAS，对应 BIAS READY 灯不闪，说明探测控制器准备好进入工作状态。

3. 测试准备

① 打开 XRD-Commander 软件，选定主界面左上角"Requested"状态，单击工具栏"Init Drives"进行初始化。

② 设置电压至 40kV，设置电流至 40mA 后，单击"Set"键，如上次操作完成后进行了关机操作，重新开机设置电压需按照 20kV、25kV、30kV、35kV、40kV 的顺序设置且每次设置间隔 30s，设置电流需按照 5mA、10mA、15mA、20mA、25mA、30mA、35mA、40mA 的顺序设置且每次设置间隔 30s。电压和电流的设置可同步进行。

③ 设置扫描角度、扫描速度及步长，角度值范围为 5°～80°，其他条件可根据测试样品要求调整。

4. 装样

① 轻按"Open Door"按钮（主机体右侧第五个按钮）打开机器大门，双手轻拉两侧门把手，顺势将门拉至两侧拐角处。

② 将装好样品的装样器放置于样品台中央，使装样器与样品台圆周在同一位置，然后轻推样品台底部，使样品台与固定槽夹紧。

③ 轻推机器大门至中央处关闭，将大门把手推进卡槽中，卡槽发出"咔哒"声响后表示机器大门关闭。

5. 测试及数据储存

① 装样完毕后单击主界面"Start"键，进行测试，实时观测测试界面。

② 测试完成后单击状态栏左上角"File"键，选择文件另存为"***.raw"和"***.txt"两种格式。

③ 完成测试后将数据压缩并以邮件方式发送。

6. 关机

① 轻按"Open Door"按钮（主机体右侧第五个按钮）打开机器大门，双手轻拉两侧门

把手，顺势将门拉至两侧拐角处。

② 轻拨样品台下方开关将样品台放下并取出装样器，然后轻推机器大门至中央处关闭，将大门把手推进卡槽中，卡槽发出"咔哒"声响后表示机器大门关闭。

③ 将电压降至 20kV，电流降至 5mA。

④ 将高压旋钮（主机体右侧由上至下第四个旋钮）轻轻逆时针旋转即关闭高压。

⑤ 等待 5min 后轻按关闭按钮（主机体右侧由上至下第二个按钮）关闭机器。

⑥ 关闭冷却水循环系统及电脑。

【注意事项】

1. 如机器超过两天没有开机，必须进行 X 射线管的老化。

2. 严格按照开机和关机程序进行操作，严禁在循环水冷机未满足开机要求前，打开衍射仪。

3. 在测试过程中，注意循环水冷机的水温，超过 24℃须立即关闭 X 射线管。

【思考题】

1. X 射线衍射实验有哪些实验方法？简述各自实验条件。采用 X 射线衍射仪法进行分析时，准备试样需要考虑哪些因素？

2. 实验中选择 X 射线管以及滤波片的原则是什么？已知一个以 Fe 为主要成分的样品，试选择合适的 X 射线管和合适的滤波片。

3. 布拉格方程式有何用途？

4. 试比较衍射仪法与德拜法的优缺点。

第九节　扫描电子显微镜

【基本原理】

扫描电子显微镜（SEM）是一种介于透射电子显微镜和光学显微镜之间的观察手段。其利用聚焦得很窄的高能电子束来扫描样品，通过光束与物质间的相互作用，来激发各种物理信息，对这些信息进行收集、放大、再成像以达到对物质微观形貌表征的目的。扫描电子显微镜在岩土、石墨、陶瓷及纳米材料等的研究上有广泛应用。

SEM 是用聚焦的电子束打到样品表面，通过电子束与样品的相互作用产生二次电子、背散射电子、特征 X 射线等信号，经收集转化为数字信号，得到样品相应的形貌或者成分信息。SEM 基本原理见图 1-13。首先由扫描电子显微镜的电子发射枪发射高速电子，会聚，然后撞击被观察物体，再由另一个接收器来接收物体被撞击后产生的信号。经放大器放大后送到显像管的栅极上，调制显像管的亮度，最终获得与所接收信号相对应的扫描电子像。

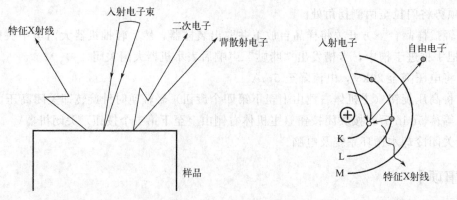

图 1-13　SEM 基本原理

【基本结构】

SEM 由电子光学系统（镜筒）、扫描系统、信号接收处理系统、显示记录系统、电源系统和振动系统组成，见图 1-14。

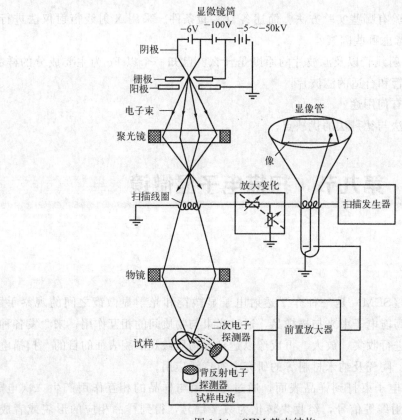

图 1-14　SEM 基本结构

【仪器和药品】

仪器：The Ymo Scientific Apreo S 扫描电子显微镜。

药品：待测样品。

【操作步骤】

1. 开机准备

① 合上总电源闸刀，开启电子交流稳压器开关，电压指示应为 220V。开启冷却循环水装置电源开关。

② 开启试样室真空开关（VACUUM POWER），开启试样室准备状态开头（STANDBY）。

③ 开启控制柜电源开关（POWER）。

④ 约 20min 后，往试样室液氮冷阱中加入液氮。

2. 样品测定

① 开启试样室进气阀控制开关（CHAMB VENT），将试样放入试样室后将试样室进气阀控制开关（CHAMB VENT）关闭，抽真空。

② 开启镜筒真空隔阀。

③ 加高压（ACCELERATION POTENTIAL）至 25kV。

④ 加灯丝电流（FILAMENT）至 7.5~8A。

⑤ 调节显示器对比度（CONTRAST）、亮度（BRIGHTNESS）至适当位置。

⑥ 将图像选区开关拨至全屏（FULL）。

⑦ 调节聚焦旋钮（MEDIUM）和（FINE）至图像清晰。

⑧ 选择适当的扫描速率（SCAN RATE）观察图像。

⑨ 根据说明书的操作要求进行观察和拍照。

⑩ 做好实验记录及仪器使用记录。

3. 关机

① 关灯丝电流（FILAMENT）。

② 关高压（ACCELERATION POTENTIAL）。

③ 逆时针调节显示器对比度（CONTRAST）、亮度（BRIGHTNESS）到底。

④ 关闭镜筒真空隔阀。

⑤ 关闭主机电源开关。

⑥ 关闭试样室真空开关。

⑦ 20min 后，关冷却循环水和电子交流稳压器开关。

⑧ 关闭总电源。

【注意事项】

1. 样品高度不能超过样品台高度，并且样品台下面的螺丝不能超过样品台下部凹槽的平面。

2. 推拉送样杆时用力必须沿送样杆轴线方向，以防损坏送样杆。

3. 为减少干扰，操作有磁性样品时，工作距离一般为 15mm 左右。

4. 软件控制面板上的背散射按钮千万不能点，以防损坏仪器。

【思考题】

1. 不导电或导电差的样品，为什么要喷金？

2. 喷金后，对样品形貌是否有影响？

3. 样品的穿晶断裂和沿晶断裂在 SEM 图片上各有什么明显的特征？

4. Mg-Al 合金怎么做 SEM 测试？

5. 如何使用 SEM 确定氧化层的厚度？

第十节　透射电子显微镜

【基本原理】

透射电子显微镜（TEM）的工作原理：由电子枪发射电子，在真空通道中沿着镜体光轴穿过阳极孔，被聚光镜会聚成一束尖细、明亮而又均匀的电子束，照射在样品室内的样品上。透过样品后的电子束携带有样品内部的结构信息，样品内致密处透过的电子量少，稀疏处透过的电子量多，经过物镜的会聚调焦和初级放大后，电子束进入中间透镜和投影镜进行综合放大成像，透射在观察室内的荧光屏板上。荧光屏将电子强度分布转化为人眼可见的光强分布以供使用者观察。

【基本结构】

透射电子显微镜由电子光学系统、真空系统和电气控制系统三大部分组成，见图 1-15。

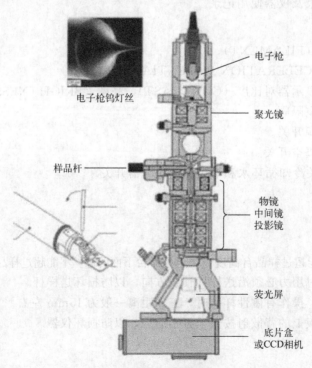

电子枪钨灯丝

样品杆

电子枪

聚光镜

物镜
中间镜
投影镜

荧光屏

底片盒
或CCD相机

图 1-15　透射电子显微镜结构图

真空系统：透射电子显微镜对真空度的要求很高，防止电子枪中产生气体电离和放电、灯丝受到氧化或腐蚀以及高速电子受到气体分子的随机散射降低成像并污染样品。

电气控制系统：由灯丝电源和高压电源、各磁透镜的稳压稳流电源及电气控制电路三部分组成，使电子枪发射稳定的高能电子束，让磁透镜具有高的稳定性及控制真空系统等。

【仪器和药品】

仪器：透射电子显微镜/能谱仪（JEM-2100Plus）。

药品：待测样品。

【操作步骤】

1. 开机

（1）检查各仪表的读数是否正常

① 离子泵（STP）：开灯丝前应保证真空压力低于 $4×10^{-5}$ Pa。

② 高压箱：未开高压时，高压箱 SF6 气压表 0.47MPa；电子枪 SF6 气压表 0.28～0.32MPa，该压力值不能低于 0.28MPa，低于该值不能启动，当前指针在 0.3MPa 左右。

（2）升高压

① 点 HT ON，高压自动升到 120kV。

② 程序升高压，Target HT 160kV，间隔 0.1kV，1sec，约 6.7min，点 START。

③ 程序升高压，Target HT 180kV，间隔 0.1kV，2sec，约 6.7min，点 START。

④ 程序升高压，Target HT 200kV，间隔 0.1kV，3sec，约 10min，点 START。

（3）放样品

样品杆中放入待观察样品，单倾杆是铜网正面向上，双倾杆是铜网反面向上。在软件上选择合适的样品杆名称，放样品杆可与升高压过程同时进行。

（4）开灯丝

电脑屏幕上显示 HT ON，Filament ready 状态下，点击 Filament ON，开始观察。

2. 关机

① 关灯丝 Filament OFF。

② 软件上手动（步长 10kV）降高压到 120kV，关高压（点 OFF）。

③ 如加过液氮，样品杆要拔出，插入烘烤加热管，用 ACD 程序烘烤。

【注意事项】

1. 注意开机、关机的顺序，注意主机上高压部位，防止触电。

2. 制样时注意样品干燥，请勿将挥发性物质放入电镜测试，以免污染镜筒。

3. 仪器的工作环境：应避免阳光直射，避免强电场，避免与较大功率的电气设备共用同一插线板，避开腐蚀性气体，避免震动。

4. 开灯丝前真空压力必须低于 $4×10^{-5}$ Pa。

【思考题】

1. 什么是分辨率？影响透射电子显微镜分辨率的因素有哪些？

2. 为什么透射电子显微镜的样品要求非常薄，而扫描电子显微镜无此要求？

第十一节　激光共聚焦显微拉曼光谱仪

【基本原理】

激光共聚焦显微拉曼光谱是用来分析物质组分、结构等的一种有效光谱分析手段，其原理是入射激光会引起分子（或晶格）产生振动而损失（或获得）部分能量，致使散射光频率发生变化。对散射光的分析，即拉曼光谱分析，可以探知分子的组分、结构及相对含量等，是一种分子探针技术。拉曼散射的基本原理见图 1-16。

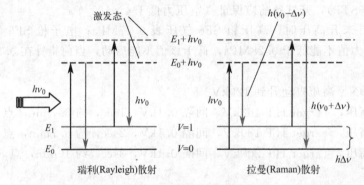

图 1-16　拉曼散射的基本原理

当激发光的光子与作为散射中心的分子相互作用时，大部分光子只是改变方向，而光的频率并没有改变，大约有占总散射光的 $10^{-10} \sim 10^{-6}$ 的散射，不仅改变了传播方向，也改变了频率。这种频率变化了的散射就称为拉曼散射。

对于拉曼散射来说，分子由基态 E_0 被激发至振动激发态 E_1，光子失去的能量与分子得到的能量相等，为 ΔE，反映了指定能级的变化。因此，与之相对应的光子频率也具有特征性，根据光子频率变化就可以判断出分子中所含有的化学键或基团。

这就是拉曼光谱可以作为分子结构分析工具的理论基础。

【基本结构】

通过特定波长激光激发样品，产生拉曼散射，经过一系列光路元件，到达检测器，计算机处理得到对应的拉曼光谱。其基本结构见图 1-17。

【仪器和药品】

仪器：HORIBA LabRAM Soleil 或其他型号激光共聚焦显微拉曼光谱仪。
药品：待测样品。

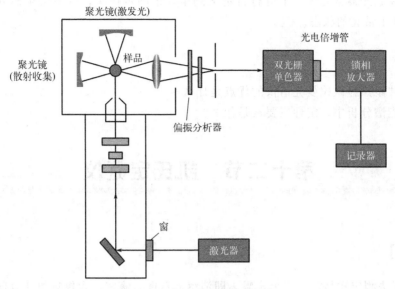

图 1-17 拉曼光谱仪基本结构

【操作步骤】

1. 开机

① 开启总电源开关及稳压器开关。

② 依次开启自动平台控制器、电脑等电源开关。

③ 开启激光器开关，打开 LabSpec6 软件。

④ CCD 制冷，点击 Acquisition→Detector，设置 CCD 温度为$-60℃$。待 CCD 温度稳定后，利用硅片校准光谱仪。

2. 实验过程

① 设置实验条件：设置激光波长、光栅、采集范围、采集时间以及 Acquisition 下拉菜单中需要设置的所有参数。

② 选择拍摄模式：Start Real Time Display RTD、Start spectrum acquisition、Start map acquisition、Start video acquisition，根据实验需求选择四种模式之一。

③ 实验结束后，保存结果为 LabSpec6 格式以及需要的 txt 格式等。

3. 关机

① CCD 升温，打开 Acquisition→Detector，设置 CCD 温度为 20℃，回车。

② 待 CCD 温度回升到 20℃左右后，关闭 LabSpec6 软件。

③ 关闭激光器。

④ 依次关掉电脑、自动平台控制器等，以及稳压器电源和总电源开关。

【注意事项】

1. 使用拉曼光谱仪时尽量戴上防护眼镜，无论是否佩戴防护眼镜，都禁止直视打开的拉曼探头。

2.如需在激光器常亮模式下进行自定义测量,请固定探头,以免发生意外,同时尽量避免激光器处于常亮的状态。

【思考题】

1. 激光共聚焦显微拉曼光谱仪的优点是什么?
2. 拉曼光谱分析中,定性三要素是什么?

第十二节 凯氏定氮仪

【基本原理】

凯氏定氮法测定样品需要三个步骤,即消解、蒸馏、滴定。含氮有机化合物在加速剂的参与下,经浓硫酸消解,有机氮转化为铵态氮,碱化后把氨蒸馏出来,收集在加入硼酸吸收液(含混合指示剂)的接收瓶中。而后自动滴定器进行滴定,并记录标准酸滴定消耗量,依据标准酸滴定消耗量,计算含氮量及粗蛋白含量。

反应方程式:

$$(NH_4)_2SO_4 + 2NaOH \longrightarrow 2NH_3 + 2H_2O + Na_2SO_4$$

$$2NH_3 + 4H_3BO_3 \longrightarrow (NH_4)_2B_4O_7 + 5H_2O$$

$$(NH_4)_2B_4O_7 + H_2SO_4 + 5H_2O \longrightarrow (NH_4)_2SO_4 + 4H_3BO_3$$

$$(NH_4)_2B_4O_7 + 2HCl + 5H_2O \longrightarrow 2NH_4Cl + 4H_3BO_3$$

【基本结构】

凯氏定氮仪可对消解完全后的样品进行全自动蒸馏、滴定和结果计算打印,并可显示工作流程,由微电脑计算结果,打印机输出资料。该系统主要由微电脑控制器、蒸汽发生器、蒸馏系统、加碱系统、加硼酸系统、滴定系统和微型打印系统所组成。仪器结构见图 1-18。

【仪器和药品】

仪器:海能 Hanon K9860 全自动凯氏定氮仪,石墨消解仪,十万分之一电子天平。

药品:浓硫酸(98%),催化剂片(硫酸铜和硫酸钾),40% 氢氧化钠,2% 硼酸,硫酸铵,$0.0100 mol \cdot L^{-1}$ 盐酸标准溶液,甲基红-溴甲酚绿混合指示剂,土样。

图 1-18 凯氏定氮仪

【操作步骤】

1. 称样

称取样品放于消化管中。每个消化管中再分别加入 1 片催化剂片和适量浓硫酸，同时做空白实验。

2. 消解

将样品放于消解仪上，盖好排废罩，打开冷凝水。

3. 开机

① 开机前必须先打开冷凝水开关，然后打开电源开关。

② 仪器显示正在初始化（初始化经过两个步骤，一是向仪器内部滴定系统补充滴定酸，二是检测并排空接收杯内的液体）。

③ 调试开机。调试开机后的界面上会显示"调试、测试、查询"字样，光标默认在"调试"，按"确定"键进入"调试"状态。按"选择"键选中"滴定"，然后点击"确定"，让仪器吸取滴定用的盐酸来润洗管道及排除其中的空气（非常重要），需 45～50s，然后选择"排液"，重复 2～3 次。注意观察吸收瓶里的接入量。按"选择"键中"硼酸"，让仪器吸取硼酸来润洗管道，需 3～4s，然后选择"排液"，重复 2～3 次。注意观察吸收瓶里的接入量，加入硼酸的时间不要超过 10s。注意：盐酸用量较少，硼酸可多用点，先加盐酸后加硼酸。

4. 检测

消解冷却好的样品，放于定氮仪，设置好相应参数，选择"测试"，进行样品测试。

（1）空白值

每次开机测一批样品，都要测系统空白值。

（2）设定参数

设定参数如下：样品质量为称量质量；滴定酸物质的量浓度为 $0.1 mol \cdot L^{-1}$；蛋白转换系数为 6.25；定标系数为系统默认。

（3）标准值

准确称取硫酸铵 0.1～0.2g，精确到 0.0002g，送到空消化管底部，放在定氮仪上，测定。如果测定结果中硫酸铵的含氮量为 $(21.19 \pm 0.2)\%$，则可以继续测定，如果不在此范围内，则要对盐酸的浓度进行调整，然后测定硫酸铵的含氮量，直到落在 $(21.19 \pm 0.2)\%$ 内为止。

（4）测定

按"确认"键开始测定，机器将自动依次进行排液、加硼酸、加碱、蒸馏、滴定、排液过程。"滴定"结束后，系统将自动打印结果（如没有打印纸，则需要记录在记录本上）。

（5）换样

取下消化管，换下一个样品，重复步骤（2）和（3），继续测定。

5. 关机

关闭电源，将机身、消化管仓、试剂仓和仪器周围桌面反复擦洗，清理干净。

【数据处理】

凯氏定氮法计算公式：

$$w = \frac{C \times (V_1 - V_0) \times 14 \times F}{m \times 1000}$$

(1-10)

式中，w 表示样品中蛋白质的质量分数；C 为盐酸标准溶液的浓度，$mol \cdot L^{-1}$；V_1 表示样品消耗盐酸标准液的体积，mL；V_0 表示试剂空白消耗盐酸标准溶液的体积，mL；14 表示氮的摩尔质量，$g \cdot mmol^{-1}$；m 表示样品的质量，g；F 表示氮换算为蛋白质的系数。

【注意事项】

1. 开机前必须打开冷凝水开关。

2. 仪器使用前首先要确定蒸馏水桶内水量是否充足，如水量不足请加入足量蒸馏水，以免影响仪器正常使用。

3. 在配制碱液、酸液的过程中要小心操作，以免被化学试剂灼伤。

4. 在需要修理仪器内部部件时，一定要关机并拔掉电源线，必须等待蒸馏系统冷却下来。

5. 排废液的管路的出口要比仪器安放的高度低，以使排液畅通。

6. 仪器长时间不用时，应将碱液桶中的碱液倒掉，并加入清水；将消化管装上，手动加碱，将管路中的碱液加到消化管中，并用清水清洗管路，防结晶堵塞。

【思考题】

1. 凯氏定氮法是否适用于所有含氮化合物的测定？

2. 何谓样品消化？在定氮仪的反应室内将发生什么化学反应？

第十三节　荧光分光光度计

【基本原理】

由高压汞灯或氙灯发出的紫外光和蓝紫光经滤光片照射到样品池中，激发样品中的荧光物质发出荧光，荧光经过滤过和反射后，被光电倍增管所接收，然后以图或数字的形式显示出来。在通常状况下处于基态的物质分子吸收激发光后变为激发态，这些处于激发态的分子是不稳定的，在返回基态的过程中将一部分的能量又以光的形式放出，从而产生荧光。不同物质的分子结构不同，其激发态能级的分布具有各自不同的特征，这种特征反映在荧光上表现为各种物质都有其特征荧光激发和发射光谱，因此可以用荧光激发和发射光谱的不同来定性地进行物质的鉴定。在溶液中，当荧光物质的浓度较低时，荧光强度与该物质的浓度通常有良好的正比关系，即 $IF = KC$，利用这种关系可以进行荧光物质的定量分析，与紫外-可见分光光度法类似，荧光分析通常也采用标准曲线法进行。

【基本结构】

荧光分光光度计与紫外-可见分光光度计属一类产品，均由激发光源、单色器、样品室、光电倍增管和读出（记录）装置所组成。但是它们的光源是不同的，荧光分光光度计多采用高压汞灯、氙灯和激光光源。同时，荧光测量多采用激发光和发射光成直角的光路，仪器组件的布置有所不同，仪器基本结构见图 1-19。

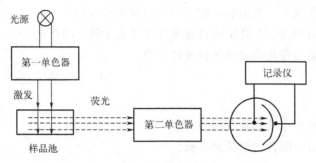

图 1-19　荧光分光光度计基本结构

【仪器和药品】

仪器：Agilent Cary Eclipse 荧光分光光度计或 FL8500PE（珀金埃尔默）荧光分光光度计。

药品：待测样品。

【操作步骤】

1. 样品准备

① 液体样品　需检查浓度范围是否合适，如果需要稀释，则要考虑所需溶剂类型和稀释倍数。

② 固体样品　均匀粉末、片状或具有光滑平面的块状样品，均可直接测定。

2. 仪器操作

① 接通电源，打开主机电源，打开计算机。主机同时会发出吱吱的响声，表示脉冲电源正常工作。

② 双击 "Cary Eclipse" 图标进入该程序，双击 "Scan" 快捷键，进入 "Scan-Online" 状态。

③ 点击 "Setup" 图标，选择模式，设置激发波长和发射波长范围、扫描速度、储存方式等参数，按 "OK" 返回。

④ 点击 "Zero" 图标，调节基线零点。

⑤ 打开主机盖板，将待测样品倒入荧光比色皿，将比色皿外表用卷纸吸干后，放入比色皿架，关上盖板，点击 "Start" 图标，扫描激发或发射谱图。

⑥ 在 "Graph" 下拉菜单中的 "Maths" 操作中可对谱图进行数学处理。

⑦ 测试完成后，取出比色皿，洗净。关上主机盖板。

3. 关机

关闭电脑，关主机电源、总电源。

1. 溶液中的悬浮物对光有散射作用，必要时应用垂熔玻璃滤器滤过或用离心法除去。
2. 温度对荧光强度有较大影响，测定时应控制温度一致。
3. 测定时需注意溶液 pH 值和试剂的纯度等对荧光强度的影响。
4. 所用玻璃仪器与荧光池必须保持高度洁净。

【思考题】

1. 影响荧光分析的主要因素有哪些？
2. 如何进行多组分混合物的荧光分析？

第十四节　原子吸收光谱仪

【基本原理】

原子吸收光谱法的工作原理：从光源发射的待测元素的特征辐射通过样品蒸气时，被蒸气中待测元素的基态原子所吸收，根据辐射强度的减弱程度求得样品中待测元素的含量。

原子吸收的光源应满足以下条件：①能辐射出半宽度比吸收线半宽度还窄的谱线，并且发射线的中心频率应与吸收线的中心频率相同；②辐射的强度应足够大；③辐射光的强度要稳定，且背景小。

【基本结构】

原子吸收光谱仪主要由光源系统、原子化系统、分光系统和检测系统四部分构成，基本结构见图 1-20。

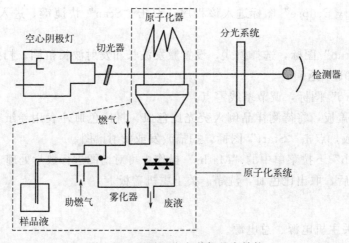

图 1-20　原子吸收光谱仪基本结构

【仪器和药品】

仪器：PE 原子吸收光谱仪（PinAAcle 900T、PinAAcle 800）或普析 TAS-990AFG。

药品：盐酸，硝酸，各元素所需标液，乙炔气（99.0%），待测样品溶液。

【操作步骤】

1. 开机

打开总开关、排风扇，打开乙炔气体，打开空气压缩机开关，打开原子吸收光谱仪总开关，打开原子吸收光谱仪开关，仪器会有自检过程，需等待 3～5min。

2. 测试

① 开机。打开电脑，进入桌面后，双击 WinLab 图标，进入后会有连接窗口，需等待 1～2min。打开灯，选择工具栏的 Lamp 按钮，在窗口中选择 Lamp 按钮单击打开灯（如铜灯）。待上面的黑色界面中 Current 出现数值（约 15），Energy 出现数值（约 80）即可关闭这个窗口。

② 新建实验方法。选择 File→New→Method 进入新建方法窗口，选择元素为 Cu，其他都使用默认值。空气流量 $10L \cdot min^{-1}$，乙炔气体 $2.5L \cdot min^{-1}$。在校正曲线窗口按照格式输入 ID Blank，此处会自动出现名称 Cone 0.1、0.2、0.3、0.4、0.5，使用 Edit→Method Check 可以检查方法是否合适。完成后选择保存方法。

③ 新建样品信息。选择 File→New→Sample Info，仅需要在 Sample ID 上填写样品名称即可。完成后选择保存样品信息。选择工具栏的 Manual 按钮打开测试控制窗口；还可选择 Result 打开结果窗口；选择 Calibrate 打开校正曲线窗口。选择工具栏的 Cont 按钮查看信号状态，选择 Auto Zero Graph 将信号归零。

④ 点火。选择工具栏上的 Flame，窗口打开会有一个开关的按钮，点击打开即可，约需要等待 2min，关闭窗口（这个过程导管一端不要插入溶液中）。

⑤ 测样。选择刚才打开的测试控制窗口，在"结果数据组名称"处，点击"打开"，输入结果名称。将导管插入纯水瓶中，点击 Analyze Blank 获取空白背景信号；将导管插入标准品样品瓶中，点击 Analyze std 获取标准品信号，完成后再将导管插入纯水瓶中清洗，依次测量五个标准品。将导管插入样品瓶中，点击 Analyze Sample 获取样品信号，完成后再将导管插入纯水瓶中清洗，依次测量两个样本。

3. 关机

选择工具栏上的 Flame，点击开关按钮关闭火焰。关闭乙炔气体阀，将空气压缩机旋钮旋至 Off。点击 Flame Control 窗口上的 Bleed Gases，排出机器中的残留气体。关灯。打开 Lamp 窗口，选择绿色按钮即可关灯。关闭机器右下角的绿色开关，将机器背后的黑色旋钮逆时针旋到水平状态。关闭排气扇，关闭总开关。

【注意事项】

1. 除称样外所有前处理检测都要在通风橱中进行，所有清洗一定要提前做好防护工作。
2. 应保持空心阴极灯灯窗清洁，不小心被沾污时，可用酒精棉擦拭。

3. 测定溶液应经过过滤或彻底澄清，防止堵塞雾化器。

【思考题】

1. 空心阴极灯为什么要预热？
2. 在原子吸收分析中如何选择吸收线？

第十五节 热重分析仪

【基本原理】

热重分析仪（thermal gravimetric analyzer）是一种利用热重法检测物质温度-质量变化关系的仪器。热重法是在程序控温下，测量物质的质量随温度（或时间）的变化关系。当被测物质在加热过程中有升华、汽化、分解出气体或失去结晶水时，被测物质的质量就会发生变化。这时热重曲线就不是直线而是有所下降。通过分析热重曲线，就可以知道被测物质在什么温度时产生变化，并且根据失重量，可以计算失去了多少物质。

【基本结构】

热重分析仪主要由热天平、炉体加热系统、程序控温系统、气氛控制系统、称重变换、放大、模/数转换、数据实时采集和记录等几部分组成，通过计算机和相关软件进行数据处理后打印出测试曲线和分析数据结果。仪器结构示意图如图 1-21 所示。

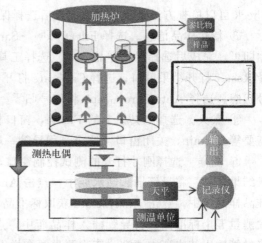

图 1-21　热重分析仪基本结构

【仪器和药品】

仪器：耐驰 STA449F3 热重分析仪或其他型号仪器。

药品：待测样品。

【操作步骤】

1. 使用前准备

① 测定前，检查气路、仪器连接及气瓶压力，检查管路气密性是否良好。
② 将实验用的坩埚和镊子以及实验样品准备完毕。

2. 使用操作步骤

① 开机。打开计算机与 STA449F3 主机电源。打开恒温水浴，水浴温度达到设定温度 2～3h 后，可以开始测试。确认测量所使用的吹扫气情况。

② 样品制备与装样。根据样品的成分选择合适的坩埚（最常使用氧化铝坩埚）；样品的称重可使用精度 0.01mg 以上的电子天平，或以 STA449F3 本身作为称重天平。

③ 建立测量方法。STA 是 TG 与 DSC 的结合体，一般需进行基线扣除。在"测量类型"中选择"修正＋样品"模式进行测量程序设定。

④ 测量。待炉体温度、样品温度相近而稳定，气体流量、TG 信号、DSC 信号稳定后，点击开始。系统会按照设定的程序自动完成测量。

⑤ 测量完成。打开炉盖，升起支架，取出样品，然后合上炉盖，待炉体温度接近室温后，关机，关总电源。

【注意事项】

1. 测试温度如超过 500℃，将氧化铝坩埚换成陶瓷坩埚。

2. 样品为强酸强碱时，须稀释后方可测试。

3. 测试液体样品时，液面不宜超过坩埚的 1/2，固体粉末要少于坩埚的 1/3。

4. 测量金属等样品时，程序温度不宜太高，高于金属熔点后，金属产生的金属蒸气容易附着在炉体，损坏炉体。

【思考题】

1. 热重分析中升温速率过快或过缓对实验有什么影响？

2. 热重分析有何特点及局限性？

第十六节　化学需氧量（COD）测定仪

【基本原理】

COD 测定仪的主要工作原理就是通过足够的强氧化剂与待测定样品中的所有有机物发生反应，然后通过测量强氧化剂消耗的差异，经过特定的公式计算后得出样品的 COD。例如，水样中的有机物在硫酸、硫酸银和硫酸汞存在下被重铬酸钾氧化以产生 CO_2 和 H_2O。所用重铬酸钾的量，通过空白和样品滴定中消耗的硫酸亚铁铵的体积差来计算。反应中使用的重铬酸钾的量等于用于氧化废水有机物的氧气（O_2）的量。

目前 COD 测定常用的方法有两种：滴定法和比色法。

在 COD 的滴定方法中，过量的重铬酸盐会与还原剂硫酸亚铁铵反应。当硫酸亚铁铵缓慢加入时，过量的重铬酸盐转化为三价形式。测定仪采用自动电位滴定（pH/mV/ISE）系统，一旦所有过量的重铬酸盐起反应，就达到化学计量点，指示达到终点。

在比色法中，由于三价铬（Cr^{3+}）和六价铬（Cr^{6+}）吸收波长不同，通过分光光度计测量样品在 600nm 波长处的吸光度，可以量化消化后样品中三价铬的量，以换算成试样 COD 值。或者，可以使用 440nm 处六价铬的吸光度来确定消化结束时过量铬的量以确定 COD 值。

【基本结构】

仪器基本结构见图 1-22。

【仪器和药品】

仪器：COD 分析仪（TC-201E）或其他型号

仪器。

药品：待测水样，重铬酸钾，硫酸银，硫酸。

图 1-22　COD 快速测定仪（比色法）

【操作步骤】

1. 打开多功能消解仪，进行预热，消解水样和空白样品。

2. 打开 COD 测定仪并按要求进行预热，选择相应的方法或波长进行测量。直接选择 COD 选项即可（和所选的量程对应）。

3. 取出冷却好的试管样，用擦镜布或无毛屑的软纸擦干净试管外壁，放入测定仪内进行比色操作。

4. 先放入空白样，按空白进行调零操作。

5. 测定标准曲线。

6. 依次放入待测样，按检测直接读取 COD 值（mg·L^{-1}），其间无须拧开瓶盖，必须保证液面中间为澄清状态，如有絮状沉淀应待沉淀完全沉下或采用离心操作，否则读数偏差较大。

【数据处理】

在 600nm 波长处测定时，水样 COD 的计算公式如下：

$$\rho = n[k(A_s - A_b) + a] \tag{1-11}$$

在 440nm 波长处测定时，水样 COD 的计算公式如下：

$$\rho = n[k(A_b - A_s) + a] \tag{1-12}$$

式中，ρ 为水样 COD 值，mg·L^{-1}；n 为水样稀释倍数；k 为校准曲线灵敏度，mg·L^{-1}；A_s 为试样测定的吸光度值；A_b 为空白实验测定的吸光度值；a 为校准曲线截距，mg·L^{-1}。

【注意事项】

1. 试剂中含有毒、腐蚀性物质，注意实验安全，不可直接接触试剂。保存时请密闭包装盒，以避免样品管受光，在阴凉暗处储存。

2. 妥善放置或处理废弃试管（试管中含有毒、有害废液，可将废液倒入废液桶中集中处理，试管交由危废公司处理）。

3. COD 测定值一般保留三位有效数字。

【思考题】

1. 为什么需要做空白实验？

2. 哪些因素影响 COD 的测定结果？

第十七节　生化需氧量（BOD）快速测定仪

【基本原理】

生化需氧量（BOD）是指在特定条件下，通过水中需氧微生物的繁殖和呼吸，分解水中有机物质时所消耗的溶解氧量。水中 BOD 值通常为样品在 20℃放置 5 天所消耗的溶解氧量（$mg \cdot L^{-1}$），记为 BOD_5。

在测量过程中，根据测量范围选择量程，将量定体积的水样倒入培养瓶，放入温度控制在（20 ± 1）℃的生化培养箱内，经 5 天培养，样品中的有机物经过生物氧化作用，转变成氮、碳和硫的氧化物。在这一过程中，从水样中跑出来的唯一气体 CO_2 被预先置入瓶中的氢氧化钠（或氢氧化钾）所吸收。因此，瓶中空气压力减少量与微生物所消耗的溶解氧量成正比，通过测量其压力变化即可得到 BOD_5 值。

增加或减少所取样品的量可以增加或降低压力减少值，这样操作比较容易在很宽的范围准确测量 BOD_5 值。培养瓶中压力的变化是由半导体压差传感器来检测的，经过信号放大和单片机的运算处理，由 LED 显示器循环显示八通道的 BOD 测量值，实验结束后可打印完整的 BOD_5 曲线。

【基本结构】

采用无汞数显压差法，仪器由主机、副机、培养瓶等组成，同时配置生化培养箱即可完成 BOD_5 全过程实验。其中主机包括单片微机系统、LED 显示器、打印机及操作键盘等，副机包括半导体压差传感器、放大器，仪器基本结构见图 1-23。

图 1-23　BOD 快速测定仪

【仪器和药品】

仪器：溯源 TC-890C BOD 快速测定仪，恒温培养箱 [（20 ± 1）℃]，无油充氧泵，量筒，搅拌子。

药品：水样，盐溶液，稀释水，盐酸，氢氧化钠等。

【操作步骤】

1. 实验前准备工作。实验前 8h 将生化培养箱接通电源，并使温度控制在 20℃下正常运行。将实验用的稀释水、接种水和接种的稀释水放入培养箱内恒温备用。

2. 样品预处理。调节水样 pH 至 7.5 左右，加热或冷却样品到（20±1）℃，并充分搅拌。如样品含有大量沉淀或漂浮固体物，则更应搅拌均匀。

3. 确定取样体积，测试之前要预估一下样品的 BOD 值。

4. 用量筒量取水样或标准溶液于样品瓶中，并在每个样品瓶放入一粒搅拌子（若是废水样，还应加入一粒营养粉）。瓶中放入占总高度约 1/4 的固体 NaOH 或 KOH（或 5～6 粒 NaOH 颗粒），密封，旋紧瓶盖。

5. 稳定 30min 后，对仪器主机进行操作，测定 BOD 值。

【数据处理】

对稀释后培养的水样：

$$BOD_5(mg \cdot L^{-1}) \frac{(C_1 - C_2) - (B_1 - B_2) \times f_1}{f_2}$$

式中，C_1 为水样培养液在培养前的溶解氧，$mg \cdot L^{-1}$；C_2 为水样培养液在培养 5 天后的溶解氧，$mg \cdot L^{-1}$；B_1 为稀释水（或接种稀释水）在培养前的溶解氧，$mg \cdot L^{-1}$；B_2 为稀释水（或接种稀释水）在培养 5 天后的溶解氧，$mg \cdot L^{-1}$；f_1 为稀释水（或接种稀释水）在培养液中所占比例；f_2 为水样在稀释水样培养液中所占比例。

【注意事项】

1. 接种稀释水 BOD_5 应在 0.3～1.0mg·L^{-1} 之间，配制后应立即使用。

2. 玻璃器皿应彻底洗净。先用洗涤剂浸泡清洗，用稀盐酸浸泡，然后依次用自来水、蒸馏水洗净。

3. 接种稀释水样的五日耗氧量应大于 2mg·L^{-1}，五日培养后的残留溶解氧应大于 1mg·L^{-1}。一般五日内消耗的溶解氧占原来溶解氧的 40%～70% 为宜。

4. 在用虹吸管、吸量管等移取水样、药品或加稀释水时，管口均要浸入液面下，以免操作过程中产生气泡，影响测定的准确性。

【思考题】

1. BOD 测定中需要特别注意哪些问题？

2. 怎样合理地选择稀释倍数？

第二章　天然产物化学

实验一　大黄中蒽醌类成分的提取、分离和鉴别

【实验目的】

1. 掌握蒽醌苷元的提取方法——酸水解法。
2. 掌握 pH 梯度萃取法的原理及操作技术。
3. 掌握纸色谱的原理及基本操作技术。

【实验原理】

大黄为蓼科植物掌叶大黄 *Rheum palmatum* L.、唐古特大黄 *Rheum tanguticum* Maxim. ex Balf. 或药用大黄 *Rheum officinale* Baill. 的干燥根及根茎，具泻下、健胃、清热解毒等功效，因炮制方法不同，功效各有所主。大黄的主要成分为蒽醌衍生物，总量为 $3\%\sim5\%$，以部分游离，大部分与葡萄糖结合成苷的形式存在。大黄的抗菌、抗感染有效成分为大黄酸、大黄素和芦荟大黄素，表现在对多种细菌有不同程度的抑菌作用。药理证明大黄能缩短凝血时间，止血的主要成分为大黄酚。大黄粗提物、大黄素或大黄酸对实验性肿瘤有抗癌活性。此外，结合型的蒽醌是泻下的有效成分，包括蒽醌苷和双蒽醌苷。另外，大黄还含有鞣酸类多元酚化合物，含量在 $10\%\sim30\%$ 之间，其止泻作用，与蒽苷的泻下作用恰恰相反。

大黄中主要成分的物理性质如下：

（1）大黄酸（rhein）

$C_{15}H_8O_6$，黄色针状结晶，熔点为 $321\sim322℃$，$330℃$ 分解。能溶于碱、吡啶，微溶于乙醇、苯、氯仿、乙醚和石油醚，不溶于水。

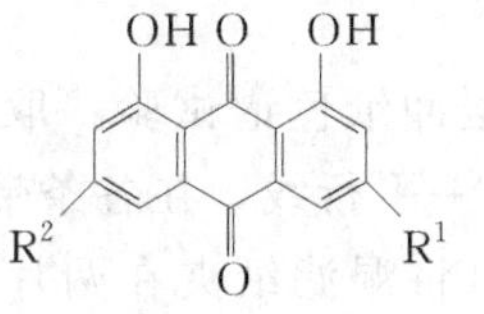

	R^1	R^2	成分名称
	CH_3	H	大黄酚
	CH_3	OH	大黄素
	CH_3	OCH_3	大黄素甲醚
	CH_2OH	H	芦荟大黄素
	$COOH$	H	大黄酸

（2）大黄素（emodin）

$C_{15}H_{10}O_5$，橙黄色针状结晶（乙醇），熔点为 $256\sim257℃$（乙醇或冰乙酸），能升华。

易溶于乙醇、碱液，微溶于乙醚、氯仿，不溶于水。

（3）芦荟大黄素（aloe-emodin）

$C_{15}H_{10}O_5$，橙色针状结晶（甲苯），熔点为 223～224℃。易溶于热乙醇，可溶于乙醚和苯，并呈黄色；溶于碱液呈红色。

（4）大黄酚（chrysophanol）

$C_{15}H_{10}O_4$，橙黄色六方或单斜结晶（乙醇或苯），熔点为 196～197℃，能升华。易溶于沸乙醇，可溶于丙酮、氯仿、苯、乙醚和冰醋酸，微溶于石油醚、冷乙醇，不溶于水。

（5）大黄素甲醚（physcion）

$C_{16}H_{12}O_5$，砖红色单斜针状结晶，熔点为 203～207℃，溶于苯、氯仿、吡啶及甲苯，微溶于醋酸及乙酸乙酯，不溶于甲醇、乙醇、乙醚和丙酮。

（6）羟基蒽醌苷类

大黄素甲醚葡萄糖苷（physcion monoglucoside），黄色针状结晶，熔点为 235℃；芦荟大黄素葡萄糖苷（aloe-emodin monoglucoside），熔点为 239℃；大黄素葡萄糖苷（emodin monoglucoside），浅黄色针状结晶，熔点为 190～191℃；大黄酸葡萄糖苷（rhein-8-mono-glucoside），熔点为 266～267℃；大黄酚葡萄糖苷（chrysophanol monoglucoside），熔点为 245～246℃。

大黄中羟基蒽醌类化合物多数以苷的形式存在，故先用稀硫酸溶液把蒽醌苷水解成苷元，利用游离蒽醌类化合物可溶于热氯仿的性质，用氯仿将它们提取出来。各羟基蒽醌结构不同，所表现的酸性不同，可用 pH 梯度萃取法进行分离；大黄酚和大黄素甲醚酸性相近，利用其极性的差别，可用柱色谱分离。

【仪器和药品】

仪器：电加热套、水浴锅、回流装置、减压过滤装置、色谱柱、薄层板、色谱缸、梨形分液漏斗、烧杯、试管、毛细管等。

药品：大黄粗粉、氯仿、硫酸、盐酸、冰醋酸、甲醇、乙醇、乙醚、碳酸钠溶液、氢氧化钠、丙酮、硅胶、石油醚、乙酸乙酯、甲酸、醋酸镁、浓氨水等。

【实验步骤】

大黄中蒽醌类成分提取分离流程如下：

1. 大黄中总蒽醌苷元的提取

大黄粗粉 100g，加 20％硫酸溶液 300mL 润湿，再加氯仿 500mL，回流提取 3h，稍冷后过滤，残渣弃去，氯仿提取液置于分液漏斗中，分出酸水层，得氯仿提取液。

2. 大黄中蒽醌苷元的分离和精制

（1）蒽醌类成分的缓冲纸色谱试验

为了验证分离所采用的萃取液是否合理，做如下缓冲纸色谱试验：取层析滤纸 3cm×12cm，距下端 2cm 处划一起始线，向上每隔 1.5cm 划一平行线，在各条带上依 pH 由低至高顺序顺次涂布实际所用各缓冲液及碱液，涂布完后，将湿滤纸夹在两片干滤纸中吸至半干，取样品总蒽醌苷元氯仿提取液点在起始线上，用氯仿上行展开，记录所得结果，并确定选择的萃取剂是否合理。碱液及缓冲溶液分别为 3％ NaOH 溶液、5％ Na$_2$CO$_3$-5％ NaOH（9：1），缓冲溶液 pH 分别为 8、9.9 和 3。

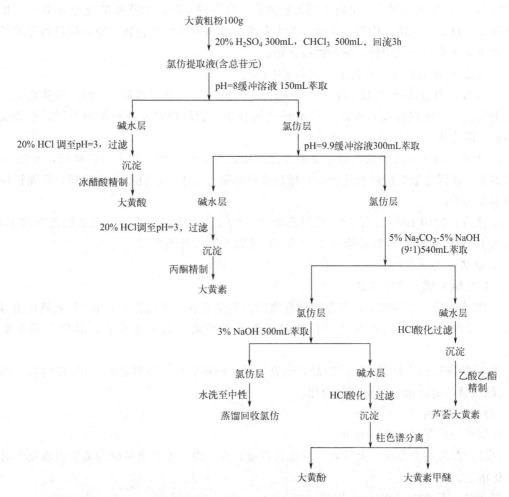

（2）分离和精制

① 大黄酸的分离和精制。将含有总蒽醌苷元的氯仿液 450mL 置于 1000mL 分液漏斗中，加 pH=8 的缓冲溶液 150mL 充分振摇（注意防止乳化，下同），静置至彻底分层，分出碱水层置于 250mL 烧杯中，在搅拌下滴加 20％盐酸至 pH=3，待沉淀析出完全后，过滤，并用少量水洗沉淀物至洗出液呈中性，沉淀干燥后，样品加冰醋酸 10mL 加热溶解，趁热过滤，滤液放置析晶，过滤，用少量冰醋酸淋洗结晶，得黄色针状结晶为大黄酸。

② 大黄素的分离和精制。将 pH=8 的缓冲溶液萃取过的氯仿层，用 pH=9.9 的缓冲溶液 300mL 振摇萃取，静置至彻底分层后，分出碱水层，在搅拌下用 20％盐酸酸化至 pH=3，析出棕黄色沉淀，抽滤，水洗沉淀物至洗出液呈中性，沉淀经干燥后，用 15mL 丙酮加热溶解，趁热过滤，滤液静置，析出橙色针状结晶，过滤后，用少量丙酮淋洗结晶，得大黄素。

③ 芦荟大黄素的分离与精制。向 pH=9.9 的缓冲溶液萃取过的氯仿层中再加 5％ Na₂CO₃-5％ NaOH（9∶1）碱水液 540mL 萃取，碱水层加盐酸酸化，析出的沉淀水洗，干燥，用 10mL 乙酸乙酯精制，得黄色针状结晶的芦荟大黄素。

④ 大黄酚和大黄素甲醚的分离。萃取除去芦荟大黄素后余下的氯仿层，再用 3％氢氧化

钠溶液 500mL 分两次萃取，至碱水层无色为止，合并碱水层，加盐酸酸化至 pH＝3，析出黄色沉淀，过滤，水洗至中性，干燥，为大黄酚和大黄素甲醚混合物，留作柱色谱分离的样品。余下氯仿液水洗至中性，蒸馏回收氯仿。

⑤ 硅胶柱色谱法分离大黄酚、大黄素甲醚。

a. 装柱：用石油醚-乙酸乙酯（9.8：0.2）浸泡 200～300 目硅胶约 20g，搅拌均匀，尽量赶出气泡。一次性倒入 1.8cm×28cm 的色谱柱中，轻轻敲打使硅胶均匀下沉，至硅胶界面不再下降为止。

b. 上样：将大黄酚和大黄素甲醚的混合物用乙醇加热溶解，拌入少量硅胶，水浴 70℃左右烘干，加到已装好的硅胶柱顶端，最后在样品带上盖上一层硅胶或脱脂棉，以保护样品界面不受干扰。

c. 洗脱：先用 100mL 石油醚-乙酸乙酯（9.8：0.2）洗脱，至第一条黄色色带洗下来，再换用 100mL 石油醚-乙酸乙酯（9.5：0.5）洗脱下第二条色带。

3. 鉴别

（1）蒽醌类成分化学鉴别

① 碱液试验。分别取上述各蒽醌化合物结晶数毫克置于小试管中，加 2％氢氧化钠溶液 1mL，观察颜色变化。凡有互成邻位或对位羟基的蒽醌呈蓝紫至蓝色，其他羟基蒽醌呈红色。

② 醋酸镁试验。分别取蒽醌结晶数毫克，置于小试管中，各加乙醇 1mL 使溶解，滴加 0.5％醋酸镁乙醇溶液，观察颜色变化。

（2）色谱鉴别

薄层板：硅胶 G-CMC-Na 板。

点样：提取的大黄酸、大黄素、芦荟大黄素、大黄酚、大黄素甲醚的氯仿溶液及各对照品氯仿溶液。

展开剂：石油醚-乙酸乙酯-甲酸（15：5：1）的上层溶液。

展开方式：上行展开。

显色：在可见光下观察，记录黄色斑点出现的位置，然后用浓氨水熏或喷 5％醋酸镁乙醇溶液，斑点显红色。

观察记录：记录图谱并计算 R_f 值。

【注意事项】

1. 大黄中蒽醌类化合物的种类、含量与大黄的品种、采收季节、炮制方法及贮存时间均有关系。由于蒽醌类衍生物主要以苷形式存在，所以较新鲜的原药材蒽醌类成分含量高，如果是贮存时间长的饮片，则蒽醌类成分含量低，实验选材要注意。

2. 本实验提取方法是采用酸水解法，使药材中蒽醌苷水解得到游离蒽醌化合物，再用连续回流的方法，使游离蒽醌被氯仿提取出来，这样提取的游离蒽醌类成分较为完全，收率高。

3. 冰醋酸较难挥发，不可多加，否则难浓缩。冰醋酸有腐蚀性，操作时避免触及皮肤。

4. pH 梯度萃取法分离羟基蒽醌，是利用羟基蒽醌的酸性不同，可溶于不同 pH 的碱液中，在分离时，应注意萃取的次数不宜过多，否则被分离的成分间回游混杂。

【思考题】

1. 大黄中5种羟基蒽醌化合物的酸性和极性大小应如何排列？为什么？

2. pH梯度法的原理是什么？适用于哪些中药成分的分离？

3. 游离蒽醌类化合物的鉴定方法有哪些？

实验二　汉防己生物碱的提取、分离和鉴别

【实验目的】

1. 掌握总生物碱的提取及脂溶性生物碱和水溶性生物碱、酚性叔胺碱与非酚性叔胺碱、水溶性碱与水溶性杂质的分离、纯化原理和方法。

2. 学习用吸附柱色谱分离生物碱，并掌握一般柱色谱的操作方法。

3. 掌握生物碱的常用鉴定方法。

【实验原理】

汉防己（粉防己）是防己科千金藤属植物汉防己 *Stephania tetrandra* S. Moore 的根，具有解热镇痛作用，中医用于祛风、止痛、利尿、消肿及治疗毒蛇咬伤等。其有效成分是生物碱，总碱含量约为 2%，主要有汉防己甲素、汉防己乙素及轮环藤酚碱。汉防己甲素具有镇痛、抗炎、降压、肌松、抗菌、抗肿瘤、抗硅沉着、抗结核、抗心律失常（Ca^{2+} 拮抗剂）、抑制血小板凝集等作用。汉防己乙素具有镇痛、抗炎、降压、抗肿瘤、抗血小板凝集等作用。轮环藤酚碱具有松弛横纹肌、阻断神经节、降压、抑制胃收缩等作用。

汉防己中主要成分的物理性质如下：

（1）汉防己甲素（粉防己碱，tetrandrine）

$C_{38}H_{42}O_6N_2$，无色针状结晶（丙酮），有双熔点现象，结晶在 126～127℃ 时熔融，153℃ 时固化，温度上升至 217～218℃ 时又熔化。 $[\alpha]_D^{25}$ 为 $+285°$（$c=1.00g \cdot mL^{-1}$，$CHCl_3$），与碘甲烷反应生成碘化二甲基汉防己甲素（汉肌松，$C_{40}H_{48}O_6N_2 \cdot I_2$）。汉防己甲素不溶于水和石油醚，易溶于甲醇、乙醇、乙醚、氯仿中，可溶于苯，亦溶于稀酸水溶液中。紫外光谱数据 λ_{max}^{EtOH}（lgε）：282.5nm（3.88）。

（2）汉防己乙素（防己诺林碱，fangchinoline）

$C_{37}H_{40}O_6N_2$，细棒状结晶（丙酮），有双熔点现象，熔点为 134～136℃ 和 238～240℃。$[\alpha]_D^{25}$ 为 $+275°$（$c=0.57g \cdot mL^{-1}$，$CHCl_3$）。与溴甲烷反应生成溴化二甲基汉防己乙素（汉松敏，$C_{39}H_{46}O_6N_2 \cdot Br_2$）。溶解度与汉防己甲素相似，但极性稍大，故在冷苯中的溶解度小于汉防己甲素，具有隐性酚羟基，不溶于 NaOH 溶液中。紫外光谱数据 λ_{max}^{EtOH}（lgε）：282nm（3.99）。

汉防己甲素：R＝CH₃　　汉防己乙素：R＝H

（3）轮环藤酚碱（汉防己丙素，cyclanoline）

$C_{20}H_{24}O_4N^+$，氯化物为无色八面体结晶，熔点为 214～216℃，其碘化物为无色丝状结晶，熔点为 185℃，$[\alpha]_D^{25}$ 为 $-120°$（$c=0.67g \cdot mL^{-1}$，MeOH）。易溶于水、甲醇、乙醇，难溶于

轮环藤酚碱

低极性有机溶剂中。紫外光谱数据 λ_{max}^{EtOH}（lgε）：232nm（4.11），284nm（3.83）。

根据大多数生物碱或生物碱盐均能溶于乙醇的通性，用乙醇回流提取法提取总碱；利用季铵型生物碱易溶于水、不溶于亲脂性有机溶剂的性质，用溶剂萃取法分离脂溶性生物碱和水溶性生物碱；利用汉防己甲素和汉防己乙素结构上的差异，用吸附柱色谱分离二者，或利用汉防己甲素的极性小于汉防己乙素，在冷苯中溶解度比汉防己乙素大而加以分离；利用季铵型生物碱可与雷氏铵盐产生沉淀的性质，使季铵型生物碱与其他水溶性成分分离。

【仪器和药品】

仪器：回流装置、水浴锅、圆底烧瓶、分液漏斗、色谱柱、漏斗、薄层板、乳钵、量筒、烧杯、试管、蒸发皿、锥形瓶等。

药品：汉防己、95％乙醇、1％盐酸、氯仿、氨水、1％氢氧化钠、无水硫酸钠、氧化铝、丙酮、苯、环己烷、甲醇、雷氏铵盐、改良碘化铋钾（Dragendorff）试剂、碘-碘化钾试剂、碘化汞钾试剂、硅钨酸试剂、苦味酸试剂、0.6％硫酸银、10％氯化钡等。

【实验步骤】

提取分离流程如下：

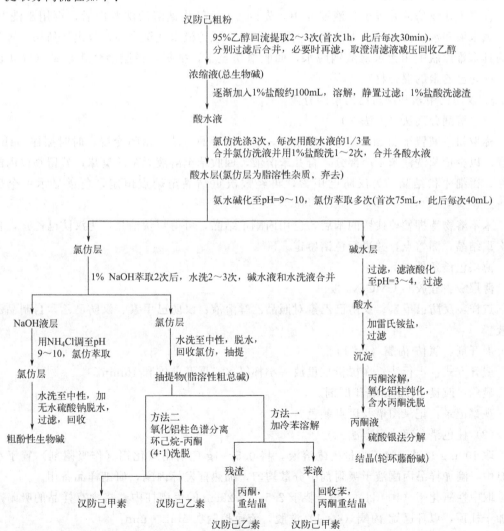

1. 总生物碱的提取

称取汉防己粗粉 100g，置于 500mL 圆底烧瓶中，加 95% 乙醇浸没药材（约需 300mL），水浴加热回流 1h 后，过滤，滤液置于具塞锥形瓶中，药渣再用 95% 乙醇 200mL 同法提取 2 次，每次 30min，合并 3 次滤液。如有絮状物析出，再过滤一次。

将澄清滤液减压回收乙醇，浓缩至无醇味，成糖浆状，得到总生物碱。

2. 亲脂性生物碱和亲水性生物碱的分离

向上述糖浆状总提取物中逐渐加入 1% 盐酸 100mL 左右，同时充分搅拌，促使生物碱溶解，不溶物呈树脂状析出下沉。静置，滤出上清液，再用 1% 盐酸少量多次洗涤不溶物，直至洗液对生物碱沉淀试剂反应微弱为止。

合并盐酸溶液和洗液并置于分液漏斗中，用氯仿洗涤 3 次，每次用酸水液的 1/3 量，合并氯仿洗液，再用 1% 盐酸洗 1～2 次，将洗涤氯仿的酸液和前述酸液合并，留取 10mL 做沉淀反应，其余的移至分液漏斗中，加 75mL 氯仿，滴加浓氨水调至 pH＝9～10，适度振摇萃取，静置分层后放出氯仿层，碱水层再用新的氯仿萃取 4～5 次，每次用氯仿 40mL，直到氯仿萃取液生物碱反应微弱为止（取氯仿液滴在滤纸上喷 Dragendorff 试剂显色不明显），氨性碱水液留待分离水溶性生物碱。

合并上述氯仿液并置于分液漏斗中，先以 1% 氢氧化钠溶液洗两次后，再用水洗 2～3 次，碱水液和水洗液合并，为含酚性生物碱部分。氯仿液水洗至中性，分出氯仿层，置于干燥的具塞锥形瓶中用无水硫酸钠脱水，回收氯仿至干，抽提，得脂溶性粗总碱（汉防己甲素、汉防己乙素的混合物）。

3. 汉防己甲素和汉防己乙素的分离

(1) 溶剂分离法（方法一）

称取粗总碱置于 25mL 具塞锥形瓶中，加 5 倍量的冷苯，密闭冷浸，时时振摇，1h 后，过滤，以少量苯洗涤苯不溶部分，合并苯溶液，回收苯至溶液无苯的臭味，残留物以丙酮重结晶，得细棒状结晶，为汉防己甲素，再经数次重结晶至熔点恒定，色谱显示一个斑点为止。

苯不溶物待挥发掉残留的苯后，也用丙酮重结晶，可得粒状结晶，为汉防己乙素，再经数次重结晶，测熔点，并进行色谱鉴定。

薄层色谱条件如下。

薄层板：硅胶 G-CMC-Na 板。

点样：汉防己甲素、汉防己乙素对照品乙醇溶液；汉防己甲素、汉防己乙素自制品乙醇溶液。

展开剂：氯仿-丙酮（1:1）。

展开方式：上行法，在层析缸里放一小杯氨水，展开前饱和 15min。

显色：改良 Dragendorff 试剂。

观察记录：记录图谱及斑点颜色。

(2) 柱色谱分离法（方法二）

取 100mg 总碱，溶于少量丙酮溶液，将 0.5～1g 色谱用氧化铝（作吸附剂）置于小蒸发皿中，滴加样品丙酮液于吸附剂中分散均匀，加热挥发掉丙酮，研细样品备用。

取中性氧化铝（100 目）30g，装于 2.5cm×25cm 的色谱柱中，将含有样品的吸附剂均匀加于柱顶，以环己烷-丙酮（4:1）洗脱，流速控制在 5mL·min^{-1}。

收集各馏分（每份 10～15mL），取样，回收溶剂，用硅胶 G-CMC-Na 薄层板做色谱检查，合并相同馏分，回收溶剂至干，分别用丙酮重结晶，可得汉防己甲素、汉防己乙素精品（薄层色谱条件同方法一）。

4. 季铵型生物碱的分离纯化

取上述第 2 步亲脂性生物碱和亲水性生物碱的分离中所得的氨性碱水液，加 20％盐酸调至 pH＝3～4，滴加雷氏铵盐的饱和水溶液至不再生成沉淀为止。滤取沉淀，用少量水洗涤，抽干，自然干燥，称重。加 20 倍量的丙酮溶解，自然过滤，滤去不溶物，丙酮液通过氧化铝柱除杂质，并用稀丙酮溶液（丙酮∶水＝5∶1）洗至流出液颜色极浅为止，在此洗脱液中加入 0.6％硫酸银溶液至不再生成沉淀（记录硫酸银溶液的体积），放置，自然过滤，弃去沉淀。滤液回收大部分丙酮，放冷（如有沉淀物再过滤），小心加入与硫酸银溶液等物质的量的 10％氯化钡溶液至不再生成白色沉淀为止，放置，自然过滤，滤液转入蒸发皿中，水浴上浓缩至小体积（约 2～3mL），趁热转入小三角瓶中，放置析出无色结晶，得轮环藤酚碱盐酸盐。如有必要可用水重结晶一次。

5. 鉴定

（1）沉淀反应

取留做沉淀反应用的酸水液，分别置于 4 支试管中，加下列试剂 1～3 滴，观察现象：①苦味酸试剂（先将酸水液调至中性，再滴加试剂），②碘-碘化钾试剂，③硅钨酸试剂，④碘化铋钾试剂。

（2）薄层色谱鉴定

① 汉防己生物碱色谱条件

薄层板：硅胶 G-CMC-Na 板。

点样：自提汉防己甲素、汉防己乙素的乙醇溶液；汉防己甲素、汉防己乙素的对照品乙醇溶液。

展开剂：氯仿-乙醇（10∶1）；甲苯-丙酮-乙醇（4∶5∶1）；氯仿-丙酮-甲醇（4∶5∶1）。

展开方式：上行法，在层析缸中置一小杯氨水，展开前饱和 15min。

显色：喷改良碘化铋钾试剂。

观察记录：记录图谱及斑点颜色。

② 轮环藤酚碱的色谱条件

薄层板：硅胶 G-CMC-Na 板。

点样：自提轮环藤酚碱的乙醇溶液；轮环藤酚碱的对照品乙醇溶液。

展开剂：甲醇-氨水（7∶3）。

展开方式：上行法。

显色：喷改良碘化铋钾试剂。

观察记录：记录图谱及斑点颜色。

【注意事项】

1. 提取总生物碱时，回收乙醇至稀浸膏状即可，如过干，当加入 1％盐酸后会结成胶状团块，影响提取效果。

2. 酸水液用氯仿洗涤，是为了去除非碱性脂溶性杂质。pH＝2 时，生物碱全部成盐，一般不被氯仿提取。

3. 用 1％氢氧化钠溶液洗氯仿液的目的是分出酚性生物碱。汉防己乙素结构中的酚羟基由于空间效应和氢键的形成，呈隐性酚羟基性质，酸性减弱，不溶于强碱溶液中，在此步骤中仍留在氯仿液中。

4. 氧化铝柱纯化可选用 1cm×20cm 规格，氧化铝用量约 5g，采用干法装柱。

【思考题】

1. 汉防己甲素、汉防己乙素在结构与性质上有何异同点？实验过程中，我们应怎样利用其共性和个性进行提取分离？请设计方案。

2. 解释雷氏铵盐法分离水溶性生物碱的原理。

3. 从混合物中分离出水溶性生物碱与脂溶性生物碱的常用方法有哪些？

4. 萃取过程中怎样防止和消除乳化？

实验三 甘草酸的提取

【实验目的】

1. 掌握甘草酸的提取原理和方法。
2. 熟悉皂苷的性质和鉴定方法。

【实验原理】

甘草酸（glycyrrhizic acid）又称甘草皂苷（glycyrrhizin），是（乌拉尔）甘草（*Glycyrrhiza uralensis* Fisch.）的根及根茎和光果甘草（*Glycyrrhiza glabra* L.）的根及根茎中的主要成分，也是有效成分，在甘草中的含量为 7%～10%，味极甜，故又称甘草甜素。甘草是常用和重要的中药之一，有较强的解毒作用，中药用于清热解毒，调和诸药，此外尚有类皮质激素、抗炎、抗胃溃疡、镇咳祛痰、解痉等方面的药理作用，甘草中还含有多种黄酮成分，如甘草素（liquiritigenin）、异甘草素（isoliquiritigenin）、甘草苷（liquiritin）、新甘草苷（neoliquiritin）和新异甘草苷（neoisoliquritin）等。

甘草酸为白色或淡黄色结晶粉末，熔点 220℃，有特殊甜味，其甜度约为蔗糖的 250 倍。易溶于热水、热稀乙醇、丙酮，不溶于乙醇、乙醚等。在加热、加压及稀酸作用下，可水解为甘草次酸及二分子葡萄糖醛酸。

甘草酸的提取精制原理是：甘草酸在原料中以钾盐或钙盐形式存在，其盐易溶于水，因此用水温浸，提取出甘草酸盐，再加硫酸，因难溶于酸性冷水，而析出游离的甘草酸。

甘草酸可溶于丙酮中，加氢氧化钾后，生成甘草酸三钾盐结晶，此结晶极易吸潮不便保存，加冰醋酸后，转变为甘草酸单钾盐，具有完好的晶形，易于保存。

【仪器和药品】

仪器：回流装置、烧杯、量筒、水浴锅、电热套、布氏漏斗、抽滤瓶、研钵、圆底烧瓶、搅拌装置、循环水真空泵、旋转蒸发仪、试管、层析板、恒温干燥箱、天平、白瓷板、毛细管（点样管）。

药品：甘草粗粉、甘草酸单钾盐标准品、磷钼酸、脱脂棉、浓硫酸、氢氧化钠、乙醇、醋酸酐、正丁醇、冰醋酸、氯仿、GF254 硅胶、氢氧化钾、羧甲基纤维素钠、pH 试纸。

【实验步骤】

1. 甘草酸的提取

取甘草粗粉 20g，加水 150mL，于水浴上温浸 30min，用脱脂棉过滤，药渣再用 100mL 水温浸 30min，用脱脂棉过滤，合并滤液，水浴浓缩至 40mL，滤除沉淀物，放冷加入浓硫酸并不断搅拌，至不再析出甘草酸沉淀为止，放置，倾出上清液，下层棕色黏性沉淀用水洗涤四次，室温放置干燥，磨成细粉，为甘草酸粗品。

将粗制甘草酸置于圆底烧瓶中，用 50mL 乙醇回流 60min，过滤，残渣再用 30mL 乙醇回流 30min，过滤，合并滤液，浓缩至 20mL，放冷，在搅拌下加入 20% KOH 乙醇溶液至不再析出沉淀，此时溶液 pH=8，静置，抽滤，沉淀为甘草酸三钾盐结晶，于干燥器内干燥，称重。

甘草酸三钾盐置小烧杯中，加 15mL 冰醋酸，水浴上加热溶解，热过滤，再用少量热冰醋酸淋洗滤纸上吸附的甘草酸，滤液放冷后，有白色的结晶析出，抽滤，用无水乙醇洗涤，得乳白色甘草酸单钾盐。

2. 性质实验及色谱检查

（1）泡沫实验

取甘草酸单钾盐水溶液 2mL，置于试管中用力振摇，放置 10min 后观察泡沫。

（2）醋酐-浓硫酸反应（Liebermann-Barchard 反应）

取甘草酸单钾盐少量，置白瓷板上，加醋酸酐 2～3 滴使溶解，再加半滴浓硫酸观察颜色变化。

（3）氯仿-浓硫酸反应

取甘草酸单钾盐少量，加 1mL 氯仿，再沿试管壁滴加浓硫酸 1mL，观察两层的颜色变化及荧光。

（4）薄层色谱

吸附剂：硅胶 G 板 100℃活化 30min。

展开剂：正丁醇-醋酸-水（6∶1∶3，上层清液）。

样品：甘草酸单钾盐标准品，甘草酸单钾盐 70％乙醇液。

显色剂：磷钼酸。

【注意事项】

1. 甘草酸三钾盐极易吸潮，因此必须在干燥器中保存。

2. 薄层色谱鉴定中，显色前，薄层板上的展开剂需挥发干。

【思考题】

1. 甘草酸、甘草次酸是甘草中的代表性成分，二者有何关系？主要的生物活性是什么？根据二者的性质，可以选择哪些方法从甘草中提取甘草酸？

2. 甘草酸还可以用哪些方法提取？

实验四 芦丁的提取、精制与鉴定

【实验目的】

1. 复习巩固黄酮类化合物的提取、分离和检识等基础知识。
2. 以芦丁为例学习黄酮类成分的提取方法。
3. 掌握黄酮类成分的主要性质及黄酮苷、苷元和糖部分的检识方法。

【实验原理】

芦丁（rutin）亦称芸香苷，广泛存在于植物界中，其中以槐花米（为槐树 *Styphnolobi- um japonicum* L. 的花蕾）和荞麦叶中含量较高，槐花米中芦丁的含量为 12%～16%。

芦丁为维生素 P 类药物，有助于保护毛细血管的正常弹性，临床上主要用作防治高血压的辅助药物，还能调整毛细管壁的渗透作用，临床上作毛细血管性止血药。此外，芦丁对放射性伤害所引起的出血症也有一定治疗作用。

槐花米中的已知成分有下面几种。

1. 芸香苷

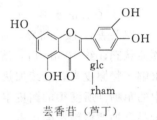

芸香苷（芦丁）

浅黄色细小针状结晶（水），熔点为 176～178℃，在 214～215℃时会发泡分解。芸香苷溶于热水（1:200），难溶于冷水（1:8000），溶于沸甲醇（1:7）、冷甲醇（1:100）、沸乙醇（1:60）、冷乙醇（1:650），微溶于乙酸乙酯、丙酮，不溶于苯、氯仿、乙醚及石油醚等溶剂。易溶于碱液中呈黄色，酸化后又析出。

2. 槲皮素

槲皮素（quercetin）的二水化合物为黄色针状结晶（稀乙醇），即芸香苷元，在 95～97℃成为无水物，熔点 314℃（有分解）。槲皮素溶于热乙醇（1:60）、冷乙醇（1:650），可溶于甲醇、冰醋酸、乙酸乙酯、丙酮、吡啶，不溶于石油醚、乙醚、氯仿和水中，实验室以稀硫酸水解，乙醇重结晶而制得。

槲皮素

3. 皂苷

其粗制品为白色粉末，经酸水解后得两种皂苷元及糖部分，这两种皂苷元是白桦酯醇（betulin）和槐花米双醇（sophoradiol），另外还含槐花米甲素、槐花米乙素、槐花米丙素等。

本实验是利用芦丁在热水和冷水中溶解度相差较大的性质，用热水提取，然后再利用其在热乙醇和冷乙醇中溶解度的差异进行精制。

【仪器和药品】

仪器：回流装置、烧杯、量筒、水浴锅、电热套、布氏漏斗、抽滤瓶、研钵、循环水真空泵、旋转蒸发仪、试管、层析板、恒温干燥箱、天平、层析滤纸（中速，20cm×7cm）、毛细管（点样管）。

药品：槐花米、槲皮素标准品、芸香苷标准品（芦丁标准品）、葡萄糖、鼠李糖、浓盐酸、脱脂棉、浓硫酸、α-萘酚、氢氧化钠、乙醇、镁粉、三氯化铝、醋酸镁、甲醇、正丁醇、冰醋酸、苯胺、邻苯二甲酸、硝酸银、GF254 硅胶、氢氧化钡、羧甲基纤维素钠、pH 试纸。

【实验步骤】

1. 芸香苷的提取

取 20g 槐花米于烧杯中用水漂洗干净，捞取上浮的花蕾弃去下沉的杂质，将洗净的花蕾置于 500mL 烧杯中，加沸水 250mL 煮沸 45min，不断补充蒸发掉的水，趁热过滤（用脱脂棉），再用 200mL 水提取 30min，合并两次滤液，浓缩 1/2 体积，用浓盐酸调 pH＝4～5，放置过夜，析出芦丁，抽滤，沉淀用少量冷水洗 3～4 次，抽干，60℃ 以下干燥，称重，得粗芸香苷，计算得率。

2. 芸香苷的精制

① 将粗制芦丁研细，加 95％乙醇回流溶解（每 2g 芦丁需加 70mL 左右乙醇），趁热过滤，滤液浓缩至原体积的 1/3～1/4，放置，析出结晶，抽滤，干燥称重，得精制芦丁，计算得率。

② 将粗制芦丁研细，取 2g 置 500mL 烧杯中，加蒸馏水 400mL，加热煮沸，趁热抽滤。滤液放置过夜，析晶，抽滤，干燥称重，得精制芦丁，计算得率。

3. 芸香苷的水解

取芸香苷 1g，研碎，加 2％硫酸 100mL 回流水解 60min，加热过程中，开始时溶液呈浑浊状态，约 10min 后，溶液由浑浊转为澄清，逐渐析出黄色小针状结晶，即为芸香苷的水解产物槲皮素，继续加热至结晶物不再增加时为止。抽滤，保留滤液 20mL，以检查滤液中的单糖。所滤得的槲皮素粗晶加 70％乙醇 80mL，加热回流使之溶解，趁热过滤，放置析晶，抽滤得精制槲皮素。减压下 110℃ 干燥，即可得到槲皮素无水物。

4. 芸香苷、槲皮素及糖的检识

(1) 氢氧化钠试验

取芸香苷少许置于试管中，加水 2mL 振摇，观察试管中有无变化。滴加 1％氢氧化钠溶液数滴，振摇使其溶解，溶液呈透明黄色。再加入 1％盐酸溶液数滴，使其呈现酸性反应，则溶液由澄清明亮转为浑浊状态。

(2) α-萘酚-浓硫酸试验

取芸香苷少许置于试管中加乙醇 1mL 振摇，加 α-萘酚试剂 2～3 滴振摇，倾斜试管，沿管壁徐徐加入 0.5mL 浓硫酸，静置，观察两层溶液界面变化，应出现紫红色环。

(3) 盐酸-镁粉试验

取芸香苷少许置于试管中，加 50％乙醇 2mL，在水浴中加热溶解，滴加浓盐酸 2 滴，再加镁粉约 50mg，即产生剧烈的反应。溶液逐渐由黄色变为红色。

(4) 三氯化铝试验

取芸香苷少许置于试管中，加甲醇 1～2mL，在水浴锅上加热溶解，加 1％三氯化铝-甲醇试剂 2～3 滴，溶液呈现鲜黄色。取槲皮素按上述步骤进行同样试验。

(5) 醋酸镁试验

取芸香苷少许置于试管中，加入甲醇 1～2mL，在水浴中加入溶解，加 1％醋酸镁-甲醇试剂 2～3 滴，溶液有黄色荧光反应。取槲皮素按上述步骤进行同样试验。

(6) 芸香苷和槲皮素的纸色谱检识

支持剂：层析滤纸（中速、20cm×7cm）。

样品：自制 1％芸香苷乙醇溶液；自制 1％槲皮素乙醇溶液。

对照品：1％槲皮素标准品乙醇溶液；1％芸香苷标准品乙醇溶液。

展开剂：正丁醇-冰醋酸-水（4∶1∶1）或者 15％醋酸水溶液。

显色剂：分三步，可见光下观察颜色，紫外灯下观察荧光，喷三氯化铝试剂呈黄色斑点。

（7）糖的纸色谱检识

取上述芸香苷水解后的母液 20mL，加入氢氧化钡细粉（约 2.6g）中和至 pH＝7，滤除生成的硫酸钡沉淀（可用滑石粉助滤）。滤液在水浴中浓缩至 1～2mL，供纸色谱点样用。

样品：水解浓缩液。

对照品：葡萄糖标准品水溶液；鼠李糖标准品水溶液。

展开剂：正丁醇-冰醋酸-水（4∶1∶5 上层清液）。

显色剂：喷苯胺-邻苯二甲酸试剂，于 105℃加热 10min，显棕斑点；喷胺性硝酸银试剂，于 100℃左右加热，呈棕褐斑点。

【注意事项】

1. 本实验直接用沸水从槐花米中提取芸香苷，得率稳定且操作简便。

2. 在提取前应注意将槐花米略捣碎，使芸香苷易于被热水提出。

3. 用浓盐酸调节 pH＝4～5 时，勿过度酸化，如 pH 值过低，会降低芸香苷的得率。

4. 槲皮素以乙醇重结晶时，如所用乙醇浓度过高（90％以上），一般不易析出结晶。此时可向溶液中滴加适量蒸馏水，使呈微浊状态，放置，槲皮素即可析出。

【思考题】

1. 根据芸香苷的性质，还可以采用哪些方法提取？试设计提取芸香苷的另一种方法，并说明原理。

2. 怎样正确鉴定芸香苷？

实验五　肉苁蓉多糖的提取分离与含量测定

【实验目的】

1. 学习和掌握植物中多糖提取和含量测定方法。
2. 学习和掌握肉苁蓉多糖的提取和纯化方法。

【实验原理】

肉苁蓉别名大芸、寸芸等，为列当科多年寄生草本植物苁蓉的干燥带鳞叶的肉质茎，是我国稀有的名贵中药材，具有益精血、补肾壮阳、润肠通便、延缓衰老的功效。肉苁蓉中主要的活性成分是苯乙醇糖苷类化合物、多糖、生物碱。肉苁蓉多糖具有提高机体免疫功能、抗衰老、抗肿瘤等作用。本实验利用肉苁蓉多糖可溶于热水、在乙醇中溶解度小的性质，采用水提醇沉法提取肉苁蓉多糖。利用多糖在硫酸的作用下先水解成单糖，并迅速脱水生成糖醛衍生物，然后与苯酚生成橙黄色化合物的特点，采用苯酚-硫酸法测定其含量。

【仪器和药品】

仪器：紫外-可见分光光度计、高速冷冻离心机、冷冻干燥仪、电子天平、减压过滤装置、分液漏斗、容量瓶、水浴锅、研钵、烧杯、试管、移液管、离心管、锥形比色管等。

药品：肉苁蓉生药片、无水乙醇、95％乙醇、正丁醇、氯仿、40％三氯乙酸、4％三氯乙酸（4％ TCA）、链霉蛋白酶、木瓜蛋白酶、浓硫酸、80％苯酚、葡萄糖标准品、15％三氯乙酸（15％ TCA）、5％三氯乙酸（5％ TCA）、6mol·L^{-1}氢氧化钠、6mol·L^{-1}盐酸等。

【实验步骤】

1. 肉苁蓉多糖的提取

肉苁蓉生药片经热乙醇浸泡 3h 后，用纱布过滤，弃滤液。药渣加水煎煮 3 次，每次 1～2h，过滤，合并滤液（呈棕红色）。蒸发浓缩后，离心去沉淀，上清液加 2～3 倍体积的 95％乙醇进行沉淀，4℃静置 24h，次日，于 4℃离心 20min（6000r·min^{-1}），收集沉淀。

2. 肉苁蓉多糖的分离纯化

将上述沉淀经水复溶，采用以下方法脱蛋白。

（1）单纯的 Sevag 法

在样品液中加入等体积的 Sevag 液［氯仿-正丁醇（4：1）］。混匀后静置几十个小时，弃下层有机相（蛋白质与氯仿和正丁醇生成的凝胶物），反复多次。

（2）4％三氯乙酸＋Sevag 法

先在样品中加入一定体积的 40％三氯乙酸，使其终浓度为 4％，混匀后于 4℃冰箱中静置过夜。次日离心去沉淀（4℃，6000r·min^{-1}，20min），上清液再用上述 Sevag 法脱蛋白。

（3）中性酶＋Sevag 法

称取链霉蛋白酶 100mg 溶于 100mL 蒸馏水中，吸取木瓜蛋白酶 100μL 加蒸馏水至 100mL。两者混合均匀后加入样品液中，于 37℃保温数小时，再用 Sevag 法脱蛋白。

将脱蛋白后的样品冷冻干燥后获粗多糖（灰棕红色）。

3. 肉苁蓉多糖的含量测定

（1）绘制标准曲线

准确称取标准葡萄糖 20mg 于 500mL 容量瓶中，加水至刻度，分别吸取葡萄糖标准溶液 0.4mL、0.6mL、0.8mL、1.0mL、1.2mL、1.4mL、1.6mL 及 1.8mL，各以蒸馏水补至 2.0mL，然后加入 6％苯酚 1.0mL 及浓硫酸 5.0mL，摇匀冷却，室温放置 20min 后于 490nm 测其吸光度，以 2.0mL 水按同样显色操作作为空白，横坐标为多糖的质量，纵坐标为吸光度，绘制标准曲线。

（2）样品含量的测定

取样品 1g（生药），加 1mL 15％ TCA 溶液研磨，再加少许 5％ TCA 溶液研磨，倒上清液于 10mL 离心管中，再加少许 5％ TCA 溶液研磨，倒上清液，重复 3 次。最后一次研磨后将残渣一起倒入离心管。离心，转速 3000r·min^{-1}，共离心 3 次。第一次 15min，取上清液。后两次各 5min，取上清液倒入 25mL 锥形比色管中，最后滤液保持 18mL 左右。再向比色管中加入 2mL 6mol·L^{-1} 盐酸后摇匀，在 96℃ 水浴锅中水浴 2h。水浴后，用流水冷却后加入 2mL 6mol·L^{-1} 氢氧化钠摇匀。定容至 25mL 容量瓶中。吸取 0.2mL 的样品液，以蒸馏水补至 2.0mL，然后加入 6％苯酚 1.0mL 及浓硫酸 5.0mL，摇匀冷却，室温放置 20min 后，于 490nm 测其吸光度。以标准曲线计算多糖含量。

【注意事项】

1. 6％苯酚需临用前以 80％苯酚配制（每次测定均需现配）。

2. 溶液总的体积不要超出 10mL（即不要超出离心管的容量）。

【思考题】

1. 试比较三种不同的脱蛋白法的优缺点。

2. 除可用苯酚-硫酸法测定多糖含量以外，还有哪些方法可以测定多糖含量？

3. 已知某植物材料中含有多糖，请问如何从中提取纯化多糖？

实验六　薰衣草挥发油的提取与鉴定

【实验目的】

1. 掌握挥发油的一般提取方法。
2. 掌握挥发油中化学成分的薄层色谱定性鉴定方法。

【实验原理】

薰衣草系唇形科（labiatae）植物狭叶薰衣草（*Lavandula angustifolia* Mill.）的地上部分，兼有药用植物和香料植物共有的属性，所含的精油应用非常广泛，可用于医药、食品加工、化妆品等各个行业。植物精油的传统提取方法是水蒸气蒸馏法和溶剂浸提法等。微波辅助提取技术是颇具发展潜力的提取新技术，与传统方法相比，具有短时高效、清洁环保、质量优等优势。超临界二氧化碳萃取（SC-CO$_2$）常应用在天然香味物、调味品和天然色素的提取上，其中精油提取占据主导地位。

薰衣草挥发油的主要化学成分为芳樟醇（约37%）、乙酸芳樟酯（约35%）、4-甲基-1-(1-异丙基)-3-环己烯-1-醇（约4.5%）、乙酸薰衣草酯（约4%）等，化合物类型以乙酸酯、醇、烯烃化合物为主。

芳樟醇分子式为C$_{10}$H$_{18}$O，是无色油状液体，具有铃兰香气，无樟脑和萜烯气味。不溶于水，能与乙醇、乙醚混溶。熔点<20℃，沸点198～199℃，相对密度0.858～0.868。

乙酸芳樟酯分子式为C$_{12}$H$_{20}$O$_2$，是无色透明液体，有令人愉快的花香和果香，香气似香柠檬和薰衣草，透发而不持久。不溶于甘油，微溶于水，溶于乙醇、丙二醇和香料。熔点>85℃，沸点220℃，相对密度0.9000～0.9140，折射率1.4510～1.4580。

【仪器和药品】

仪器：超临界萃取装置、微波反应器、挥发油提取器、气相色谱-质谱仪、圆底烧瓶、毛细管、硅胶板、控温水浴锅、分液漏斗、旋转蒸发仪、阿贝折射仪等。

药品：薰衣草粉末、氯化钠、丙酮、石油醚、乙酸乙酯、1%香草醛浓硫酸溶液、2%高锰酸钾水溶液、1%氯化铁乙醇溶液、0.05%溴甲酚绿乙醇溶液、2,4-二硝基苯肼试剂等。

【实验步骤】

1. 薰衣草挥发油的提取

（1）微波辅助水蒸气蒸馏法

准确称量25g薰衣草粉末，装入500mL圆底烧瓶中，加入300mL饱和食盐水，浸泡2h，置于微波反应器中，在挥发油提取器中加入2mL石油醚。然后微波加热2h，设定温度105℃左右，使回流速度为每秒1～2滴。蒸馏至馏出液不再浑浊为止，收集馏出液，得淡黄色透明液体。

（2）超临界CO$_2$萃取法

将薰衣草粉装入萃取罐中，在解吸压力为6.5MPa，温度为45℃下，以20L·h^{-1}的流量通入CO$_2$，在萃取压力为22MPa萃取温度为45℃的条件下萃取1h，从解吸罐中放出萃取物。对超临界CO$_2$萃取产物进行蒸馏：150℃以前首先进行常压蒸馏，后进行减压蒸馏。在25mmHg（1mmHg＝133.3224Pa）时，通冷水冷凝，接收瓶置于冰水浴中。将接收瓶内液体逐渐升温到 90℃，得深黄色不透明液体。

2. 薰衣草挥发油的薄层色谱定性鉴定

（1）折射率测定

测定产品的折射率，并与文献值对比。

（2）挥发性实验

将少许挥发油蘸于滤纸上，挥动纸片，观察油迹能否挥散而消失（与油脂相比较）。

（3）薄层点滴反应

用毛细管将挥发油的乙醇溶液点于硅胶板上，然后在各点分别加氯化铁乙醇试剂、溴甲酚绿乙醇试剂、2,4-二硝基苯肼试剂、香草醛浓硫酸试剂、碱性高锰酸钾试剂，观察颜色变化，并解释现象。

（4）薄层色谱

将薰衣草挥发油的丙酮溶液点样于硅胶板上，用石油醚-乙酸乙酯（85：15）展开，待溶剂挥发完后再用石油醚（30～60℃）展开 1 次。可选用下列显色剂显色：1% 香草醛浓硫酸溶液，2% 高锰酸钾水溶液，2,4-二硝基苯肼试剂，0.05% 溴甲酚绿乙醇溶液。并对结果作出判断。

3. 薰衣草挥发油的 GC-MS 分析

通过使用气相色谱-质谱仪对微波辅助水蒸气蒸馏提取和超临界 CO_2 萃取两种方法所得的产品进行产品分析。GC-MS 分析条件：HP-5 毛细管色谱柱（30m×0.25mm×0.25μm）；进样口温度 300℃；初始温度 50℃ 保持 1min，以 5℃·min^{-1} 程序升温至 250℃，保持 5min；载气为氦气，流速 1mL·min^{-1}；分流比 50：1；FID 检测器；进样量 1mL。

【注意事项】

1. 微波结合水蒸气蒸馏提取为一种新方法。其方法便捷，对提取的薰衣草挥发油产品进行 GC-MS 分析，产品有效成分更丰富，主要成分相对含量更高，适于分析研究。

2. 用超临界 CO_2 萃取法提取时，保留时间 35min 后仍有相当多的化学成分，这些成分的沸点较高，所以产品为棕黄色不透明液体。通过减压蒸馏可得到为淡黄色透明液体的产品，需除掉不易挥发的成分。

【思考题】

1. 比较两种提取方法所得薰衣草挥发油的物理性质（气味、色泽、味道等）。

2. 比较微波辅助水蒸气蒸馏提取和超临界 CO_2 萃取两种方法的 GC-MS 分析结果，并分析原因。

3. 挥发油的定性鉴定方法有哪些？

第三章　合成化学

实验七　非水溶剂法合成四碘化锡

【实验目的】

1. 了解在非水溶剂中制备无水四碘化锡的原理和方法。

2. 熟练掌握升华、抽滤、熔点测定，学习非水溶剂重结晶等基本操作。

【实验原理】

四碘化锡是橙红色针状晶体，熔点416.6K，沸点约637K，约453K开始升华，加压条件下可在熔点以下升华。遇水即发生水解，在空气中也会缓慢水解，所以必须贮存于干燥容器内。

四碘化锡不宜在水溶液中制备，除采用碘蒸气与金属锡的气-固直接合成法外，一般可采用在如二硫化碳、四氯化碳、三氯甲烷、苯和冰醋酸-醋酸酐等非水溶剂中制备。本实验采用金属锡和碘在非水溶剂冰醋酸和醋酸酐体系中直接合成：

$$Sn + 2I_2 \xrightarrow[\text{(CH}_3\text{CO)}_2\text{O}]{\text{CH}_3\text{COOH}} SnI_4$$

用冰醋酸和醋酸酐做溶剂比用二硫化碳、四氯化碳、三氯甲烷、苯等非水溶剂的毒性要小，产物不会水解，可以得到较纯的晶状产品。

【仪器和药品】

仪器：台秤，电热套，酒精灯，圆底烧瓶（150mL），球形冷凝管，干燥管，直形冷凝管，蒸馏头，温度计，试管，温度计套管，显微熔点仪，提勒管（b形管），毛细玻璃管，研钵，表面皿，铁架台，抽滤瓶，真空循环水泵，玻璃砂芯漏斗或布氏漏斗，烧杯，剪刀。

药品：锡箔（或锡片），碘，四氯化碳，无水氯化钙，无水乙酸，乙酸酐，氯仿（石油醚），液体石蜡，$AgNO_3$（$0.1mol \cdot L^{-1}$），$Pb(NO_3)_2$（$1mol \cdot L^{-1}$），H_2SO_4（稀），NaOH（稀），饱和氯化钾。

【实验步骤】

1. 四碘化锡的制备

称取0.5g剪碎的锡片和2.2g碘置于洁净干燥的150mL圆底烧瓶中，再向其中加入25mL无水乙酸和25mL乙酸酐，加入少量沸石，以防止暴沸。装好冷凝管和干燥管（图3-1），加热使混合物沸腾，保持回流状态直至烧瓶中无紫色蒸气（大约1.5～2h），停止加热，冰水浴冷却混合物、充分结晶。使用玻璃砂芯漏斗（如无玻璃砂芯漏斗，可用普通布氏漏斗、滤纸代替，但过滤效果较差）抽滤，120℃左右蒸馏滤液回收无水乙酸和乙酸酐的混合物。

2. 四碘化锡的提纯

（1）重结晶提纯法

将得到的晶体放入小烧杯中，加入 20～30mL 氯仿（或者石油醚），35℃左右温水浴溶解，迅速使用玻璃砂芯漏斗（如无玻璃砂芯漏斗，可用普通布氏漏斗、滤纸代替，但过滤效果较差）抽滤，除去杂质，滤液倒入事先已经准确称重的烧瓶中，安装蒸馏装置，电热套60℃左右加热，回收氯仿（或者石油醚），直至氯仿（或者石油醚）完全回收，得到橙红色晶体，冷却，将烧瓶在通风橱内吹干，称量烧瓶，计算产率。

（2）升华提纯法

使用如图 3-2 所示装置，减压、加热至110～130℃时四碘化锡明显升华，收集即可。

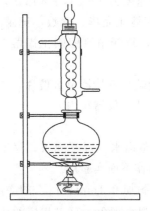

图 3-1　SnI₄ 制备装置图

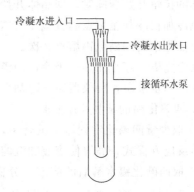

冷凝水进入口

冷凝水出水口

接循环水泵

图 3-2　SnI₄ 升华提纯装置图

3. 四碘化锡熔点的测定

（1）毛细管法（b 形管法）

① 准备熔点管：将毛细管截成 6～8cm 长，将一端用酒精灯外焰封口（与外焰成 40° 角转动加热）。防止将毛细管烧弯、封出疙瘩。如果使用一端封闭的成品毛细玻璃管，此步骤可省略。

② 装填样品：将干燥的四碘化锡固体在研钵中研细，取少量（约 0.1g）固体堆积于干净的表面皿上，将熔点管开口一端插入样品堆中，反复数次，就有少量样品进入熔点管中。然后使熔点管在垂直的约 40cm 的玻璃管中自由下落，使样品紧密堆积在熔点管的下端，反复多次，将固体装实，直到样品高约 2～3mm 为止，装 2～3 根。

③ 安装仪器装置：将 b 形管固定于铁架台上，倒入液体石蜡为浴液，其用量以略高于 b 形管的上侧管为宜。

将装有样品的熔点管用橡皮圈固定于温度计的下端，使熔点管装样品的部分位于水银球的中部。然后将此带有熔点管的温度计，通过有缺口的软木塞小心插入 b 形管中，使之与管同轴，并使温度计的水银球位于 b 形管两支管的中间。

④ 熔点测定

a. 粗测：慢慢加热 b 形管的支管连接处，使温度每分钟上升约 5℃。观察并记录样品开始熔化时的温度，此为样品的粗测熔点，作为精测的参考。

b. 精测：待浴液温度下降到 30℃ 左右时，将温度计取出，换另一根熔点管，进行精测。开始升温可稍快，每分钟升温不超过 5℃，当温度升至离粗测熔点约 10℃ 时，控制火焰使每分钟升温不超过 1℃。当熔点管中的样品开始塌落，湿润，出现小液滴时，表明样品开始熔化，记录此时温度即样品的始熔温度。继续加热，至固体全部消失变为透明液体时再记录温度，此即样品的全熔温度。样品的熔点表示为：$t_{始熔} \sim t_{全熔}$。

（2）显微熔点法

先将玻璃载片洗净擦干，放在一个可移动的载片支持器内，将四碘化锡微样品放在载片上，使其位于加热器的中心孔上，用盖玻片将样品盖住，放在圆玻璃盖下，打开光源，调节镜头，使显微镜焦点对准样品，至显微镜视野中出现清晰的晶体，开启加热器，调节升温螺旋控制加热速度，自显微镜的目镜中仔细观察样品晶形的变化和温度计的上升情况。一开始控制温度上升的速度为 $4 \sim 5℃ \cdot min^{-1}$，当温度接近样品的熔点（本实验样品为四碘化锡，熔点为 169.4℃，注意它本身易于升华）时，控制温度上升的速度为 $1 \sim 2℃ \cdot min^{-1}$，当样品晶体的棱角开始变圆时，即晶体开始熔化，结晶完全消失即熔化完毕，读数，记录温度。风扇风冷加快冷却至熔点温度以下 30℃，换一块新的载玻片，重新精测四碘化锡熔点。重复以上操作精测四碘化锡熔点 2 次。

测定完毕，停止加热，稍冷，用镊子去掉圆玻璃盖，拿走载片支持器及载玻片，风扇风冷加快冷却至室温，待仪器完全冷却后小心拆卸和整理部件，装入仪器箱内。

4. 四碘化锡的某些性质实验

① 取少量四碘化锡固体于试管中，再向试管中加入少量蒸馏水，观察现象，写出相应的化学反应方程式，静置使溶液和沉淀分层，其溶液及沉淀留作下面实验用。

② 取四碘化锡水解后的溶液，分盛于两支试管中，一支滴加 $0.1mol \cdot L^{-1}$ 的 $AgNO_3$ 溶液 5 滴，另一支滴加 $1mol \cdot L^{-1}$ 的 $Pb(NO_3)_2$ 溶液 5 滴，观察现象，写出相应的化学反应方程式。

③ 取实验①中沉淀分盛于两支试管中，分别滴加稀硫酸、稀 NaOH，观察现象，写出相应的化学反应方程式。

④ 制备四碘化锡的丙酮溶液，分盛于两支试管中，分别滴加 H_2O 和饱和 KI 溶液，观察现象，写出相应的化学反应方程式。

【注意事项】

1. 在制备无水四碘化锡时，所用仪器都必须充分干燥。

2. 市售 Sn 粒不宜用于实验。可把 Sn 粒置于清洁的坩埚中，以喷灯（或煤气灯）熔化之，再把熔锡倒入盛水的瓷盘中，Sn 溅开成薄片。也可以将 Sn 粒烧至红热，迅速倒在石棉网上用玻璃片压成锡片。

【思考题】

1. 在实验操作过程中，应注意哪些问题？

2. 若合成反应完毕，锡已经完全反应，但体系中还有少量碘，如何除去？

3. 在制备无水四碘化锡时，为什么所用仪器都必须干燥？

4. 本实验中，乙酸和乙酸酐有什么作用？

5. 测熔点时熔点管要位于什么位置？为什么？如何控制温度升高速度？

6. 是否可以使用第一次测熔点时已经熔化的四碘化锡再做第二次测定？为什么？

实验八　硫酸亚铁铵的制备及纯度检验

【实验目的】

1. 了解复盐的一般特性。
2. 学习复盐的制备方法。
3. 熟练掌握水浴加热、过滤、蒸发、结晶等基本无机制备操作。
4. 学习产品纯度的检验方法。
5. 了解用目测比色法检验产品的质量等级。

【实验原理】

硫酸亚铁铵 $[(NH_4)_2SO_4 \cdot FeSO_4 \cdot 6H_2O]$ 商品名为莫尔盐，为浅蓝绿色单斜晶体。一般亚铁盐在空气中易被氧化，而硫酸亚铁铵在空气中比一般亚铁盐要稳定，不易被氧化，并且价格低，制造工艺简单，容易得到较纯净的晶体，因此应用广泛。在定量分析中常用来配制亚铁离子的标准溶液。

和其他复盐一样，$(NH_4)_2SO_4 \cdot FeSO_4 \cdot 6H_2O$ 在水中的溶解度比组成它的组分 $FeSO_4$ 或 $(NH_4)_2SO_4$ 的溶解度都要小。利用这一特点，可通过蒸发浓缩 $FeSO_4$ 与 $(NH_4)_2SO_4$ 溶于水所制得的浓混合溶液制取硫酸亚铁铵晶体。三种盐的溶解度数据列于表 3-1。

表 3-1　三种盐在水中的溶解度　　　　　　　　　　　单位：g/100g

温度/℃	$FeSO_4$	$(NH_4)_2SO_4$	$(NH_4)_2SO_4 \cdot FeSO_4 \cdot 6H_2O$
10	20.0	73	17.2
20	26.5	75.4	21.6
30	32.9	78	28.1

本实验先将铁屑溶于稀硫酸生成硫酸亚铁溶液：

$$Fe + H_2SO_4 = FeSO_4 + H_2 \uparrow$$

再往硫酸亚铁溶液中加入硫酸铵并使其全部溶解，加热浓缩制得混合溶液，再冷却即可得到溶解度较小的硫酸亚铁铵晶体。

$$FeSO_4 + (NH_4)_2SO_4 + 6H_2O = (NH_4)_2SO_4 \cdot FeSO_4 \cdot 6H_2O$$

用目视比色法可估计产品中所含杂质 Fe^{3+} 的量。Fe^{3+} 与 SCN^- 能生成红色物质 $[Fe(SCN)]^{2+}$，红色深浅与 Fe^{3+} 的量相关。将所制备的硫酸亚铁铵晶体与 KSCN 溶液在比色管中配制成待测溶液，将它所呈现的红色与所配制的 $[Fe(SCN)]^{2+}$ 标准溶液的红色进行比较，确定待测溶液中杂质 Fe^{3+} 的含量范围，确定产品等级。

【仪器和药品】

仪器：锥形瓶，水浴锅，布氏漏斗，抽滤瓶，称量瓶，烧杯，目视比色管，托盘天平，蒸发皿，表面皿，量筒，吸量管，滤纸，容量瓶。

药品：$(NH_4)_2SO_4(s)$，H_2SO_4（3mol·L^{-1}），HCl（3mol·L^{-1}），Na_2CO_3（10%），H_3PO_4（85%）乙醇（95%），KSCN（25%），铁屑，$NH_4Fe(SO_4)_2 \cdot 12H_2O(s)$，$K_2Cr_2O_7$

（s），二苯胺磺酸钠指示剂。

【实验步骤】

1. Fe 屑的净化

用托盘天平称取 2.0g 铁屑，放入锥形瓶中，加入 15mL 10% Na_2CO_3 溶液，小火加热煮沸约 10min 以除去铁屑上的油污，倾去 Na_2CO_3 碱液，用自来水冲洗后，再用去离子水把铁屑冲洗干净。

2. $FeSO_4$ 的制备

往盛有铁屑的锥形瓶中加入 15mL 3mol·L^{-1} H_2SO_4，水浴加热至不再有气泡放出，趁热减压过滤，用少量热水洗涤锥形瓶及漏斗上的残渣，抽干。将滤液转移至洁净的蒸发皿中，将留在锥形瓶内和滤纸上的残渣收集在一起用滤纸片吸干后称重，由已反应的铁屑质量算出溶液中生成的 $FeSO_4$ 的量。

3. $(NH_4)_2SO_4·FeSO_4·6H_2O$ 的制备

根据溶液中 $FeSO_4$ 的量，按反应方程式计算并称取所需 $(NH_4)_2SO_4$ 固体的质量，加入上述制得的 $FeSO_4$ 溶液中。水浴加热，搅拌使 $(NH_4)_2SO_4$ 全部溶解，并用 3mol·L^{-1} H_2SO_4 溶液调节至 pH 为 1~2，继续在水浴上蒸发、浓缩至表面出现结晶薄膜为止（蒸发过程不宜搅动溶液）。静置，使之缓慢冷却，$(NH_4)_2SO_4·FeSO_4·6H_2O$ 晶体析出，减压过滤除去母液，并用少量 95% 乙醇洗涤晶体，抽干。将晶体取出，摊在两张吸水纸之间，轻压吸干。

观察晶体的颜色和形状。称重，计算产率。

4. 产品检验 [Fe(Ⅲ) 的限量分析]

（1）Fe(Ⅲ) 标准溶液的配制

称取 0.8634g $NH_4Fe(SO_4)_2·12H_2O$，溶于少量水中，加 2.5mL 浓 H_2SO_4，移入 1000mL 容量瓶中，用水稀释至刻度。此溶液 Fe^{3+} 浓度为 0.1000g·L^{-1}。

（2）标准色阶的配制

取 0.50mL Fe(Ⅲ) 标准溶液于 25mL 比色管中，加 2mL 3mol·L^{-1} HCl 和 1mL 25% KSCN 溶液，用蒸馏水稀释至刻度，摇匀，配制成 Fe 标准液（Fe^{3+} 浓度为 0.05mg·g^{-1}）。

同样，分别取 1.00mL Fe(Ⅲ) 和 2.00mL Fe(Ⅲ) 标准溶液，配制成 Fe 标准液（Fe^{3+} 浓度分别为 0.10mg·g^{-1}、0.20mg·g^{-1}）。

（3）产品级别的确定

称取 1.0g 产品于 25mL 比色管中，用 15mL 去离子水溶解，再加入 2mL 3mol·L^{-1} HCl 和 1mL 25% KSCN 溶液，加水稀释至 25mL，摇匀。与标准色阶进行目视比色，确定产品级别。

此产品分析方法是将成品配制成溶液与各标准溶液进行比色，以确定杂质含量范围。如果成品溶液的颜色不深于标准溶液，则认为杂质含量低于某一规定限度，所以这种分析方法称为限量分析。

5. $(NH_4)_2SO_4·FeSO_4·6H_2O$ 含量的测定

（1）$(NH_4)_2SO_4·FeSO_4·6H_2O$ 的干燥

将步骤 3 中所制得的晶体在 100℃ 左右干燥 2~3h，脱去结晶水。冷却至室温后，将晶体装在干燥的称量瓶中。

（2）$K_2Cr_2O_7$ 标准溶液的配制

在分析天平上用差减法准确称取 1.2g（准确至 0.1mg）$K_2Cr_2O_7$，放入 100mL 烧杯中，加少量蒸馏水溶解，定量转移至 250mL 容量瓶中，用蒸馏水稀释至刻度，计算 $K_2Cr_2O_7$ 的准确浓度。

$$C(K_2Cr_2O_7) = \cfrac{m(K_2Cr_2O_7)}{\cfrac{M(K_2Cr_2O_7)}{1000} \times 250.0}$$

$$M(K_2Cr_2O_7) = 294.18g \cdot mol^{-1}$$

（3）测定含量

用差减法准确称取 0.6～0.8g（准确至 0.1mg）所制得的 $(NH_4)_2SO_4 \cdot FeSO_4 \cdot 6H_2O$ 两份，分别放入 250mL 锥形瓶中，各加 100mL H_2O 及 20mL 3mol·L^{-1} H_2SO_4，加 5mL 85％ H_3PO_4，滴加 6～8 滴二苯胺磺酸钠指示剂，用 $K_2Cr_2O_7$ 标准溶液滴定至溶液由深绿色变为紫色或蓝紫色即为终点。

$$w(Fe) = \cfrac{6 \times C(K_2Cr_2O_7) \times V(K_2Cr_2O_7) \times \cfrac{M(Fe)}{1000}}{m(样)}$$

【注意事项】

1. 不必将所有铁屑溶解完，实验时溶解大部分铁屑即可。

2. 酸溶时要注意分次补充少量水，以防止 $FeSO_4$ 析出。

3. 注意计算 $(NH_4)_2SO_4$ 的用量。

4. 硫酸亚铁铵的制备：加入硫酸铵后，应搅拌使其溶解后再往下进行。在水浴上加热，防止失去结晶水。

5. 蒸发浓缩初期要不停搅拌，但要注意观察晶膜，一旦发现晶膜出现即停止搅拌。

6. 最后一次抽滤时，注意将滤饼压实，不能用蒸馏水或母液洗晶体。

【思考题】

1. 为什么硫酸亚铁铵在定量分析中可以用来配制亚铁离子的标准溶液？

2. 本实验利用什么原理来制备硫酸亚铁铵？

3. 如何利用目视法来判断产品中所含杂质 Fe^{3+} 的量？

4. 铁屑中加入 H_2SO_4 后水浴加热至不再有气泡放出时，为什么要趁热减压过滤？

5. $FeSO_4$ 溶液中加入 $(NH_4)_2SO_4$ 全部溶解后，为什么要调节至 pH 为 1～2？

6. 蒸发浓缩至表面出现结晶薄膜后，为什么要等缓慢冷却后再减压抽滤？

7. 为什么用 95％乙醇而不用水洗涤晶体？

实验九 磺基水杨酸合铁（Ⅲ）配合物的组成及稳定常数的测定

【实验目的】

1. 掌握用比色法测定配合物的组成和配离子的稳定常数的原理和方法。
2. 进一步学习紫外-可见分光光度计的使用及有关实验数据的处理方法。

【实验原理】

磺基水杨酸 （结构式）HO$_3$S—〈苯环〉—COOH、OH，简式为 H$_3$R，一级电离常数 $K_1^{\ominus} = 3 \times 10^{-3}$，可与 Fe^{3+} 形成稳定的配合物，因溶液的 pH 不同，形成配合物的组成也不同。

磺基水杨酸溶液是无色的，Fe^{3+} 的浓度很低时也可以认为是无色的，它们在 pH 值为 2～3 时，生成紫红色的螯合物（有一个配位体），反应可表示如下：

$$Fe^{3+} + 2 \;\text{（磺基水杨酸）} \xrightleftharpoons{pH=4\sim9} \left[\left(\text{螯合结构}\right)_2\right]^- + 4H^+$$

pH 值为 4～9 时，生成红色螯合物（有两个配位体）；pH 值为 9～11.5 时，生成黄色螯合物（有三个配位体），反应可表示如下：

$$Fe^{3+} + 3 \;\text{（磺基水杨酸）} \xrightleftharpoons{pH=9\sim11.5} \left[\left(\text{螯合结构}\right)_3\right]^{3-} + 6H^+$$

pH＞12 时，有色螯合物被破坏而生成 Fe(OH)$_3$ 沉淀。

测定配合物的组成常用分光光度计，其前提条件是溶液中的中心离子和配位体都无色，只有它们所形成的配合物有色。本实验是在 pH 值为 2～3 的条件下，用分光光度法测定上述配合物的组成和稳定常数的，如前所述，测定的前提条件是基本满足的。实验中用高氯酸（HClO$_4$）来控制溶液的 pH 值和作空白溶液（其优点主要是 ClO$_4^-$ 不易与金属离子配合）。由朗伯-比尔定律可知，所测溶液的吸光度在液层厚度一定时，只与配离子的浓度成正比。通过对溶液吸光度的测定，可以求出该配离子的组成。

下面介绍一种常用的测定方法，即等摩尔系列法。

用一定波长的单色光，测定一系列变化组分的溶液的吸光度（中心离子 M 和配体 R 的总物质的量保持不变，而 M 和 R 的摩尔分数连续变化）。显然，在这一系列的溶液中，有一些溶液中金属离子是过量的，而另一些溶液中配体是过量的，在这两部分溶液中，配离子的浓度都不可能达到最大值，只有当溶液离子与配体的物质的量之比与配离子的组成一致时，配离子的浓度才能最大。由于中心离子和配体基本无色，只有配离子有色，所以配离子的浓度越大，溶液颜色越深，其吸光度也就越大，若以吸光度对配体的摩尔分数作图（图 3-3），则从图上最大吸收峰处可以求得配合物的配位数 n 值。

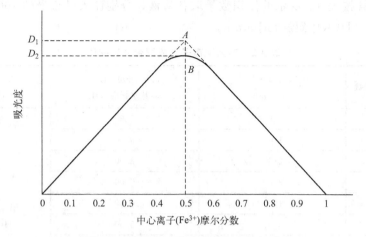

图 3-3　等摩尔系列法测定配合物组成

由此可知该配合物的组成（MR）。

具有最大吸光度的 A 点处，M 和 R 全部形成配合物，吸光度值为 D_1。由于配离子有一部分解离，其浓度再稍小些，所以实验测得的最大吸光度在 B 点，其值为 D_2，因此配离子的解离度 α 可表示为：

$$\alpha = \frac{D_1 - D_2}{D_1}$$

再根据 1∶1 组成配合物的关系式即可导出稳定常数 $K_f^{\ominus}$。

平衡浓度

$$
\begin{array}{ccccc}
\text{M} & + & \text{R} & \rightleftharpoons & \text{MR} \\
C\alpha & & C\alpha & & C - C\alpha
\end{array}
$$

$$K_f^{\ominus} = \frac{C(\text{MR})}{C(\text{M})C(\text{R})} = \frac{1-\alpha}{C\alpha^2}$$

式中的 C 相应于 A 点的金属离子浓度，$K_f^{\ominus}$ 是没有考虑溶液中的 Fe^{3+} 的水解平衡和磺基水杨酸电离平衡的表现稳定常数。

【仪器和药品】

仪器：紫外-可见分光光度计，烧杯，容量瓶，移液管，洗耳球，玻璃棒，擦镜纸。

药品：$HClO_4$（$0.01mol \cdot L^{-1}$），磺基水杨酸（$0.0100mol \cdot L^{-1}$），$(NH_4)Fe(SO_4)_2$（$0.0100mol \cdot L^{-1}$）。

【实验步骤】

1. 溶液的配制

（1）配制 $0.0010mol \cdot L^{-1}$ Fe^{3+} 溶液

用移液管吸取 10.00mL $(NH_4)Fe(SO_4)_2$（$0.0100mol \cdot L^{-1}$）溶液，注入 100mL 容量瓶中，用 $HClO_4$（$0.01mol \cdot L^{-1}$）溶液稀释至该度，摇匀，备用。

（2）配制 $0.0010mol \cdot L^{-1}$ 磺基水杨酸（H_3R）溶液

用移液管量取 10.00mL H_3R（$0.0100mol \cdot L^{-1}$）溶液，注入 100mL 容量瓶中，用 $HClO_4$（$0.01mol \cdot L^{-1}$）溶液稀释至刻度，摇匀，备用。

2. 系列配离子（或配合物）溶液吸光度的测定

① 用移液管按表 3-2 所示的体积数量取各溶液，分别注入已编号的 100mL 容量瓶中，用 $0.01mol \cdot L^{-1}$ $HClO_4$ 定容到 100mL。

表 3-2 系列配离子（或配合物）配比

编号	摩尔分数	$0.001mol \cdot L^{-1}$ Fe^{3+}/mL	$0.001mol \cdot L^{-1}$ 磺基水杨酸/mL	$0.01mol \cdot L^{-1}$ $HClO_4$/mL
0	0	0	10	
1	0.1	1.00	9.00	
2	0.2	2.00	8.00	
3	0.3	3.00	7.00	
4	0.4	4.00	6.00	用 $0.01mol \cdot L^{-1}$
5	0.5	5.00	5.00	$HClO_4$ 定容到
6	0.6	6.00	4.00	100mL
7	0.7	7.00	3.00	
8	0.8	8.00	2.00	
9	0.9	9.00	1.00	
10	—	10	0	

② 用波长扫描方式对其中的 5 号溶液进行扫描，得到吸收曲线，确定最大吸收波长。

③ 选取上面步骤所确定的扫描波长，在该波长下，分别测定各待测溶液的吸光度，并记录已稳定的读数。

【数据记录及处理】

1. 实验数据记录。

中心离子 Fe^{3+} 的摩尔分数	0	0.1	0.2	0.3	0.4	0.5	0.6	0.7	0.8	0.9	—
吸光度	0										0

2. 用等摩尔变化法确定配合物组成：根据表中的数据，作吸光度 A 对中心离子 Fe^{3+} 的摩尔分数的关系图。将两侧的直线部分延长，交于一点，由交点确定配位数 n。

3. 磺基水杨酸合铁（Ⅲ）配合物的组成及其稳定常数的求得：从图中找出 D_1 和 D_2，计算 α 和稳定常数。

$$K_f^{\ominus} = \frac{C(MR)}{C(M)C(R)} = \frac{1-\alpha}{C\alpha^2}$$

式中，C 为配合物初始浓度，本实验条件下，配合物配合比为 $1:1$，即摩尔分数为 0.5。此时配合物初始浓度 $C = 0.001 \times 5/100$（母液浓度为 $0.001mol \cdot L^{-1}$，取 Fe^{3+} 5mL 混合，最终定容为 100mL）。

【注意事项】

1. 使用比色皿时，只能拿毛玻璃的两面，并且必须用擦镜纸擦干透光面，以保护透光面不受损坏或产生斑痕。在用比色皿装液前必须用所装溶液冲洗 3 次，以免改变溶液的浓度。比色皿在放入比色皿架时，应尽量使它们的前后位置一致，以减小测量误差。

2. 需要大幅度改变波长时，在调整 T 值为 0% 和 100% 之后，应稍等片刻（因钨丝灯在急剧改变亮度后，需要一段热平衡时间），待指针稳定后再调整 T 值。

3. 当被测溶液浓度太大时，可在空白溶液处加一块中性滤光片（所谓中性是指它们在很宽的波长范围内的透光率基本相同），其 A 值有 0.5、1 和 1.5 三种。所谓 A 值为 1 是标称值，实际在 1 左右，须经使用的仪器在实际使用的波长下测定其实际数值，例如：测得吸光片的实际数值为 0.95，在空白溶液处加此吸光片后，被测溶液在电表上的读数为 0.74，则该溶液的实际值为 $0.74 + 0.95 = 1.69$。

【思考题】

1. 本实验测定配合物的组成及稳定常数的原理是什么？

2. 用等摩尔系列法测定配合物组成时，为什么说溶液中金属离子与配体的物质的量之比正好与配离子组成相同时，配离子的浓度为最大？

3. 在测定吸光度时，如果温度变化较大，对测得的稳定常数有何影响？

4. 本实验为什么用 $HClO_4$ 溶液作空白溶液？

5. 使用紫外-可见分光光度计要注意哪些操作？

实验十 葡萄糖酸锌的合成及表征

【实验目的】

1. 初步掌握含锌药物的制备方法。
2. 了解锌盐含量的测定方法。
3. 初步掌握含锌药物的表征手段。

【实验原理】

锌是人体所需的微量元素之一，具有多种生物作用，含锌的配合物是生物无机化学研究的重要领域之一。

人们用含锌药炉甘石（$ZnCO_3$）治病始于三千多年前的古埃及。1934 年 Todd 指出锌是人体必需微量元素；1961 年 Prasad 首先发现人体缺锌可引起疾病，用锌制剂治疗伊朗乡村病并获得成功。

锌对维持机体的正常生理功能起着重要作用，目前已知锌存在于人体 70 种以上的酶系中，如呼吸酶、乳酸脱氢酶、碳酸脱氢酶、DNA 和 RNA 聚合酶、羧肽酶等，是人体必不可少的微量元素之一。锌与核酸、蛋白质的合成，与碳水化合物、维生素 A 的代谢以及胰腺、性腺和垂体的活动都有关系。补充锌可加速学龄儿童的生长发育，增强食欲和消化机能，预防感冒。补锌可增强创伤组织的再生能力，促进术后创伤愈合，增强免疫功能。但体内锌过量时可抑制铁的利用，发生顽固性贫血等疾病。

食物中锌含量较高的有牛肉、羊肉、鱼类、动物肝脏、蘑菇等。治疗性用药过去常用硫酸锌和醋酸锌等。口服硫酸锌后由于在胃液中发生 $2HCl + ZnSO_4 \rightleftharpoons ZnCl_2 + H_2SO_4$ 的反应，产生的 $ZnCl_2$ 是具有毒性的强腐蚀剂，可致胃黏膜损伤，故硫酸锌需在饭后服用，但吸收效果受到影响。现在多采用葡萄糖酸锌作为补锌的药物。在锌含量相近时，葡萄糖酸锌的生物利用度约为硫酸锌的 1.6 倍。

本实验通过离子交换法制取高纯的葡萄糖酸溶液，然后同氧化锌反应制得葡萄糖酸锌。

$$2CH_2OH(CHOH)_4COOH + ZnO \longrightarrow Zn[CH_2OH(CHOH)_4COO]_2 + H_2O$$

【仪器和药品】

仪器：烧杯、玻璃漏斗、布氏漏斗、抽滤瓶、水循环真空泵、显微熔点仪、水浴装置、温度计。

药品：氧化锌、葡萄糖酸钙、浓硫酸、酸性离子交换树脂（001×7 型）、95％乙醇、NH_3-NH_4Cl 缓冲溶液、铬黑 T、乙二胺四乙酸（EDTA）。

【实验步骤】

1. 葡萄糖酸的制备

在 100mL 烧杯中加入 50mL 蒸馏水，再缓慢加入 2.7mL（0.05mol）浓硫酸，搅拌下分批加入 22.4g（0.05mol）葡萄糖酸钙，在 90℃ 水浴中恒温反应 1h。趁热滤去生成的 $CaSO_4$，滤液冷却后，过 5cm 高的离子交换柱（内装酸性离子交换树脂，001×7 型），10min 内完成过柱，最后得到无色高纯的葡萄糖酸溶液。

2. 葡萄糖酸锌的制备

取上述制得的溶液，分批加入 2.0g（0.025mol）氧化锌，在 60℃ 水浴中搅拌反应 2h，溶液的 pH=5.8。过滤，滤液减压浓缩至原体积的 1/3。加入 10mL 95% 乙醇，冷却至 0℃，得到白色结晶状的葡萄糖酸锌。产物干燥，称重。

3. 葡萄糖酸锌中锌含量的测定

精密称取约 0.4g（准确至 0.1mg）葡萄糖酸锌溶于 20mL 水中（可微热），加 NH_3-NH_4Cl 缓冲溶液 10mL，加铬黑 T 指示剂 4 滴，用 $0.05mol \cdot L^{-1}$ EDTA 标准溶液滴定至溶液呈蓝色，依下式计算样品中 Zn 的含量：

$$w = \frac{C_{EDTA} \times V_{EDTA} \times 65}{W_s \times 1000} \times 100\%$$

式中，W_s 为称取葡萄糖酸锌样品的质量，g。

4. 葡萄糖酸锌的表征

① 用显微熔点仪或提勒管测定合成产物的熔点。

② 用压片法测定合成产物的红外吸收光谱。主要吸收峰有：—OH 伸缩振动 3500～3200cm^{-1}，—COO$^-$ 伸缩振动 1589cm^{-1}、1447cm^{-1}、1400cm^{-1}。

【注意事项】

1. 控制分馏柱顶部的温度在 53℃ 左右，如果环境温度过低，可采用棉布等对其进行保温处理。

2. 水洗醚层时，应尽量分去水层，用无水碳酸钠干燥时要保证充足的干燥时间，以保证后续用钠回流干燥的安全性。

【思考题】

1. 在滤液中加入 95% 乙醇的作用是什么？

2. 为什么葡萄糖酸制备反应需保持在 90℃ 的恒温水浴中？

实验十一　碳点的合成及对锰离子的比色检测

【实验目的】

1. 学习碳点的制备方法。
2. 掌握紫外-可见分光光度计的基本操作规程和相应的图谱分析。
3. 学习纳米探针检测 Mn^{2+} 的方法。
4. 掌握检测限的计算方法。
5. 学习科学前沿热点问题，拓展学生知识面。

【实验原理】

在 365nm 的光照下，碳点产生的单线态氧可把 Mn^{2+} 氧化成 Mn^{3+}，Mn^{3+} 又进一步氧化 3,3',5,5'-四甲基联苯胺（TMB）使其变色，即在整个过程中含 Mn^{3+} 的盐作为氧化酶促进了 TMB 的氧化变色。

Mn^{2+} 催化 TMB 变色的机理如下：

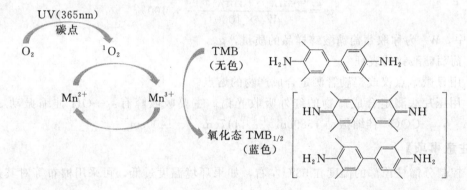

【仪器和药品】

仪器：分析天平、水热反应釜、透射电子显微镜、紫外-可见分光光度计、荧光分光光度计。

药品：柠檬酸、乙二胺、乙二胺四乙酸二钠盐、3,3',5,5'-四甲基联苯胺（TMB），磷酸二氢钠和磷酸氢二钠缓冲溶液、$Mn(NO_3)_2 \cdot 4H_2O$、$Mg(NO_3)_2 \cdot 6H_2O$、$Ba(NO_3)_2$、$Cu(NO_3)_2 \cdot 6H_2O$、$Cd(NO_3)_2 \cdot 4H_2O$、$Zn(NO_3)_2 \cdot 6H_2O$、$Ni(NO_3)_2 \cdot 6H_2O$、$Co(NO_3)_2 \cdot 6H_2O$、$Pb(NO_3)_2$、$Hg(NO_3)_2 \cdot H_2O$、$Al(NO_3)_3 \cdot H_2O$、$Cr(NO_3)_3 \cdot 9H_2O$、$Fe(NO_3)_2 \cdot 9H_2O$、$Fe(NO_3)_3 \cdot 9H_2O$。

【实验步骤】

1. 碳点的合成

通过柠檬酸和乙二胺的水热合成法制备碳点。在 10mL 烧杯中，将乙二胺（335μL）和柠檬酸（1.0500g）溶解在去离子水中（5mL）。之后将溶液转移到具有聚四氟乙烯衬里（10mL）的水热反应釜中，在 200℃下加热 5h。待自然冷却至室温后打开水热反应釜，得到棕黑色透明溶液，用截留分子量为 1000Da 的透析袋纯化，经冷冻干燥后得到碳点粉末。

2. 金属离子水溶液的配制

分别使用 $Mg(NO_3)_2 \cdot 6H_2O$、$Al(NO_3)_3 \cdot H_2O$、$Cr(NO_3)_3 \cdot 9H_2O$、$Mn(NO_3)_2 \cdot 4H_2O$、$Fe(NO_3)_2 \cdot 9H_2O$、$Fe(NO_3)_3 \cdot 9H_2O$、$Co(NO_3)_2 \cdot 6H_2O$、$Ni(NO_3)_2 \cdot 6H_2O$、$Cu(NO_3)_2 \cdot 6H_2O$、$Zn(NO_3)_2 \cdot 6H_2O$、$Cd(NO_3)_2 \cdot 4H_2O$、$Ba(NO_3)_2$、$Hg(NO_3)_2 \cdot H_2O$ 和 $Pb(NO_3)_2$ 固体，配制金属离子浓度为 $10^{-5}\,mol \cdot L^{-1}$ 的贮备液。

3. 对 Mn^{2+} 的选择性实验

对不含 EDTA 的检测体系：碳点的水分散液（$100\mu L$，$100\mu g \cdot mL^{-1}$）、TMB 的乙醇溶液（$160\mu L$，$10mmol \cdot L^{-1}$）和金属离子的水溶液（$200\mu L$）用磷酸二氢钠和磷酸氢二钠缓冲溶液（PB 缓冲溶液，pH＝7.0）定容至 2mL；用 365nm 的紫外光照 10s 后，测溶液的紫外-可见吸收光谱。

对含有 EDTA 的检测体系：碳点的水分散液（$100\mu L$，$100\mu g \cdot mL^{-1}$）、TMB 溶液（$160\mu L$，$10mmol \cdot L^{-1}$）、EDTA 水溶液（$200\mu L$，$10mmol \cdot L^{-1}$）和金属离子水溶液（$200\mu L$）用 PB 缓冲溶液（pH＝7.0）定容至 2mL；用 365nm 的紫外光照 10s 后，测溶液的紫外-可见吸收光谱。

4. 对 Mn^{2+} 的竞争性实验

移取碳点的水分散液（$100\mu L$，$100\mu g \cdot mL^{-1}$）、TMB 溶液（$160\mu L$，$10mmol \cdot L^{-1}$）、EDTA 水溶液（$200\mu L$，$10mmol \cdot L^{-1}$）和某种金属离子的水溶液（$200\mu L$），用 PB 缓冲溶液（pH＝7.0）定容至 2mL；用 365nm 的紫外光照 10s 后，测溶液的紫外-可见吸收光谱。之后再加入 Mn^{2+} 的水溶液（$200\mu L$），用 365nm 的紫外光照 10s 后，再次测定溶液的紫外-可见吸收光谱。

5. 视觉色彩观察

通过手机相机拍摄 TMB 氧化变色的照片。

6. 对 Mn^{2+} 的紫外-可见吸收光谱滴定实验

碳点的水分散液（$100\mu L$，$100\mu g \cdot mL^{-1}$）、TMB 溶液（$160\mu L$，$10mmol \cdot L^{-1}$）、EDTA 溶液（$200\mu L$，$10mmol \cdot L^{-1}$）和 $5\mu L$ 不同浓度的 Mn^{2+}，用 PB 缓冲溶液（pH＝7.0）定容至 2mL，用 365nm 的紫外光照 10s 后，测定溶液的紫外-可见吸收光谱。

【注意事项】

1. 使用水热反应釜时，防止烫伤。
2. 水热反应釜拿出来之后需自然冷却，不可用自来水冷却。
3. 水热反应釜使用完后要清洗干净、烘干，防止生锈。

【思考题】

碳点检测 Mn^{2+} 的机理是什么？

实验十二　鲜花香皂的制备

【实验目的】

1. 通过薰衣草中色素、精油的提取和透明皂的制备三个实验了解天然产物中有效成分提取以及分离提纯方法，并掌握皂化反应基本原理。

2. 掌握天然产物中有效成分提取、添加混合和透明皂制备的操作方法。

3. 掌握溶剂浸提法、水蒸气蒸馏的基本原理和方法。

【实验原理】

薰衣草的特征化学成分为黄酮类化合物。黄酮类化合物广泛分布于植物界中，且易溶于水，水溶液色泽鲜艳且着色能力强。基于此类化合物的物理性质，可采用溶剂浸提法提取薰衣草色素。从薰衣草中提取出来的薰衣草精油作为天然植物提取物，包含芳樟醇、乙酸芳樟酯、乙酸薰衣草酯、薰衣草醇和樟脑等主要成分。对于化学性质稳定的薰衣草精油，则多采用水蒸气蒸馏法提取，利用高温水蒸气将精油从薰衣草中蒸馏出来，再经冷凝形成乳白色的油水混合物，最后利用油水不互溶原理经分液操作分离混合液体。油脂在酸或碱的催化下会发生水解，利用油脂的此类性质，在氢氧化钠介质下经热诱导，硬脂酸甘油酯发生皂化反应生成硬脂酸钠，即为肥皂的主要成分。硬脂酸皂化反应式如下：

$$
\begin{array}{l}
\text{H}_2\text{C}-\text{OOCR}_1 \\
\text{HC}-\text{OOCR}_2 \\
\text{H}_2\text{C}-\text{OOCR}_3
\end{array}
\xrightarrow[80℃]{3\text{NaOH}}
\begin{array}{l}
\text{H}_2\text{C}-\text{OH} \\
\text{HC}-\text{OH} \\
\text{H}_2\text{C}-\text{OH} \\
\text{甘油}
\end{array}
+
\begin{array}{l}
\overset{\text{亲油端}}{R_1}-\overset{\text{亲水端}}{\text{COONa}} \\
R_2-\text{COONa} \\
R_3-\text{COONa} \\
\text{硬脂酸钠盐}
\end{array}
$$

【仪器和药品】

仪器：分析天平、电炉、旋转蒸发仪、烧杯、量筒、玻璃棒、玻璃管、圆底烧瓶、三口烧瓶、分液漏斗、水蒸气发生装置、温度计、冷凝管、蒸馏头、尾接管、胶管、锥形瓶、模具（市售商品）等。

药品：无水乙醇、95％乙醇、60％乙醇、冰醋酸、蓖麻油、氢氧化钠、蔗糖、丙三醇、NaCl、无水 Na_2SO_4、鲜花（以薰衣草为例，市售的干薰衣草或者鲜薰衣草均可）、牛油（市售商品）等。

【实验步骤】

1. 鲜花色素提取

称取 20.0g 薰衣草，洗净后剪碎放入锥形瓶中，加入无水乙醇 50mL 并用冰醋酸调 pH 至 3.0 左右，装入圆底烧瓶中，在 60℃下持续加热 1h，用纱布过滤以后得到薰衣草色素提取液，重复 2～3 次反复提取至无色，将所有提取液合并，旋蒸后得到薰衣草色素浓缩液。全程大致需要 80min。

2. 鲜花精油提取

称取干薰衣草 200.0g，按照花液比（m/V）为 1∶7 进行粉碎（其中 m 单位为 g，V 单位为 mL），添加一定量的 NaCl 溶液使之与粉碎液混合，然后将其转移到蒸馏釜中进行薰衣草精油的提取。先回流 1h，然后进行过滤。搭建水蒸气蒸馏装置，将滤液进行水蒸气蒸馏 30min，得到油水混合物。对分层的馏出液进行萃取，在萃取液中加入少量无水 Na_2SO_4，最后用旋转蒸发仪进行浓缩，得到薰衣草精油，全程大致需要 120min。

3. 透明皂制作

称取 7.0g 牛油，加入 12mL 蓖麻油搅拌混合均匀，再加入 30%（质量分数，后文同）NaOH 9mL 和 95% 乙醇 5mL，水浴加热至 80℃左右匀速搅拌 10～15min，待皂化反应完全后停止加热，再加入 2.0g 甘油、8mL 3% 蔗糖和 5mL 水，不断搅拌混匀后降至 60～70℃，倒入冷模中冷却定型即可得到透明皂。全程大致需 30min。

4. 鲜花香皂制作

称取 7.0g 牛油，加入 12mL 蓖麻油搅拌混合均匀，再加入 20% NaOH 9mL 和 60% 乙醇 5mL，水浴加热至 80℃左右匀速搅拌 10～15min，待皂化反应完全后停止加热，再加入 2.0g 甘油、8mL 3% 蔗糖、薰衣草色素浓缩液 5mL、薰衣草精油浓缩液 5 滴，不断搅拌混匀后降至 60～70℃，倒入冷模中冷却定型即可得到鲜花香皂。

【注意事项】

1. 在制备鲜花香皂时，要控制好实验的温度。

2. 在加入蓖麻油时，反应时间不能过长，在加入 20% NaOH 和 60% 乙醇后要迅速搅拌，并且要确保酯化反应完全才可以停止加热。

【思考题】

1. 提取薰衣草色素时为什么要调 pH 至 3.0 左右？过高或过低会有什么影响？

2. 提取薰衣草精油时为什么要先进行冷凝回流？对产率有什么影响？

3. 水蒸气蒸馏时温度如何控制？没有蒸气进入三口烧瓶中时要如何处理？

4. 制备透明皂时加入甘油、蔗糖的目的是什么？

5. 制备透明皂时如何检验皂化反应发生完全？

6. 制备透明皂时温度过高或过低对皂化反应有何影响？出现油脂不凝固应该如何处理？油脂凝固至无法搅动该如何处理？

实验十三 席夫碱型有机小分子荧光探针的制备与表征

【实验目的】

1. 熟练掌握荧光分光光度计的基本操作。
2. 学习红外光谱仪、质谱仪和核磁共振波谱仪的使用。
3. 熟悉席夫碱类化合物的合成方法。
4. 掌握荧光探针的研究方法。
5. 掌握系统分析实验结果的能力，培养创新意识。

【实验原理】

荧光分子探针检测金属离子的基本原理是探针可以选择性地与被分析金属离子结合，使探针分子的荧光增强、猝灭或波长发生改变。席夫碱是一类含有 $C=N$ 键的化合物，通常由氨基化合物与醛类化合物发生缩合反应合成。席夫碱的羟基、$C=N$ 基团、羧基都是潜在的配位位点，与金属离子配位后，通过各种机理影响分子的荧光性质，实现对金属离子的检测。

席夫碱的合成路线如下：

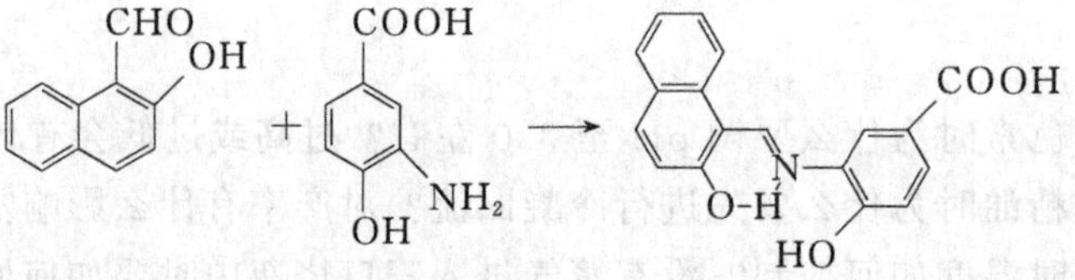

【仪器和药品】

仪器：水热反应釜、电子天平、电热恒温鼓风干燥箱、红外光谱仪、质谱仪、荧光分光光度计、核磁共振波谱仪。

药品：3-氨基-4-羟基苯甲酸、2-羟基-1-萘醛、浓盐酸、氢氧化钠、无水乙醇、N,N-二甲基甲酰胺（DMF）、LiCl、NaCl、KCl、$AgNO_3$、$CaCl_2$、$MgCl_2$、$BaCl_2$、$CoCl_2$、$NiCl_2$、$ZnCl_2$、$MnCl_2$、$HgCl_2$、$CdCl_2$、$Al(NO_3)_3$。

【实验步骤】

1. 席夫碱的合成

在 100mL 的聚四氟乙烯内衬的反应釜中加入 0.0153g 3-氨基-4-羟基苯甲酸、0.0172g 2-羟基-1-萘醛和 3mL 无水乙醇，置于电热恒温鼓风干燥箱中，75℃ 的条件下反应 7h，冷却至室温，直接得到黄色晶体。过滤，室温下自然干燥，称重，计算产率。

2. 席夫碱的表征

分别用红外光谱仪、质谱仪、核磁共振波谱仪对席夫碱进行表征。

3. 席夫碱对金属离子的检测

将席夫碱溶于 DMF 中，配成浓度为 $0.2mmol \cdot L^{-1}$ 的溶液，同时将 LiCl、NaCl、KCl、$AgNO_3$、$CaCl_2$、$MgCl_2$、$BaCl_2$、$CoCl_2$、$NiCl_2$、$ZnCl_2$、$MnCl_2$、$HgCl_2$、$CdCl_2$ 和

Al$(NO_3)_3$ 也分别溶于 DMF 中，配成浓度为 0.2mmol·L^{-1} 的溶液。用荧光分光光度计测试席夫碱的 DMF 溶液的荧光性质。做金属离子检测实验时，分别向席夫碱的溶液中加入等体积的各种金属离子的溶液，再测试溶液的荧光光谱。

4. 竞争实验

向席夫碱的溶液中加入等体积的各种金属离子的溶液，再加入等体积的含 Al^{3+} 的溶液，测试溶液的荧光光谱，研究其他离子的存在是否会影响 Al^{3+} 的检测。

5. 检测限的测定

向席夫碱的溶液中加入不同体积的含 Al^{3+} 的溶液，测试溶液的荧光光谱，根据 LOD＝$3s/k$ 计算检测限，其中，LOD 表示检测限，k 是校准曲线的斜率，而 s 是空白信号的标准偏差。

【注意事项】

1. 使用反应釜时，防止烫伤。
2. 反应釜拿出来之后需自然冷却，不可用自来水冷却。
3. 反应釜使用完后要清洗干净、晾干，防止生锈。

【思考题】

1. 荧光分光光度计工作的原理是什么？
2. 哪些因素会影响有机小分子荧光探针对金属离子的检测？

实验十四　苯并三氮唑基乙酸（HOF）的制备及质子导电性能研究

【实验目的】

1. 掌握一种 HOF 的制备方法。
2. 了解 HOF 材料的基本特征和质子导电的一般原理。
3. 掌握元素分析、红外光谱、X 射线粉末衍射图谱的测试及分析方法。
4. 掌握一定湿度下质子电导率的测试方法，了解质子导电机理的判断依据。
5. 通过实验，使学生接触科技前沿，开阔视野，激发科研兴趣，训练科学思维，培养综合运用知识的能力。

【实验原理】

氢键有机框架一般是通过设计合适的有机化合物（如携有电负性大的功能基团等），选用适当的溶剂重结晶而得到的。本实验以苯并三氮唑和氯乙酸为原料，以水为溶剂，通过亲核取代反应，一步即可制备苯并三氮唑基乙酸，然后用水重结晶即可得到 HOF 的晶体。

苯并三氮唑基乙酸（HOF）的合成路线如下：

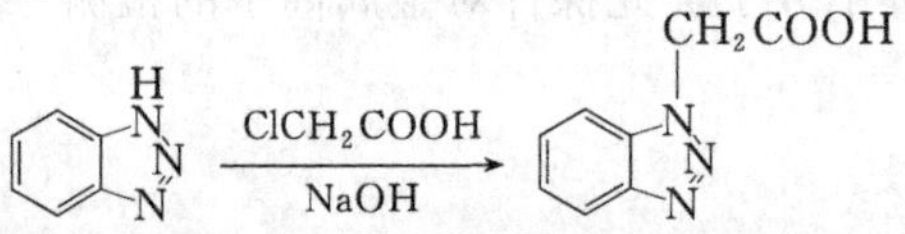

【仪器和药品】

仪器：三口烧瓶、球形冷凝管、恒压滴液漏斗、烧杯、布氏漏斗、油浴锅、玛瑙研钵、抽滤瓶、隔膜泵、恒温加热磁力搅拌器、电热恒温水浴锅、恒温干燥箱、电子分析天平、元素分析仪、红外光谱仪、X 射线粉末衍射仪、电化学工作站、压片机、自制银片电极［将厚度为0.2mm 的银箔加工成直径为5mm 的圆片，圆片的一侧焊接铜导线，测试瓶（相对湿度分别为 75%、85%、98%，在瓶内分别装上适量的 NaCl 饱和溶液、KCl 饱和溶液和纯水）］。

药品：溴化钾、氯乙酸、苯并三氮唑、氢氧化钠、盐酸、广泛 pH 试纸、去离子水。

【实验步骤】

1. HOF 晶体的制备

首先向 100mL 的三口烧瓶中加入 2.35g（0.025mol）氯乙酸，搅拌下，通过滴液漏斗缓慢向其中滴加 5% 氢氧化钠水溶液，调至 pH=7（广泛 pH 试纸控制），然后向其中加入 3.0g（0.025mol）苯并三氮唑固体。采用油浴加热至 80℃，回流 1.5h，回流期间补加 5% 氢氧化钠溶液，使反应体系的 pH 始终维持在 8~10 之间。随后降至室温，溶液转移至 100mL 的烧杯中，用 3mol·L^{-1} 盐酸调至 pH 为 2~3 之间，有大量白色沉淀生成。抽滤，得乳白色固体。用少量纯水洗涤 2~3 次，再用水进行重结晶，得到大量无色长条状晶体。在 150℃下烘 10min 左右。称重，计算产率。

2. 元素分析测试

实验员提前开机，设置仪器参数，测试标样，做标准曲线。学生在教师的指导下，在百万分之一天平上准确称取三份质量在 1.800~2.100mg 之间的 HOF 样品于锡杯中，记下样品质量，包好后再次称量，在确认锡杯无破损的情况下，再次记录样品的质量以及样品编号并放入样品盘，进行测试，得到元素分析结果。

3. 红外光谱测定

实验员事先把优级纯的溴化钾在 110℃ 的烘箱中烘 8~10h，在红外灯下将此溴化钾置于玛瑙研钵中研磨成 100~200 目左右的粉末，置于干燥器中备用。取 1mg 左右的 HOF 和约 100mg 的干燥溴化钾粉末置于玛瑙研钵中，混匀研细。将研磨好的粉末转移到钢制模具中，置于压片机上，制成透明的样品片。先扫描背景，再将样品片放入红外光谱仪的光路中进行扫描，得到红外光谱图。

4. X 射线粉末衍射图谱测试

把 10mg 左右的 HOF 晶体在玛瑙研钵中研磨成粉末，然后转移至样品架的凹槽中间，用载玻片把样品压实压平。再把样品架放入样品室的样品卡槽中进行测试，即可得到 HOF 的 XRD 图谱。

5. 质子导电性能测定

采用交流阻抗谱法，测试不同温度和湿度条件下的阻抗值。测试步骤如下：首先，称取三份质量均为 35mg 的 HOF 样品于玛瑙研钵中，研磨并在 2~3MPa 压力下压成三个直径均为 5mm 的圆片；随后，用两个自制银片电极将样品片夹紧（样品片处于两电极之间，类似三明治），然后将电极装置分别悬挂于三个相对湿度为 75％、85％、98％ 的测试瓶中，平衡 6h；连接到电化学工作站进行交流阻抗数值测试。温度范围 60~100℃，采用水浴控温，每隔 10℃ 测量一次交流阻抗值（平行测定三次，取平均值）。

【注意事项】

1. 使用油浴时防止烫伤。

2. 调节溶液 pH 时需不停搅拌。

【思考题】

1. 合成 HOF 晶体时滴加 5％ 氢氧化钠水溶液的作用是什么？

2. 合成 HOF 晶体时补加 5％ 氢氧化钠溶液的作用又是什么？

3. 合成 HOF 晶体时用盐酸调至 pH 为 2~3 之间的作用是什么？

4. 重结晶的作用是什么？操作步骤是什么？

实验十五　安息香的合成及表征

【实验目的】

1. 了解辅酶催化合成安息香的反应原理及其合成方法。
2. 利用红外光谱表征其分子结构。

【实验原理】

安息香（benzoin）又称苯偶姻、二苯乙醇酮、2-羟基-2-苯基苯乙酮或 2-羟基-1,2-二苯基乙酮，是一种无色或白色晶体。安息香是一种重要的化工原料，广泛用作感光性树脂的光敏剂、染料中间体和粉末涂料的防缩孔剂，也是一种重要的药物合成中间体，用于抗癫痫药物二苯基乙内酰脲的合成以及二苯基乙二酮、二苯基乙二酮肟、乙酸安息香类化合物的合成。

安息香缩合反应一般采用氰化钾（钠）作催化剂，在碳负离子作用下，两分子苯甲醛缩合生成二苯羟乙酮。但氰化物是剧毒品，易对人体产生危害，操作困难，且"三废"处理困难。

20 世纪 70 年代后，开始采用辅酶维生素 B_1（盐酸硫胺）代替氰化物作催化剂进行缩合反应。以维生素 B_1 作催化剂具有操作简单、节省原料、耗时短、污染轻等特点。

本实验采用有生物活性的辅酶维生素 B_1（thiamine）来代替剧毒的氰化物完成安息香缩合反应。

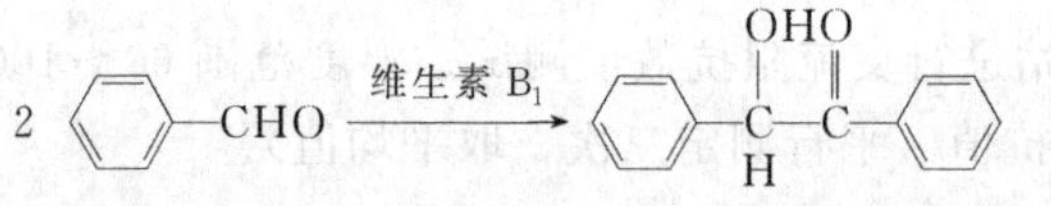

苯甲醛　　　　　　　　安息香

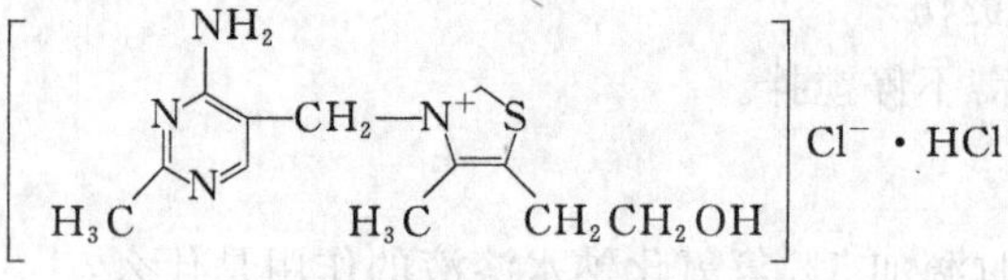

维生素 B_1

反应机理如下：

第一步：碱作用

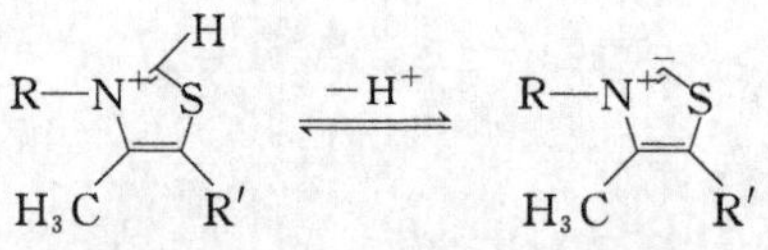

维生素 B_1　　　　　内鎓盐

第二步：亲核加成——烯醇加合物

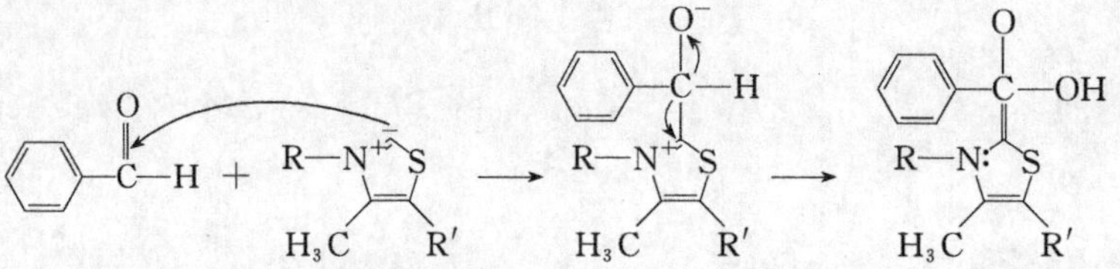

内鎓盐

第三步：亲核加成——辅酶加合物

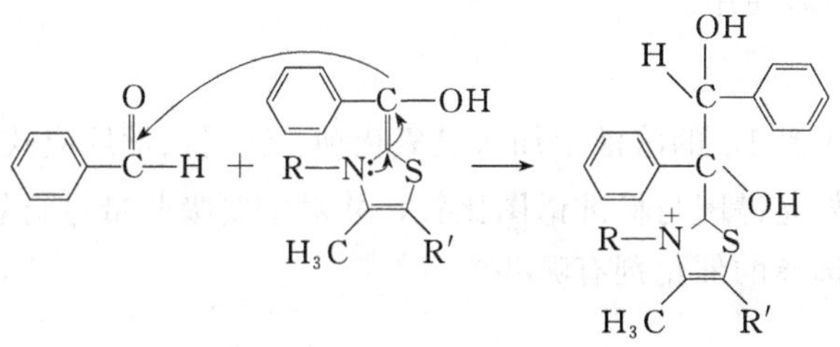

第四步：辅酶复原

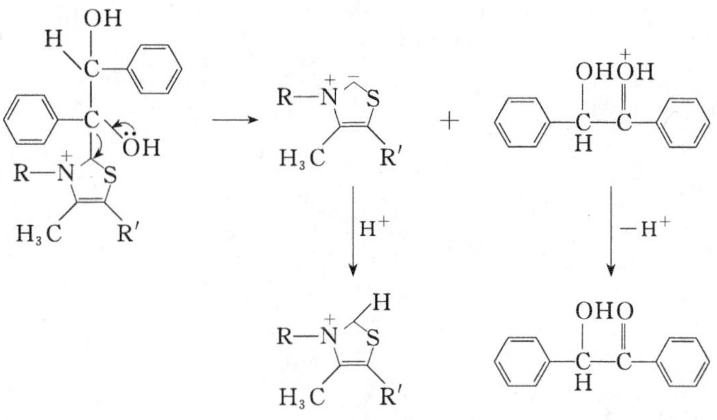

维生素 B_1 安息香

【仪器和药品】

仪器：三口烧瓶、回流冷凝管、抽滤装置、圆底烧瓶、红外光谱仪。

药品：维生素 B_1、苯甲醛、95％乙醇、3mol·L^{-1}氢氧化钠。

【实验步骤】

① 在 100mL 三口烧瓶上装上回流冷凝管，加入 3.5g（0.010mol）维生素 B_1 和 7mL 水，使其溶解，再加入 30mL 95％乙醇。在冰浴冷却下，自冷凝管顶端，边摇动边逐滴加入 3mL 3mol·L^{-1} 氢氧化钠溶液，约需 5min。当碱液加入一半时溶液呈淡黄色，随着碱液的加入，溶液的颜色也变深。

② 量取 20mL（20.8g，0.196mol）苯甲醛，倒入反应混合物中，加入沸石，于 60～76℃水浴上加热 90min（或用塞子把瓶口塞住于室温放置 48h 以上），此时溶液的酸度应在 pH＝8～9 之间。反应混合物经冷却后即有白色晶体析出，抽滤，用 100mL 冷水分几次洗涤，干燥后粗产品重 14～15g，熔点 132～134℃（产率 60％～70％）。

③ 用 95％乙醇重结晶，每克产物约需乙醇 6mL。纯化后产物为白色晶体，熔点 134～136℃。

④ 测定纯产品的红外光谱并与安息香的红外光谱标准谱图对比，指出其主要吸收带的归属。

【注意事项】

1. 维生素 B_1 受热易变质，将失去催化作用，应放于冰箱内保存，使用时取出，用后及时放回冰箱中。

2. 苯甲醛极易被空气中的氧所氧化，如发现实验中所使用的苯甲醛中有固体物苯甲酸存在，则必须重新蒸馏后使用。

【思考题】

1. 为什么要向维生素 B_1 的溶液中加入氢氧化钠？试用化学反应式说明。

2. 试将测定的红外光谱图与标准谱图比较，并对主要吸收带进行解释，指出其归属。

3. 合成安息香可选择的催化剂有哪些？

实验十六　乙基叔丁基醚的绿色合成

【实验目的】

1. 掌握实验室制备醚的原理、方法和操作要点，掌握产物分离及分析方法。
2. 了解绿色化学及杂多酸的概念，掌握几种典型杂多酸的制备和表征方法。
3. 锻炼学生查阅文献资料、设计实验及写作论文的能力。
4. 培养学生综合分析问题和解决问题的能力。

【实验原理】

乙基叔丁基醚（ETBE）是一种环境友好型汽油添加剂，其辛烷值、蒸气压、含氧量以及调和性等均优于甲基叔丁基醚（MTBE）。ETBE 的合成方法：一是异丁烯法，以异丁烯与乙醇为原料，该方法采用了高压液相合成，操作费用高且具有一定的危险性，另外乙醇和异丁烯合成乙基叔丁基醚的反应达平衡时所需时间长；二是叔丁醇法，以叔丁醇和乙醇为原料，在高压或常压下，由两个醇分子之间脱去一分子水合成。常用的催化剂有：硫酸、硫酸盐（$KHSO_4$、$NaHSO_4$）、离子交换树脂和固载酸等。研究结果认为以上催化剂存在如下缺点：硫酸腐蚀性强且大多会加速脱水反应，导致副产物产生，选择性下降；硫酸盐法虽较硫酸法腐蚀性小，但硫酸盐不宜重复使用；树脂在高温下不稳定，磺酸基易脱落，腐蚀设备并污染产品，选择性变差；固载酸制备烦琐。因此，开发和利用经济的、环境友好的催化剂是有意义的。

杂多酸（简称 HPA）是一类性能优异的环境友好催化新材料，具有催化活性高、选择性好、反应条件温和等优点，可作为酸性催化剂，通常显现出比传统无机酸更高的催化活性。本实验中用自制的具有 Keggin 结构的 $H_3P_{12}W_{40} \cdot nH_2O$，$H_4Si_{12}W_{40} \cdot nH_2O$ 和 $H_3W_6Mo_6O_4 \cdot nH_2O_6$ 杂多酸作催化剂，以乙醇和叔丁醇为原料，在常压下醇之间脱水缩合合成 ETBE，该方法操作简单、安全、能耗低，实现了温和条件下的合成。最后用红外光谱分析了催化剂和产物的结构，用气相色谱仪和核磁共振波谱仪对产物的纯度和结构进行分析。

【仪器和药品】

仪器：调温磁力搅拌器、三口烧瓶、分液漏斗、滴液漏斗、傅里叶红外光谱仪、气相色谱仪、阿贝折射仪、超导核磁共振谱仪、其他常规合成仪器。

药品：95%乙醇、叔丁醇、钨酸钠、磷酸、钼酸钠、硅酸钠、磷酸氢二钠、乙醚、盐酸、无水碳酸钠、过氧化氢、硫酸、金属钠等（以上试剂均为分析纯）。

【实验步骤】

1. 催化剂的制备

为比较不同催化剂的催化性能，本实验制备具有 Keggin 结构的 3 种催化剂。

（1）$H_3P_{12}W_{40} \cdot nH_2O$ 的制备

将 25g $Na_2WO_4 \cdot 2H_2O$ 和 4g Na_2HPO_4 溶解于 150mL 热水中，边加热边搅拌下，以细流向溶液中加入 25mL 浓 HCl，溶液澄清，继续加热半分钟，此刻溶液呈现蓝色，需向溶液中滴加 3% H_2O_2 至蓝色褪去，冷却至室温。将此溶液转移到分液漏斗中，向分液漏斗中加入 35mL 乙醚，再分 3～4 次加入 10mL 6mol·L^{-1} HCl，振荡，静置后分出下层油状物，放入蒸发皿中。水浴蒸除乙醚，直至液体表面有晶膜出现为止，冷却得到白色或淡黄色 $H_3P_{12}W_{40}·nH_2O$ 晶体，真空干燥备用。

（2）$H_4Si_{12}W_{40}·nH_2O$ 的制备

称取 25g $Na_2WO_4·2H_2O$ 溶于 50mL 水中，置于磁力搅拌器上搅拌至澄清，加入 1.88g $Na_2SiO_3·9H_2O$，将混合物加热至沸，从滴液漏斗中缓慢地向其中以 1～2 滴·s^{-1} 的速度滴加浓盐酸至溶液的 pH 为 2，保持 30min 左右，自然冷却。将冷却后的液体转移至分液漏斗中，并向其中加入 25mL 乙醚，分 4 次加入 10mL HCl，每加一次充分振荡，静置后分层，分出下层有机相，加入 4mL 蒸馏水，水浴蒸发至表面有膜生成，冷却放置即可得无色有光泽的透明晶体，真空干燥备用。

（3）$H_3W_6Mo_6O_{40}·nH_2O$ 的制备

量取 100mL 蒸馏水置于三口烧瓶（500mL）中，称取 7.26g（0.03mol）$Na_2MoO_4·2H_2O$ 和 9.9g（0.03mol）$Na_2WO_4·2H_2O$ 倒入三口烧瓶中，搅拌加热至沸，取 1.79g（0.005mol）$Na_2HPO_4·12H_2O$ 搅拌溶解并加热至沸，30min 左右后开始滴加 6mol·L^{-1} 盐酸至 pH 为 1，再加热回流 5h，冷却至 60℃左右后冰浴，溶液转入分液漏斗中加 30mL 乙醚，充分振荡，向其中滴加约 30mL 1∶1 的硫酸至无油状物析出，分出下层油状物置于蒸发皿中，加入 3～5 滴蒸馏水，1～2 天后析出淡黄绿色晶体，真空干燥备用。

2. 乙基叔丁基醚的合成

在 100mL 三口烧瓶中加入 0.25mol（12.1g）95% 乙醇、4.3g 杂多酸催化剂，搅拌均匀使催化剂溶解，装上韦氏（Vigreux）分馏柱和温度计，接上冷凝管，接收瓶浸在冰水浴中冷却，恒压滴液漏斗内加入叔丁醇 9.3g（0.125mol）。用调温磁力搅拌器控温加热，采用边滴加边反应边蒸馏收集产物的方式，控制分馏柱顶部的温度在 53℃左右（53℃是醚和水形成共沸物的沸点），滴加完毕，继续加热 30min 后停止反应。

将馏出液转移至分液漏斗中，用水洗涤多次，每次 5mL，洗至醚层为澄清透明，分出醚层再用 1g 无水碳酸钠干燥，将醚转移至干燥的回流装置中加入 0.5～1g 金属钠，加热回流 0.5h。最后将回流装置改为蒸馏装置，接收瓶用冰水浴冷却，蒸馏收集 72～75℃ 的馏分，称重并计算产率。

可分组按以上实验步骤进一步优化反应条件，分别探讨原料配比、催化剂用量、叔丁醇的加料方式等对乙基叔丁基醚产率的影响，探索出较适宜的反应条件。同时，对催化剂的稳定性和再生性能进行考察。

3. 纯化

用 95% 乙醇重结晶，每克产物约需乙醇 6mL。纯化后产物为白色晶体，熔点 134～136℃。

4. 测试性能

测定纯产品的红外光谱并与安息香的已知红外光谱图对比，指出其主要吸收带的归属。

【思考题】

1. 如何通过红外光谱来判断所合成的催化剂是否符合要求？

2. 实验中为什么要用分馏柱，分馏温度为什么要在 53℃左右？

3. 实验中醚的干燥要用金属钠，要注意哪些事项才能保证实验安全？

实验十七　微波辐射下从废聚酯饮料瓶中回收对苯二甲酸

【实验目的】

1. 了解化学与人类生活的密切关系。
2. 学以致用，变废为宝，净化环境，增强环保意识。
3. 了解微波辐射下聚酯解聚制备对苯二甲酸的原理和方法。
4. 掌握微波加热技术的原理和实验操作技术。
5. 综合训练加热、回流、减压蒸馏、过滤、微波干燥、IR、^{1}H NMR 和 HPLC 等基本实验操作技能。

【实验原理】

聚对苯二甲酸乙二醇酯（PET，简称聚酯）是通用高分子材料之一，因 PET 树脂物化性能优良，被广泛应用于食品、医药、装饰材料、工程材料、服装等行业。

目前市场上大量碳酸饮料、矿泉水、食用油等产品包装瓶是用 PET 制成的。据统计，近年来我国废聚酯瓶社会累积存量已经接近 3000 万吨，但目前只有很少部分被利用，其余的被随意丢弃。废旧聚酯瓶进入环境后，不能自发降解，会造成严重的环境污染和资源浪费。因此，有效地循环利用废旧聚酯瓶是一项非常有意义的工作。

废聚酯瓶再生资源化方法较多，但化学降解法经济效益最好。废 PET 经化学解聚回收 PET 的初始原料对苯二甲酸（TPA）及乙二醇（EG），形成资源的循环利用，既可有效治理污染，又可创造经济效益和社会效益。

微波辐射同传统的加热方法相比，具有反应时间短、收率高、副反应少、操作简便、环境友好等优点。本实验采用微波加热的方法，以废聚酯饮料瓶为原料，乙二醇和碳酸氢钠为复合解聚剂，在催化剂氧化锌的存在下，使 PET 在常压下快速解聚，同时回收 TPA 和 EG。

PET 化学解聚回收 TPA 和 EG 是 PET 聚合的逆反应。常用的化学解聚法主要有水解法、甲醇醇解法、乙二醇醇解法、碱解法及酸解法。水解法和甲醇醇解法均需在高压下进行，乙二醇醇解法虽可实现常压操作，但反应时间长，一般需 8～10h，而且解聚不完全，仅能得到含单体、低聚体等多种物质的混合物，难以形成单一 TPA 产品。

本实验将醇解反应与碱解反应相结合，采用醇碱联合解聚 PET 的方法。以乙二醇和碳酸氢钠为复合解聚剂，在催化剂氧化锌的存在下，利用微波辐射技术可在常压下快速、彻底解聚 PET，再经减压蒸馏回收乙二醇，残留物水溶，过滤除杂，酸析，过滤、洗涤，微波干燥，得对苯二甲酸。

$$\text{HOCH}_2\text{CH}_2\text{O}-\overset{\displaystyle O}{\overset{\displaystyle \|}{C}}-\text{C}_6\text{H}_4-\overset{\displaystyle O}{\overset{\displaystyle \|}{C}}-\text{OCH}_2\text{CH}_2\text{O}]_n\text{H} \xrightarrow[\text{2. HCl}]{\text{1. NaHCO}_3,\text{ZnO},\text{EG},\text{MWI}} n \begin{array}{c}\text{COOH}\\ \text{C}_6\text{H}_4 \\ \text{COOH}\end{array} +(n+1)\text{HOCH}_2\text{CH}_2\text{OH}$$

PET　　　　　　　　　　　　　　　　　　　　TPA　　　　　EG

【仪器和药品】

仪器：微波炉、红外光谱仪、高效液相色谱仪、循环水冷却泵、电子天平、圆底烧瓶、空气冷凝管、球形冷凝管、抽滤瓶、布氏漏斗、砂芯漏斗、扁形称量瓶、烧杯、量筒等。

药品：废矿泉水瓶碎片、氧化锌（AR）、碳酸氢钠（AR）、乙二醇（AR）、甲醇、丙酮（AR）、蒸馏水、盐酸（1：1体积比）、活性炭（粉状）、N,N-二甲基甲酰胺（AR）。

【实验步骤】

1. 制备

在100mL圆底烧瓶中，依次加入5.00g洗净干燥的废矿泉水瓶碎片（自备，碎片尺寸≤3mm）、0.05g氧化锌、5.00g碳酸氢钠、25mL乙二醇和2粒沸石。加毕，置于微波炉中，依次装上空气冷凝管及球形冷凝管。设置反应时间为20min，启动后将微波功率调至500W，回流后（约1min）再调到150W。

反应完毕，体系为白色稠浆状。冷却后加入50mL沸水，搅拌使残留物溶解，维持溶液温度在60℃左右（溶液中尚有少量白色不溶物及未反应的PET）。将瓶中的混合物用布氏漏斗抽滤，除去少量不溶物；滤毕，用25mL热水洗涤，记录滤液颜色（若有颜色，加活性炭脱色10min）。将滤液转移到400mL烧杯中，用25mL水荡洗抽滤瓶并倒入烧杯中，再加水使溶液总体积达200mL，加入2粒沸石，将烧杯置于石棉网上加热煮沸。取下烧杯，趁热边搅拌边用1：1 HCl酸化（TPA解离常数：$pK_{a1}=3.51$，$pK_{a2}=4.82$）。酸化结束后的体系为白色糊状。冷至室温后再用冰水冷却。用砂芯漏斗抽滤，滤饼用蒸馏水洗涤数次，每次25mL，洗至滤液pH=6，再用10mL丙酮洗涤两次，抽干。将滤饼置于已称重的扁形称量瓶中，摊开，置于微波炉中干燥（微波干燥条件：功率500W，每次5min，干燥两次。第一次干燥后取出用磨口塞将产品压成粉末以便更快干燥，第二次干燥后将样品冷却至室温后称重）。记录对苯二甲酸的产量，并计算收率。

粗产品可用DMF-水混合溶剂重结晶。先用最小量的DMF使粗产品溶解（100℃），若有颜色，用活性炭脱色，过滤，然后趁热滴加热水至溶液刚好出现浑浊摇动不消失，再加热使溶液变清亮，冷却，抽滤，洗涤，最后用少量丙酮洗涤，干燥，称重，计算回收率。

将抽滤瓶中的滤液用碱中和到pH=7～8，然后加入蒸馏瓶中进行减压蒸馏回收乙二醇。记录乙二醇的沸点及回收体积。

2. 产品分析

（1）测IR谱并解析谱图

对苯二甲酸的红外光谱图如图3-4所示。

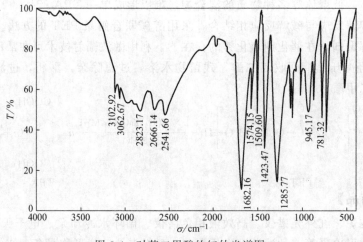

图3-4　对苯二甲酸的红外光谱图

（2）HPLC 分析

产品纯度≥99%，分析条件：色谱柱，C_{18} 反相柱；柱温，室温；流动相，CH_3OH-$H_2O[V(CH_3OH):V(H_2O)=7:3$，用 H_3PO_4 调 $pH=2.0$]；流速，$1.0mL \cdot min^{-1}$；检测波长，$254nm$；样品质量浓度，$10g \cdot L^{-1}$（溶剂为甲醇）；进样量，$2\mu L$。

【注意事项】

1. PET 碎片越小，比表面积越大，解聚速度越快。PET 碎片太大会影响解聚速度及产品收率。

2. ZnO 为解聚反应催化剂，促使 PET 在过量 EG 中迅速溶胀，增加反应界面，使 PET 长链快速断裂成对苯二甲酸乙二醇酯及其低聚物，然后形成碱解和醇解相互协同、相互促进的分解环境，最终全部成为碱解产物。

3. 安装仪器时应注意所有磨口连接处必须紧密不漏气，以防有机物泄漏着火。万一炉内着火，切勿打开炉门，应立即切断电源，采取常规灭火措施。

4. 用 1:1 盐酸酸化到 $pH=1\sim2$，需 $10\sim12mL$，若酸化不到位，会影响收率。趁热酸化的目的是使析出的白色固体容易过滤。

5. 产品用丙酮洗过后，须先在红外灯下干燥，然后置于微波炉中干燥，以防直接用微波炉干燥引起有机溶剂着火。

【思考题】

1. 写出本实验中废 PET 解聚制备 TPA 的原理。
2. 在本实验中能否用 $Ca(OH)_2$ 或 $Mg(OH)_2$ 来代替 $NaHCO_3$？为什么？
3. 微波反应有哪些优点？为什么微波辐射可以加速反应？
4. 为什么反应物料必须是极性分子才能在微波炉中进行反应？
5. 请设计出能有效地循环利用废旧聚酯瓶的其他实验方案。

实验十八　山梨酸的合成

【实验目的】

1. 以乙醛为原料，通过三步合成反应，加深对羟醛缩合及卤仿反应的理解。
2. 了解山梨酸作为食品防腐剂的应用。

【实验原理】

山梨酸及其钾盐是目前国内外最普遍使用的食品防腐剂之一，它不仅低毒（毒性与食盐相仿）、无味，而且由于对广谱的细菌、霉菌有抑制其生长、繁殖的作用，适用于较宽的pH值范围，所以广泛应用于各类食品保鲜防腐。

本实验采用三聚乙醛的解聚、羟醛缩合及卤仿反应等典型反应，实验装置可用简易水蒸气蒸馏装置，原料易得，收率也较高。

合成路线如下：

$$2CH_3CHO \xrightarrow{NaOH(\text{稀})} CH_3CH=CHCHO + H_2O$$

$$CH_3CH=CHCHO + CH_3\overset{O}{\underset{|}{C}}CH_3 \xrightarrow{Ba(OH)_2} CH_3CH=CHCH=CHCCH_3 + H_2O$$

$$CH_3CH=CHCH=CHCCH_3 + NaClO \xrightarrow{NaOH} CH_3CH=CHCH=CHCONa + NaOH + CHCl_3$$

$$CH_3CH=CHCH=CHCONa \xrightarrow{HCl} CH_3CH=CHCH=CHCOH$$

【仪器和药品】

仪器：圆底烧瓶、三口烧瓶、直形冷凝管、电热套、水浴锅、锥形瓶、滴液漏斗、Y形管、橡皮管、尾接管、分水器、烧杯、托盘天平、温度计套管、漏斗、蒸馏头、温度计、分液漏斗、量筒。

药品：三聚乙醛、浓硫酸、氢氧化钠、盐酸、丙酮、碘、亚硫酸氢钠、氢氧化钡、次氯酸钠。

【实验步骤】

1. 三聚乙醛的解聚

于250mL圆底烧瓶中加入150mL三聚乙醛，缓慢滴入浓硫酸1.5mL，并摇匀，加入沸石，在水浴中蒸馏，保持水浴温度在55～60℃之间，收集24～28℃馏分于锥形瓶中，锥形瓶用冰水浴冷却。

2. 乙醛的缩合——巴豆醛的制备

将装有机械搅拌器、温度计及Y形管（Y形管上再分别装有滴液漏斗和冷凝管）的三口烧瓶置于冰水浴中，瓶中放入32g（40mL，0.73mol）乙醛，在搅拌下滴加38.4mL 1% NaOH溶液（约需1h），保持反应温度15～20℃，得到几乎无色的油状液体。用1.1mL盐酸中和，使反应停止，然后蒸除未反应的乙醛15mL，改用水蒸气蒸馏装置，在90～110℃下蒸出水与乙醛的共沸物（蒸馏前先加入水40mL）。用分液漏斗分出馏出物中的油层，得到粗产物。

将得到的巴豆醛粗品进行分馏提纯，35℃时开始有馏分流出，收集 85～102℃ 的共沸物，在 103～104℃ 得到无色透明的液体巴豆醛。

3. 3,5-庚二烯-2-酮的制备

在 125mL 圆底烧瓶中加入 75mL（1mol）丙酮和 0.1～0.2g（0.4～0.8mmol）碘，待碘全部溶解后加入 1.7g（0.005mol）$Ba(OH)_2 \cdot 8H_2O$ 和 7g（0.1mol）巴豆醛，装上回流冷凝管，在 60～65℃ 的水浴中剧烈搅拌 1h，停止反应后，倾出溶液，弃去瓶底的残渣。在倾出的溶液中用浓硫酸或盐酸酸化至 pH＝3～4，然后用水浴蒸出未反应的丙酮约 57mL，剩余物进行水蒸气蒸馏得粗产物 13g。将粗产物减压蒸馏，收集 76～80℃、1.7～2.2kPa（13～17mmHg）馏分，约 9g，产率 73%，折射率 1.5190。

4. 山梨酸的合成

在 150mL 圆底烧瓶中加入 2.2g（0.02mol）3,5-庚二烯-2-酮和 95g 新制的次氯酸钠溶液，在冷水浴中搅拌反应，反应过程中应及时补加 NaClO 溶液以保持淀粉-KI 试纸变蓝。3h 后停止反应，用饱和 $NaHSO_3$ 除去过量的 NaClO，将反应液倒入分液漏斗中，分出下层油状物（$CHCl_3$）1.3g，将上层液体转移到 200mL 的烧杯中，加入 50g 碎冰块，用盐酸酸化至 pH＝3，析出大量白色固体，抽滤得到粗产物 1.9g，粗产物可用水重结晶，得针状结晶 1.8g（产率 80.4%），熔点 132～134℃。

【注意事项】

1. 三聚乙醛的解聚对温度敏感，如温度过高，乙醛中会有白色针状晶体析出。

2. 由于乙醛的沸点接近室温甚至低于室温，乙醛的挥发对产率影响很大。

3. 简易水蒸气蒸馏装置即把水直接加入圆底烧瓶中，烧瓶上接一恒压滴液漏斗，漏斗上再接冷凝管，共沸液收集在滴液漏斗中分层，可把下层的水再放回圆底烧瓶。

4. 粗产物巴豆醛中含有大量的水及一些副产物，若直接用于下步反应，产率很低。

5. NaOH 浓度 7.6%，有效氯浓度 3.0%。有效氯的测定方法：取约 3mL 次氯酸溶液于玻璃塞碘瓶中，准确称量，加入 50mL 水、2g KI 和 10mL HAc，塞好瓶塞，于黑暗处静置 10min，打开瓶塞，用几毫升水冲洗瓶壁，用 0.1mol·L^{-1} 硫代硫酸钠滴定游离的碘，加 3mL 淀粉试液作为终点判断，每毫升 0.1mol·L^{-1} 硫代硫酸钠溶液等于 3.545mg 有效氯。

6. 反应过程中一定要保持 NaClO 的存在，如果消耗尽，应及时补加，以免发生缩合反应。

7. 酸化反应液的时候应充分搅拌和冷却，如果温度太高，产物的颜色会发黄。

【思考题】

1. 为什么乙醛缩合所用 NaOH 溶液浓度很稀？若浓度太大，对反应有何影响？

2. 试说明改进后的水蒸气蒸馏装置在本实验中的优点。

3. 羟醛缩合的机理是什么？还可用哪些催化剂？写出本实验中还可能得到的另外几种产物。

4. 卤仿反应的条件是什么？为何有效氯和碱的浓度对反应产率有很大的影响？

第四章　精细化学品化学

实验十九　十二烷基二甲基甜菜碱的制备及液体洗涤剂的配制

【实验目的】

1. 掌握甜菜碱型两性离子表面活性剂的制备原理和方法。
2. 了解甜菜碱型两性离子表面活性剂的性质和用途。
3. 掌握配制液体洗涤剂的配方和工艺。

【实验原理】

两性离子表面活性剂的亲水基是由带正电荷和带负电荷的两部分构成的，在水溶液中呈现两性的状态，会随着介质不同表现出不同的活性。两性离子呈现的离子性随着溶液的 pH 值而变化，在碱性溶液中呈阴离子活性，在酸性溶液中呈阳离子活性，在中性溶液中呈两性活性。

甜菜碱型两性离子表面活性剂由季铵盐型阳离子部分和羧酸盐型阴离子部分构成。十二烷基二甲基甜菜碱（BS-12）是甜菜碱型两性离子表面活性剂中最普遍使用的品种，为无色或浅黄色透明黏稠液体，在碱性、酸性和中性条件下均溶于水，即使在等电点也无沉淀，不溶于乙醇等极性溶剂，任何 pH 值下均可使用；有良好的去污、起泡、乳化和渗透性能；对酸、碱和各种金属离子都比较稳定；杀菌作用温和，刺激性小；生物降解性好，并具有抗静电等特殊性能。本品适用于制造无刺激性的调理香波、纤维柔软剂、抗静电剂、匀染剂、防锈剂、金属表面加工助剂和杀菌剂等。

十二烷基二甲基甜菜碱通过 N,N-二甲基十二烷胺和氯乙酸钠反应制取。反应方程式如下：

$$C_{12}H_{25}NH_2 + 2CH_2O + 2HCOOH \longrightarrow C_{12}H_{25}N(CH_3)_2 + 2CO_2 + 2H_2O$$

$$C_{12}H_{25}N(CH_3)_2 + ClCH_2COONa \longrightarrow C_{12}H_{25}\overset{\overset{\displaystyle CH_3}{|}}{\underset{\underset{\displaystyle CH_3}{|}}{N^+}}-CH_2COO^- + NaCl$$

液体洗涤剂是仅次于粉状洗涤剂的第二大类洗涤制品，是一种无色或者有色的均匀黏稠液体，易溶于水。它有着使用方便、溶解速度快、低温洗涤性能好等特点，还具有配方灵活、制备工艺简单、成本低、节约能源、包装美观等诸多显著的优点。随着工业制造技术的迅速发展，浓缩化、温和化、安全化、功能化、专业化、生态化已成为液体洗涤剂的发展趋势。

洗衣用的液体洗涤剂可分为两类：一类是弱碱性液体洗涤剂，它与弱碱性洗衣粉一样可洗涤棉、麻、合成纤维等织物；另一类是中性液体洗涤剂，它可洗涤毛、丝等精细织物。

弱碱性液体洗涤剂 pH 值一般控制在 9～10.5，常用的表面活性剂为烷基苯磺酸钠和脂肪醇聚氧乙烯醚复配，它具有较好的去污效果，在水中极易溶解。这种表面活性剂在硬水中去污力随水硬度的提高而减弱，因此需加入螯合剂去除钙、镁离子。在液体洗涤剂使用磷酸盐作螯合剂时，多采用焦磷酸钾，它对钙、镁离子的螯合能力不如三聚磷酸钠，但它在水中溶解度较大。此外，液体洗涤剂一般要求具有一定的黏度和 pH 值，所以还要加入无机和有机的增黏剂及增溶剂。

中性液体洗涤剂 pH 值为 7～8，这类产品主要由非离子型表面活性剂和增溶剂组成。由于不含助剂，去污力主要靠表面活性剂，因此表面活性剂的含量较高，一般为 40%～50%。由于非离子表面活性剂含量高，易引起细菌的繁殖，致使产品变色发臭，可适量加入一些苯甲酸钠和对羟基苯甲酸甲酯等作防腐剂。

液体洗涤剂主要由表面活性剂和助剂组成。

（1）表面活性剂

阴离子表面活性剂和非离子表面活性剂是液体洗涤剂中的主要成分，质量分数为 5%～30%，其中使用最多的是烷基苯磺酸钠。以脂肪醇为起始原料的表面活性剂有脂肪醇聚氧乙烯醚及其硫酸盐和脂肪醇硫酸盐等。芳基化合物的磺酸盐、α-烯基磺酸盐、高级脂肪酸盐、烷基醇酚胺等也是液体洗涤液中使用的表面活性剂。它们是去除污垢的主要成分，主要降低液体界面的表面张力，也起润湿、增溶、乳化和分散的作用。

（2）助剂

常用的洗涤助剂主要有如下几种：

① 螯合剂。三聚磷酸钠是最常用也是性能最好的助剂，但它的加入会使液体洗涤剂变浑浊，并污染水体，已逐渐淘汰。乙二胺四乙酸二钠、偏硅酸钠、次氨基三酸钠等对金属离子的螯合能力强，是较好的洗衣液助剂。也可使用离子交换剂，如 4A 分子筛等。

② 溶剂。溶剂的作用是溶解活性剂，提高稳定性，降低浊点，还可溶解油脂，提高去污能力。常用的溶剂有去离子水和软化水。

③ 增（助）溶剂。增（助）溶剂是增进表面活性剂与助剂互溶性的助剂，常用的有烷基苯磺酸、低分子醇、尿素。

④ 增稠剂。用于调节体系黏度，改善产品的外观。常用的有机增稠剂有天然树脂和合成树脂，如聚乙二醇酯类、聚丙烯酸盐、丙烯酸-马来酸聚合物等。无机增稠剂有氯化钠、氯化铵、硅胶等。

⑤ 柔软剂。柔软剂主要是使洗后的衣物有良好的手感，柔软、蓬松、防静电，一般洗涤剂中不使用。常用的柔软剂主要是阳离子型和两性离子型表面活性剂。

⑥ 漂白剂。一般洗涤剂中不使用漂白剂。常用的漂白剂有过氧化盐类，如过磷酸盐、过碳酸盐、过焦磷酸钠盐。

⑦ 酶制剂。酶制剂的加入可提高洗涤剂的去污能力。常用淀粉酶、蛋白酶、脂肪酶等。

⑧ 消毒剂。一般洗涤剂中也不使用。目前使用的仍是含氯消毒剂，如次氯酸钠、次氯磷酸钙、氯化磷酸三钠、氯胺 T、二氯异氰尿酸钠等。

⑨ 碱剂。常用的有纯碱、小苏打、乙醇胺、氨水、硅酸钠、磷酸三钠等。

⑩ 抗污垢再沉积剂。常用的有羧甲基纤维素钠、聚乙烯吡咯烷酮、硅酸钠、丙烯酸均聚物、丙烯酸-马来酸共聚物等。

⑪ 香精。使产品具有让人感到愉快的气味的物质。

⑫ 色素。常用的色素为有机合成色素、无机颜料、动植物天然色素。

根据它们的性能和欲配制产品的要求，人们可以将上述各种表面活性剂和洗涤助剂按一定比例进行复配。本实验给出四个通用液体洗涤剂的配方（表 4-1），可任选其中两个进行配制。

表 4-1 液体洗涤剂配方表

成分	质量分数/%			
	Ⅰ	Ⅱ	Ⅲ	Ⅳ
ABS-Na(30%)	20.0	30.0	30.0	10.0
OP-10(70%)	8.0	5.0	3.0	3.0
尼诺尔(70%)	5.0	5.0	4.0	4.0
AES(70%)			3.0	3.0
BS-12(自制)			2.0	2.0
二甲苯磺酸钾			2.0	
荧光增白剂			0.1	0.1
Na$_2$CO$_3$	1.0		1.0	
Na$_2$SiO$_3$(70%)	2.0	2.0	1.5	
STPP		2.0		
NaCl	1.5	1.5	1.0	2.0
色素	适量	适量	适量	适量
香精	适量	适量	适量	适量
CMC(5%)				5.0
去离子水	加至 100	加至 100	加至 100	加至 100

【仪器和药品】

仪器：电动搅拌器，熔点仪，电热套，三口烧瓶，回流冷凝管，玻璃漏斗，温度计，电炉，水浴锅，烧杯，量筒，滴管，托盘天平。

药品：N,N-二甲基十二烷胺，氯乙酸钠，乙醇，浓盐酸，乙醚，十二烷基苯磺酸钠（ABS-Na，30%），椰子油酸乙二醇酰胺（尼诺尔，FFA，70%），壬基酚聚氧乙烯醚（OP-10，70%），脂肪醇聚氧乙烯醚硫酸钠（AES，70%），食盐，纯碱，水玻璃（Na$_2$SiO$_3$，40%），三聚磷酸钠（五钠，STPP），羧甲基纤维素（CMC），二甲苯磺酸钠，香精，色素，pH 试纸，磷酸，荧光增白剂。

【实验步骤】

1. 十二烷基二甲基甜菜碱的合成

在装有温度计、回流冷凝管、电动搅拌器的 250mL 三口烧瓶中，加入 10.7g 的 N,N-二甲基十二烷胺，再加入 5.8g 氯乙酸钠和 30mL 50%乙醇溶液，在水浴中加热至 60～

80℃，并在此温度下回流至反应液变成透明。

冷却反应液，在搅拌下滴加浓盐酸，直至出现乳状液不再消失为止，放置过夜至十二烷基二甲基甜菜碱盐酸盐结晶析出，过滤。每次用10mL乙醇和水（1∶1）的混合溶液洗涤两次，然后干燥滤饼。

粗产品用乙醚∶乙醇体积比为2∶1的溶液重结晶，得到精制的十二烷基二甲基甜菜碱，测定熔点。

2. 液体洗涤剂的配制

选定配方（本实验提供了4种洗涤剂配方，教师可根据实验准备情况安排学生进行实验，学生也可根据自己的兴趣任意选择配方），将去离子水加入250mL烧杯中，将烧杯放入水浴锅中加热，待水温升到60℃，慢慢加入AES，不断搅拌至全部溶解。搅拌时间约20min，溶解过程的水温控制在60～65℃。在连续搅拌下依次加入ABS-Na、OP-10、尼诺尔、BS-12等，搅拌至全部溶解。搅拌时间为20min，保持温度60～65℃。

在不断搅拌下将Na_2CO_3、二甲苯磺酸钾、荧光增白剂、STPP、CMC等依次加入，并使其溶解，保持温度在60～65℃。停止加热，将温度降至40℃以下，最后加入色素、香精等，搅拌均匀。测溶液的pH值，并用磷酸调节溶液的pH<10.5。待温度降至室温，加入食盐调节黏度。本产品不控制黏度指标。

【注意事项】

1. 玻璃仪器必须洗净干燥。

2. 滴加浓盐酸至乳状液不再消失即可。

3. 配制洗涤剂时需按次序加料，且必须在前一种物料溶解后再加后一种。

4. 按规定控制温度，加入香精时温度必须低于40℃，防止挥发。

5. 产品可由学生带回试用。

【思考题】

1. 两性表面活性剂有哪几类？甜菜碱型与氨基酸型两性表面活性剂相比，其性质的最大差别是什么？

2. 液体洗涤剂有哪些优良性能？

3. 液体洗涤剂配方设计的原则是什么？

4. 怎样控制液体洗涤剂的pH值，为什么？

实验二十　合成香料 β-萘甲醚的制备

【实验目的】

1. 掌握烷基芳基醚的制备原理和方法。
2. 掌握减压蒸馏和重结晶等分离技术的原理和方法。

【实验原理】

醚可以看作是水的两个氢原子被烃基取代得到的化合物，也可以看作两个醇分子之间脱去一个水分子生成的化合物，或者说是烃基化合物醇、酚、萘酚等中烃基的氢被烃基取代的衍生物。若醚中的两个基团相同，则称为单醚或对称醚；若两个基团不同，则称为混醚或不对称醚。

醚的制备方法有以下三种。

（1）威廉森合成法

用醇盐和卤代烷的反应制醚：

$$ROM + R'X \longrightarrow ROR' + MX$$

式中，R、R′为烃基或芳基；X 为 I、Br、Cl；M 为 K 或 Na。

（2）在酸催化下醇分子间脱水

在浓硫酸催化下，由醇制备对称醚：

$$2ROH \longrightarrow ROR + H_2O$$

（3）烷氧汞化-去汞法

烯烃在醇的存在下与三氟乙酸汞反应生成烷氧汞化合物，再还原得到醚：

$$C{=}C + ROH \xrightarrow{Hg(O_2CCF_3)_2} \underset{OR\ Hg(O_2CCF_3)_2}{-\overset{|}{C}-\overset{|}{C}-} \xrightarrow{NaBH_4} \underset{OR\ H}{-\overset{|}{C}-\overset{|}{C}-}$$

β-萘甲醚又名 2-甲氧基萘、2-萘甲醚、橙花醚，其结构式为 ![结构式]。β-萘甲醚是一种白色片状晶体，具有浓郁的橙花香气，熔点为 72～73℃，沸点为 274℃，易升华，被广泛用于花香型香精中，尤其是皂用香精和花露水中。本实验采用方法（2）制备 β-萘甲醚，即在浓硫酸催化下，β-萘酚和甲醇反应，反应方程式如下：

$$\text{β-萘酚} - OH + CH_3OH \xrightarrow{H_2SO_4} \text{β-萘甲醚} - OCH_3 + H_2O$$

【仪器和药品】

仪器：三口烧瓶，温度计，玻璃棒，回流冷凝管，布氏漏斗，抽滤瓶，减压蒸馏装置，空气冷凝管，电吹风，电热套，真空水泵，烧杯，滴液漏斗，干燥箱。

药品：β-萘酚，甲醇，乙醇，浓硫酸，10%氢氧化钠溶液。

【实验步骤】

在装有温度计、回流冷凝管、滴液漏斗的 250mL 三口烧瓶中加入 30mL 无水甲醇和 24.2g β-萘酚，微热，待 β-萘酚溶解后，滴加 5.4mL 的浓硫酸，注意温度的变化。滴加完后，回流 4～6h，每 5min 记录一次温度，注意回流的气液面高度要恒定。当回流温度变化较小时，可认为反应结束。将反应物倒入预热到 50℃左右盛有 90mL 10％氢氧化钠溶液的烧杯中，在热碱水中物料呈油状，冷却过程中，要用玻璃棒充分搅拌，避免结晶固体的颗粒过大。将结晶成均匀砂粒状的反应混合物冷至室温，抽滤，先用 90mL 10％氢氧化钠溶液冲洗，然后用去离子水冲洗，洗至滤液呈中性，放入小烧杯中，于干燥箱中 40～45℃下干燥（温度过高固体会熔化）。

将充分干燥的粗产品放入装有空气冷凝管的 50mL 烧瓶中，进行减压蒸馏，收集沸点 160～180℃ 2.66kPa 的馏分，可用电吹风加热空气冷凝管，防止冷凝管固化。馏出液凝固后为浅黄色固体，可在 100mL 热乙醇中重结晶，得白色片状晶体，称重，计算产率，测定熔点。

【注意事项】

1. 易燃药品使用要注意安全。
2. 浓硫酸加入要缓慢，均匀。
3. 可部分回收未反应的 β-萘酚。将分出粗产品后的碱性滤液用硫酸小心酸化至刚果红试纸变紫色（此时呈酸性），析出 β-萘酚的沉淀，过滤，干燥，称重，并从原料中减去。

【思考题】

1. β-萘甲醚还有哪些制备方法？写出反应方程式。
2. 用热的氢氧化钠溶液处理的目的是什么？
3. 为什么要用电吹风加热空气冷凝管？
4. 回收未反应的 β-萘酚对产率是否有影响？

实验二十一　活性艳红 X-3B 的制备

【实验目的】

1. 掌握活性艳红 X-3B 的制备方法。
2. 掌握缩合、重氮化、偶合反应的机理。

【实验原理】

活性染料又称反应性染料，其分子中含有能与纤维素反应的基团，染色时与纤维素形成共价键，生成"染料-纤维"化合物，因此这类染料的水洗牢度较高。这类染料的分子结构包括母体染料和活性基团两个部分。活性基团一般通过某些连结基与母体染料相连。活性染料根据母体染料的结构可分为偶氮型、酞菁型、蒽醌型等；按活性基团可分为 X 型、K 型、KD 型、KN 型、M 型、E 型、P 型、T 型等。

活性艳红 X-3B 为枣红色粉末，其水溶液呈蓝光红色，在浓硫酸中为红色，在浓硝酸中为大红色，稀释后均无变化；遇铁离子对色光无影响，遇铜离子使色光转暗；20℃时的溶解度为 $80g \cdot L^{-1}$，50℃时的溶解度为 $160g \cdot L^{-1}$。本品可用于棉、麻、黏胶纤维及其他纺织品的染色，也可用于羊毛、蚕丝、锦纶的浸染，还可用于丝绸印花，并可与直接染料、酸性染料同印；可与活性蓝 X-R、活性金黄 X-G 组成三原色，拼染各种中、深色泽，如草绿、墨绿、橄榄绿等，色泽丰满，但贮存稳定性差。

活性艳红 X-3B 为二氯均三嗪型（即 X 型）活性染料，其母体染料的制备方法同一般酸性染料相同，可预先制备母体染料与三聚氯氰缩合引进活性基团。若以氨基萘酚磺酸作为偶合组分，为避免副反应发生，通常先将氨基萘酚磺酸与三聚氯氰缩合，这样偶合反应就可完全发生在羟基邻位。

活性艳红 X-3B 的制备方法：先用 H 酸与三聚氯氰缩合，再与苯胺重氮盐偶合。反应方程式如下：

（1）缩合

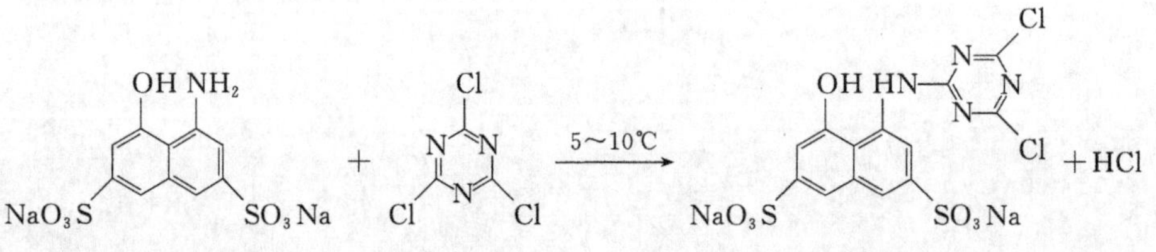

（2）重氮化

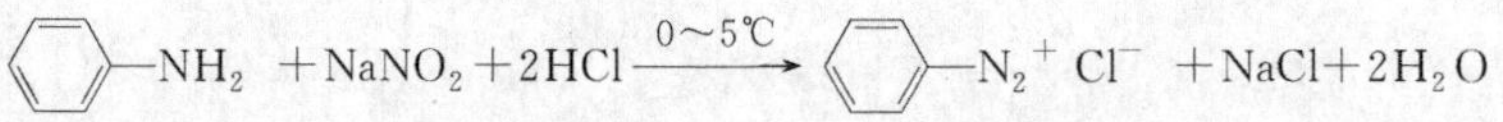

（3）偶合

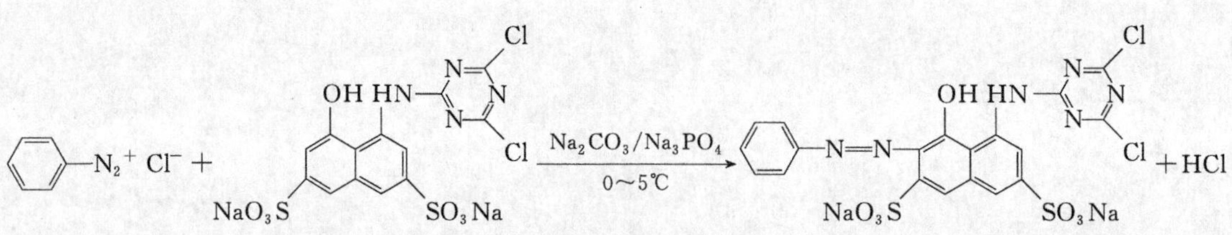

【仪器和药品】

仪器：三口烧瓶，电动搅拌器，温度计，滴液漏斗，烧杯，布氏漏斗，真空水泵。

药品：H酸，苯胺，三聚氯氰，盐酸，亚硝酸钠，碳酸钠，氯化钠，磷酸三钠，磷酸二氢钠，磷酸氢二钠，尿素。

【实验步骤】

在装有电动搅拌器、滴液漏斗和温度计的250mL三口烧瓶中加入30g碎冰、25mL冰水和5.6g三聚氯氰，在0℃搅拌20min，然后在1h内加入H酸溶液（10.2g H酸、1.6g碳酸钠溶解在68mL水中）加完后在5～10℃搅拌1h，抽滤，得黄棕色澄清缩合液。

在150mL烧杯中加入10mL水、36g碎冰、7.4mL 30%盐酸、2.8g苯胺，不断搅拌，在0～5℃时于15min内加入2.1g亚硝酸钠配成的30%溶液，加完后在0～5℃搅拌10min，得淡黄色澄清重氮液。

在600mL烧杯中加入上述缩合液和20g碎冰，在0℃时一次性加入重氮液，再用20%磷酸三钠溶液调节pH至4.8～5.1。反应温度在0～5℃，搅拌1h。加入1.8g尿素，随即用20%碳酸钠溶液调节pH至6.8～7。加完后搅拌3h，此时溶液总体积约为310mL，然后加入溶液总体积的25%的氯化钠进行盐析，搅拌1h，抽滤。滤饼中加入滤饼质量2%的磷酸氢二钠和1%的磷酸二氢钠，搅匀，过滤，在85℃以下干燥称量，计算产率。

【注意事项】

1. 严格控制重氮化反应的温度和偶合时的pH值。
2. 三聚氯氰在空气中遇水分会水解放出氯化氢，使用后要盖好瓶盖。

【思考题】

1. 活性染料的结构特点有哪些？
2. 活性染料主要有哪几种活性基团？
3. 盐析后加入磷酸氢二钠和磷酸二氢钠的目的是什么？

实验二十二　腐殖酸含量测定及磺化腐殖酸钠的制备

【实验目的】

1. 了解腐殖酸钠的提取方法。
2. 掌握容量法测定总腐殖酸含量的方法。
3. 掌握磺化腐殖酸钠的制备方法。

【实验原理】

泥炭、褐煤、风化煤中所含的腐殖酸是复杂的天然大分子化合物的混合物，其分子量分布在一个较宽的范围内。在强酸条件下，腐殖酸钠中的碳在过量的重铬酸钾的作用下被氧化成二氧化碳。根据重铬酸钾的消耗量和腐殖酸含碳比可计算出腐殖酸的含量。反应的化学方程式如下：

$$R(COOH)_4 + 4NaOH \longrightarrow R(COONa)_4 + 4H_2O$$
$$2K_2Cr_2O_7 + 8H_2SO_4 + 3C \longrightarrow 2K_2SO_4 + 2Cr_2(SO_4)_3 + 8H_2O + 3CO_2$$

以邻菲罗啉作指示剂，用硫酸亚铁（或硫酸亚铁铵）标准溶液滴定溶液中过量的重铬酸钾，根据所消耗的硫酸亚铁的量求出腐殖酸的含量。反应方程式如下：

$$K_2Cr_2O_7 + 7H_2SO_4 + 6FeSO_4 \longrightarrow K_2SO_4 + Cr_2(SO_4)_3 + 3Fe_2(SO_4)_3 + 7H_2O$$

磺化腐殖酸钠（sulfonated sodium humate，SHNa）是棕黑色颗粒或粉末，易溶于水。将泥炭、褐煤、风化煤中的腐殖酸磺化改性，改性后的磺化腐殖酸钠由于在结构中引入磺酸基团，提高了其水溶性和金属离子的交换能力，应用十分广泛，可以用作混凝土减水剂、陶瓷添加剂、石油钻井液助剂及金属离子吸附剂等。

磺化腐殖酸钠的制备分两步进行：第一步是用氢氧化钠水溶液抽提原料中的腐殖酸；第二步是将抽提液腐殖酸钠（HANa）在一定条件下磺化，制得磺化腐殖酸钠。本实验以泥炭为原料，氢氧化钠为抽提剂，亚硫酸钠为磺化剂。

其磺化机理目前还有争议，主要有下列两种。

(1) 在醌基上进行 1,4-加成

(2) 连接芳环的亚甲基桥被亚硫酸钠断开

【仪器和药品】

仪器：托盘天平，分析天平，锥形瓶，容量瓶，长颈漏斗，移液管，碱式滴定管，水浴锅，电炉，抽提装置，三口烧瓶，烧杯，电动搅拌器，回流冷凝管，温度计，瓷蒸发皿，干燥箱，量筒，抽滤瓶，布氏漏斗，真空水泵。

药品：重铬酸钾，硫酸亚铁铵，浓硫酸，邻菲罗啉，氢氧化钠，亚硫酸钠，泥炭。

【实验步骤】

1. 腐殖酸钠的抽提

向三口烧瓶中加入 150mL 蒸馏水和 2g 氢氧化钠，加热，当温度升至 40℃ 时，搅拌，加入 40g 泥炭，升温至 90℃，抽提 40min。冷却后将反应物倒入 200mL 量筒中沉降 8h，倾出溶液，抽滤，沉淀用 200mL 水洗两次，合并滤液和溶液于烧杯中，放到电炉上缓慢加热浓缩，使溶液中的固形物含量达到 50%。固体主要为 HANa。

2. 腐殖酸含量测定

用分析天平准确称取腐殖酸钠 1.0000g，于烧杯溶解后移入 100mL 容量瓶中定容。用移液管移取 10mL 腐殖酸钠溶液于锥形瓶中，再用滴定管加入 5mL 0.4mol·L⁻¹ 重铬酸钾溶液和 15mL 浓硫酸，摇匀后立即加入沸水浴中氧化 30min。取出锥形瓶后加约 30mL 蒸馏水，待冷却至室温后，加 2 滴邻菲罗啉指示剂，用 0.1mol·L⁻¹ 硫酸亚铁铵标准溶液滴定，溶液由橙红色变为绿色再变为砖红色即为滴定终点。将 10mL 腐殖酸钠溶液换成 10mL 蒸馏水做空白实验，平行测定两次。

$$w(\text{HA}) = \frac{(V_0 - V) \times C \times 12 \times 10^{-3}}{m \times c} \times \frac{a}{b} \times 100\%$$

式中，V_0 为空白样滴定时所消耗的硫酸亚铁铵溶液的体积，mL；V 为样品滴定时所消耗的硫酸亚铁铵溶液的体积，mL；C 为硫酸亚铁铵的物质的量浓度，mol·L⁻¹；m 为样品质量，g；c 为由碳换算成腐殖酸的换算系数（风化煤为 0.62，泥炭为 0.55，褐煤为 0.59）；a 为待测溶液的总体积，mL；b 为测定时吸取溶液的体积，mL。

3. 磺化

将 HANa 溶液和亚硫酸钠加入三口烧瓶中（亚硫酸钠与 HANa 质量比为 1:2），加热沸腾，回流 2h。将溶液倒入烧杯中加热浓缩至黏稠状，转至蒸发皿中，在 90℃ 干燥箱中烘干，研碎，用 40 目筛筛分得成品，称重，计算产率。

【注意事项】

1. 腐殖酸含量测定过程中应严格控制抽提和氧化条件。
2. 硫酸亚铁铵易氧化，使用前应标定。
3. 腐殖酸钠磺化浓缩时要注意搅拌，防止溶液溅出。
4. 加热浓缩前要测定含量，一般使用波美计测量。

【思考题】

1. 腐殖酸含碳比的意义是什么？计算腐殖酸钠中腐殖酸的含量。
2. 固形物含量达不到 50% 可否加入亚硫酸钠？为什么要确定固形物含量？
3. 怎样定性地判断磺化效果？
4. 亚硫酸钠为什么按 HANa 质量的 1/2 加入？

实验二十三　高分子量聚琥珀酰亚胺的合成

【实验目的】

1. 掌握高分子量聚琥珀酰亚胺的合成工艺。
2. 掌握高分子量聚琥珀酰亚胺转化率及纯度的测定方法。

【实验原理】

聚天冬氨酸（polyaspartic acid，PASP）是一种环境友好型的水溶性聚氨基酸，分子结构中含有大量的羧基和酰胺键等活性基团，属于生物高分子功能材料，具有良好的生物相容性和生物降解性，被广泛用于农业、医药、化工等领域，是一种用途极为广泛的新型环境友好试剂。将分子链上的羧基交联可制得聚天冬氨酸凝胶，聚氨基酸凝胶具有极好的吸水保水性，被广泛用于农林保水剂、药物载体、组织工程材料等。聚琥珀酰亚胺（polysuccinimide，PSI），属于未开环的聚天冬氨酸，是一种具有较强活性的线形聚酰亚胺分子。PSI最主要的作用是制备聚天冬氨酸，通过碱解可得到含有侧链的聚天冬氨酸。目前，市面上售卖的PSI主要用于制备线形聚天冬氨酸，分子量较低，不利于制备聚天冬氨酸凝胶，因此，聚琥珀酰亚胺的结构和摩尔质量决定着聚天冬氨酸产品的性能和用途。

以L-天冬氨酸为原料，85%浓磷酸为催化剂，分批添加等量催化剂，利用固相热聚合法制备了高聚合度、性能较好的聚琥珀酰亚胺产品。

【仪器和药品】

仪器：烧杯，烘箱，吸量管，恒温水浴锅，布氏漏斗，真空水泵，抽滤瓶，玻璃漏斗，超声清洗器，乌氏黏度计。

药品：L-天冬氨酸，85%浓磷酸，无水乙醇，N,N-二甲基甲酰胺（DMF）。

【实验步骤】

1. 聚琥珀酰亚胺的制备

称取10g L-天冬氨酸（L-ASP），量取2.5mL 85%浓磷酸，然后将催化剂浓磷酸等量分成3~4等份，首先加入1份浓磷酸至150mL烧杯中与L-天冬氨酸混匀，混合均匀后，将混合物置于170℃的烘箱中进行反应。在反应过程中，按一定时间间隔，用吸量管分批次将剩余的催化剂加入烧杯中，反应时间2h，即可得到PSI粗产品。

2. 聚琥珀酰亚胺的纯化

利用聚琥珀酰亚胺溶于N,N-二甲基甲酰胺（DMF），而天冬氨酸不溶这一性质，可进行粗产品的提纯，干燥后即可得到产物。在50℃的恒温水浴锅中，将粗产品加入过量DMF溶液中，搅拌溶解混合物3h，可用超声振荡加速溶解后过滤，滤除DMF中不溶性物质，再向滤液中加入过量无水乙醇洗涤沉淀，抽滤，用蒸馏水多次清洗，最后将产物置于80℃烘箱中干燥约3~4h，即可得到纯化的PSI产品。

3. PSI 纯度的测定

通过实验得到纯化的 PSI 产品，计算产品的纯度。按下式计算 PSI 纯度：

$$\theta = \frac{m_2}{m_1} \times 100\%$$

式中，θ 为聚琥珀酰亚胺的纯度；m_1 为粗产品质量，g；m_2 为提纯后产品质量，g。

4. 单体转化率的测定

利用聚琥珀酰亚胺溶于 DMF，而天冬氨酸不溶于 DMF 这一性质，可测定其单体转化率。分别称取纯化前后 PSI 样品及未反应的 L-天冬氨酸的质量，按下式计算单体转化率。

$$W = 1 - \frac{M_1}{(M_0 - M_1) \times \frac{133}{97} + M_1} \times 100\%$$

式中，W 为单体转化率；M_1 为不溶物的质量，g；M_0 为聚琥珀酰亚胺粗品的质量，g；133 为 L-ASP 的摩尔质量，$g \cdot mol^{-1}$；97 为 PSI 结构单元的摩尔质量，$g \cdot mol^{-1}$。

5. 聚琥珀酰亚胺聚合度测定

采用黏度法测定产物的聚合度。称取一定量纯化的 PSI 溶解在 DMF 中，配制成 0.5% 的溶液，在 25℃ 条件下用内径为 0.5mm 的乌氏黏度计测定溶液的黏度 η，按下面两式计算产物的聚合度。

$$\eta = \frac{t - t_0}{t_0 C}$$

$$n = 3.52 \times \eta^{1.56}$$

式中，η 为聚琥珀酰亚胺的黏度；n 为聚琥珀酰亚胺的黏均聚合度；t 为样品溶液流经玻璃管的时间，s；t_0 为 DMF 溶剂流经玻璃管的时间，s；C 为聚琥珀酰亚胺的浓度，$mol \cdot L^{-1}$。

【注意事项】

1. 85% 磷酸起催化作用，为尽可能提高转化率，需要分 3～4 次等质量加入。
2. 注意乌氏黏度计的使用方法。

【思考题】

1. 计算聚琥珀酰亚胺的纯度、单体转化率及聚合度。
2. 磷酸为什么要分批次加入？
3. 如何提高单体转化率及聚合度？
4. 为什么聚合度小的 PSI 不能制备 PASP 凝胶？

实验二十四　乙酸纤维素的制备

【实验目的】

1. 了解纤维素的结构特征。
2. 掌握由脱脂棉制备乙酸纤维素的方法。

【实验原理】

纤维素分子间由于有大量的羟基，所产生的氢键使大分子间有很强的作用力，所以难溶于有机溶剂，加热亦难以使其熔化，从而限制了它在多方面的应用。若将纤维素分子上的羟基乙酰化，可以减弱大分子之间的氢键作用，根据酰化程度，使其可溶于丙酮或其他有机溶剂，使纤维素的应用得以扩展。

构成纤维素的每个葡萄糖分子上有三个羟基，根据其酰化时所加乙酐和乙酸混合液与纤维素配比不同，可得到一乙酸纤维素、二乙酸纤维素、三乙酸纤维素。其结构通式为 $[C_6H_7O_2(OCOCH_3)_x(OH)_{3-x}]_n$，其中，一乙酸纤维素的 $x=1.79\sim1.95$，相当于醋酸质量分数为 44%～48%，产品为疏松的白色小颗粒或纤维碎粉状物，无臭，无味，无毒。相对密度约为 1.3，可溶于冰醋酸、氯仿、丙酮与水的混合溶剂中，主要用于合成药物肠溶衣的原料苯二甲酸醋酸纤维素和醋酸纤维过滤膜，也可用于印刷工业制版和电影胶片片基的铜带流延机上的表面皂化镜光层等。二乙酸纤维素的 $x=2.28\sim2.49$，相当于醋酸质量分数为 53%～56%，产品为较疏松的白色小颗粒或纤维素粉状物，无臭，无味，无毒。相对密度约为 1.36，可溶于冰醋酸、氯仿、醋酸甲酯、丙酮等溶剂，其溶液具有成膜性和可纺性，可用于香烟过滤嘴及织物，还可用作涂料、玻璃纤维胶黏剂、膜剂药物基质和电解电容器薄膜等。三乙酸纤维素的 $x=2.8\sim2.9$，相当于醋酸质量分数为 60%～61.2%，产品为白色小颗粒或细条状，无臭，无味，无毒。相对密度约为 1.33，可溶于氯仿、四氯乙烷、苯胺、苯酚、液态二氧化硫等，在丙酮中溶胀，其溶液具有成膜性和可纺性，主要用作电影、摄影等胶片片基原料，也可用于纺丝作人造纤维及渗透技术中的半透膜，还可用于抗潮火柴、电绝缘材料、过滤材料等。将三乙酸纤维素部分皂化，则可得 2,5-二乙酸纤维素，即通常所说的乙酸纤维素（cellulose acetate），是一种无定形链状高分子化合物，对光稳定，不易燃烧，在稀酸、汽油、矿物油、植物油中稳定，在三氯甲烷溶液中溶胀，溶于丙酮、乙酸甲酯等溶剂，具有韧性好、透明、光泽性好等优点，且流动性好，易加工，主要用作水处理渗透膜，膜呈乳白色，半透明，有一定韧性，具有非对称结构，膜的表皮结构致密，孔隙很小，其内部的多孔层结构疏松，孔隙较大，表皮层与多孔层之间为过渡层，各层之间并没有明显的边界。

本实验以脱脂棉为原料，用乙酸酐进行酰化制备三乙酸纤维素，再进行部分皂化制得 2,5-二乙酸纤维素。

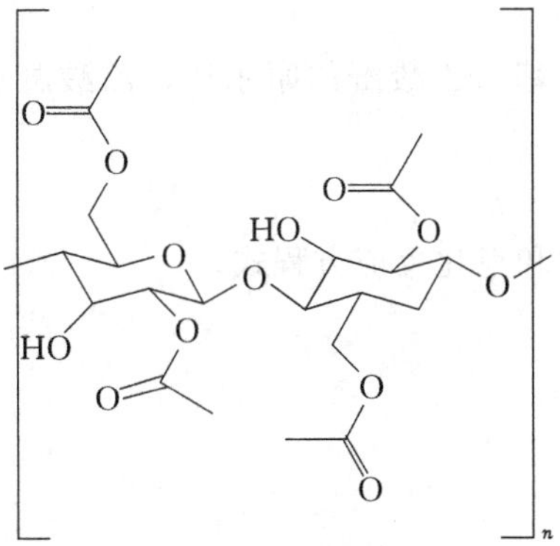

2,5-二乙酸纤维素

【仪器和药品】

仪器：烧杯，布氏漏斗，真空水泵，恒温水浴锅，烘箱，表面皿，玻璃棒。

药品：脱脂棉，乙酸酐，冰醋酸，浓硫酸，丙酮，苯，甲醇。

【实验步骤】

1. 纤维素的乙酰化

在 500mL 烧杯中加入 10g 脱脂棉、70mL 冰醋酸、0.3mL 浓硫酸（约 8～10 滴，不得直接加到脱脂棉上）、50mL 乙酸酐。盖上表面皿于 50℃ 的水浴锅中加热。每隔一段时间用玻璃棒搅拌，使纤维素酰基化 1.5～2h，成均相糊状物，脱脂棉纤维素的全部羟基均被乙酸酐酰化，备用。

2. 三乙酸纤维素的分离

取上面制得的糊状物的一半倒入另一个 500mL 烧杯中，加热至 60℃，搅拌下缓慢加入 25mL 质量分数为 80％ 的乙酸（提前配好，并预热至 60℃），以破坏过量三乙酸酐（不要加得太快，以免三乙酸纤维素沉淀出来），在 60℃ 保温 15min，搅拌下慢慢加入 25mL 水，再以较快速度加入 200mL 水，即可制得白色松散状三乙酸纤维素沉淀。抽滤后分散于 300mL 水中，浸泡，洗至中性，再滤出三乙酸纤维素，用力压干水分，于 90～105℃ 烘箱中烘干，产量约 7g，产品可溶于二氯甲烷-甲醇（体积比 9∶1）混合溶剂中，不溶于丙酮及沸腾的苯-甲醇（体积比 1∶1）混合液。

3. 2,5-二乙酸纤维素的制备

将另一半糊状物于 60℃ 搅拌下缓慢倒入 50mL 质量分数为 70％ 乙酸（提前配好，并预热至 60℃）及 0.14mL（4～5 滴）浓硫酸的混合物中，于 80℃ 水浴锅中加热 2h，使三乙酸纤维素部分皂化，得 2,5-二乙酸纤维素，之后加水洗涤、抽滤等过程与三乙酸纤维素的分离过程相同，烘干，产量约 6g，产品可溶于丙酮及苯-甲醇（1∶1）混合溶剂。

【注意事项】

1. 本实验所用脱脂棉及制得的纤维素体积较大，使用时需要用较大的烧杯或按质量减半操作。

2. 制备三乙酸纤维素时，浓硫酸不可直接滴在脱脂棉上，防止碳化，待冰醋酸、乙酸酐将脱脂棉浸润后再滴，或直接加入冰醋酸中。

【思考题】

1. 计算本实验中纤维素羟基与乙酸酐的摩尔比。乙酸酐过量多少？破坏过量的乙酸酐需要加入多少毫升水？

2. 计算本实验的产率。

3. 分别写出纤维素乙酰化和皂化反应方程式。

第五章　高分子化学

━━━━━━　实验二十五　丙烯酸钠的反相乳液聚合　━━━━━━

【实验目的】

1. 进一步了解乳液聚合的机理。
2. 比较反相乳液聚合和普通乳液聚合的特点。
3. 了解反相乳液聚合的工艺特点和操作方法。

【实验原理】

以水为介质，将油溶性单体通过机械搅拌并在乳化剂的作用下分散成很小的乳液液滴进行的一种自由基聚合方式称作乳液聚合。反过来，将水溶性单体通过机械搅拌并在乳化剂的作用下分散成很小的乳液液滴在非极性介质中进行的聚合方式则称作反相乳液聚合。

正相乳液聚合是形成水包油（O/W）型乳液进行的聚合，而反相乳液聚合则是形成油包水（W/O）型乳液进行的聚合，都具有反应易散热、聚合效率高、能得到高分子量的聚合物等优点，而反相乳液聚合的独特之处是能制备分子量更高的水溶性聚合物。

反相乳液聚合的体系与正相体系相似，主要包括水溶性单体、引发剂、乳化剂、水以及有机溶剂。反相乳液聚合既可采用油溶性的引发剂，也可用水溶性的引发剂。油溶性引发剂可用偶氮类和过氧有机化合物，水溶性的引发剂则多为过硫酸盐类，较少使用其他类型的引发剂。乳化剂则采用山梨醇脂肪酸酯类（Span 类）和聚氧乙烯衍生物（Tween 类），或其混合物。一般是用 Span-60、Span-80 作为主乳化剂，Tween 类作为助乳化剂，助乳化剂的用量稍微少些。也有用环氧乙烷-环氧丙烷共聚物作乳化剂的，其乳化效果较好，但价格相对较高。不同的乳化剂，其乳化效果相差较大，如二（2-乙己基）磺酸基丁二酸钠的乳化能力很强，是反相微乳液聚合常用的乳化剂。反相乳液聚合的反应介质常用芳香族有机溶剂，如甲苯、二甲苯等，也有用异构石蜡、环己烷类的。

对于一般的反相乳液聚合，其聚合过程与正相乳液聚合相似，可分为 4 个阶段：分散阶段、乳胶粒生成阶段、乳胶粒长大阶段、聚合反应完成阶段。

聚丙烯酸钠随着分子量的增大，可以是无色稀溶液至透明弹性胶体乃至固体，其性质、用途也随分子量不同而有明显区别。分子量在 1000～10000 的，可作为分散剂，用于水处理（分散剂或阻垢剂）、造纸、纺织印染、陶瓷等领域。用作造纸涂布分散剂时，分子量在 2000～4000，乳液含量在 65％～70％时，仍有良好的流变性和熟化稳定性。分子量在 1000～3000 时，用作水质稳定剂和溶液浓缩时的结垢控制剂。分子量在 10 万以上的，用作涂料增稠剂和保水剂，可使羧基化丁苯胶乳、丙烯酸酯乳液等合成胶乳黏度增大，避免水分析出，保持涂料体系稳定。分子量在 20 万以上的，用作絮凝剂，还可用作高吸水性树脂、土壤改良剂，以及在食品工业中作增黏剂、乳化分散剂等。

聚丙烯酸钠的合成可采用乳液聚合、反相悬浮聚合等，但要得到高分子量的聚合物，反相乳液聚合是比较好的方法。本实验以丙烯酸为原料，用 NaOH 中和后生成丙烯酸钠单体，用氧化-还原复合引发剂，十二烷基磺酸钠和 Span-60 复合乳化剂，石油醚为反应介质，进行反相乳液聚合制备聚丙烯酸钠，其化学反应方程式为：

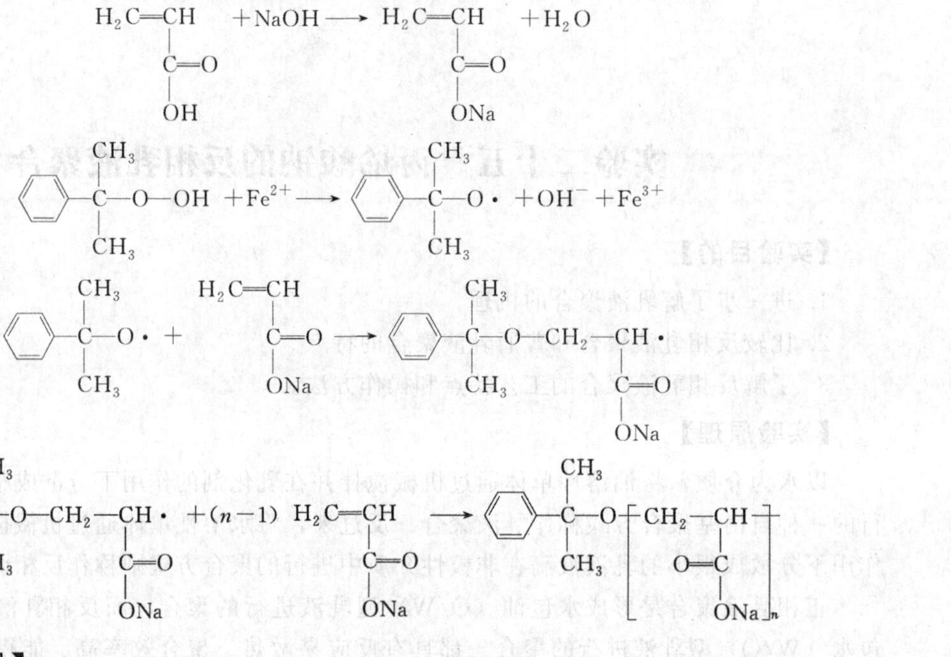

【仪器和药品】

仪器：电子天平、真空干燥箱、电动搅拌器、集热式磁力搅拌器、水浴锅、温度计、盖玻片、量筒、三口烧瓶、烧杯、布氏漏斗、显微镜、超级恒温槽、乌氏黏度计。

药品：丙烯酸（已纯化）、氢氧化钠、过氧化异丙苯、硫酸亚铁、十二烷基磺酸钠（SDS）、硫氰酸钠、Span-60、石油醚、甲醇、蒸馏水（去离子水）。

【实验步骤】

1. 聚合物的制备

① 丙烯酸钠单体的制备。取一定量的丙烯酸单体，滴加 10%（质量分数）的 NaOH 溶液，边滴加边搅拌，直到溶液的 pH＝7.5，冷却待用。

② 乳化剂的制备。按实验设计的比例准确量取一定量的乳化剂 SDS/Span-60（2∶1）到一小烧杯中，乳化剂的用量一般为体系中单体和溶剂总质量的 4%，再加入一定量的蒸馏水，用集热式磁力搅拌器搅拌 20～30min，混合均匀。

③ 用电子天平准确称取一定量的引发剂过氧化异丙苯、硫酸亚铁（过氧化异丙苯∶硫酸亚铁为 1∶1，其量根据体系中体积计算，约为 4.0mmol·L^{-1}），将称量好的硫酸亚铁加入丙烯酸钠溶液中，搅拌均匀。

④ 在三口烧瓶中加入一定量的石油醚，加入称量好的过氧化异丙苯并搅拌均匀。然后加入乳化剂和单体溶液，剧烈搅拌 5min 后开始边搅拌边升温到 45℃，搅拌 4h 后结束。

⑤ 升温到 60～70℃ 带出大量水分，加入甲醇使聚合物从石油醚中沉淀出来，过滤，得到粉末状聚丙烯酸钠，40℃真空干燥，称量计算产率。

2. 聚合物乳液粒径的观测

反应结束后，取 1mL 乳液用 20 倍以上体积的石油醚稀释，再用吸管取一小滴稀释后的乳液到一洁净的盖玻片上，待其自然晾干后在显微镜下观测粒子的大小。

3. 聚丙烯酸钠分子量的测定

取部分聚合反应完成后的乳液倒入 10 倍体积的甲醇中，搅拌使聚合物沉淀出来。沉淀物挤干后再用水溶解，待溶解完后用甲醇再次沉淀，用镊子将聚合物撕成小条反复洗涤，然后捞出在真空干燥箱中 40℃干燥 24h。

取洗涤干燥好的样品，用浓度为 1.25mol·L^{-1} 的 NaSCN 水溶液溶解，配制成约 0.5g·mol^{-1} 的聚丙烯酸钠溶液，30℃下用乌氏黏度计测其分子量。

$$[\eta] = K[M_v]^\alpha$$

式中，$[M_v]$ 为聚合物黏均分子量；η 为聚合物溶液黏度，mL·g^{-1}；$K=0.121$；$\alpha=0.50$。

【注意事项】

1. 丙烯酸单体要提前提纯，可以通过减压蒸馏提纯，充氮气低温保存待用。

2. 引发剂过氧化异丙苯、硫酸亚铁要准确称量。

3. 使用甲醇时，要在通风橱中操作。

4. 乌氏黏度计测黏度后要及时清洗干净，避免堵塞毛细管。

【思考题】

1. 通过聚合物乳液粒子大小的测定，比较反相乳液聚合与乳液聚合、反相悬浮聚合的异同。

2. 引发剂的种类、配比和用量对反相乳液聚合有何影响？

3. 在本实验中为何要将过氧化异丙苯加到石油醚中，而将硫酸亚铁加到丙烯酸钠的水溶液中？

实验二十六　聚苯乙烯基离子交换树脂的合成

【实验目的】

1. 了解聚合物反应的基本规律和特点。
2. 学习用聚合物的进一步反应来制备新高分子材料的基本方法。
3. 掌握制备功能高分子（离子交换树脂）的操作技术。

【实验原理】

功能高分子是指在通用合成或天然高分子原有力学、热学、电学性能的基础上，再赋予传统使用性能以外的各种特定功能（如化学活性、光敏性、导电性、催化活性、生物相容性、药理性能、选择分类性能等）而制得的一类高分子混合物。一般在功能高分子的主链或侧链上具有某种功能的基团，其功能性的显示往往十分复杂，不仅取决于高分子链的化学结构、结构单元的序列分布、分子量及其分布、支化、立体结构等一级结构，还取决于高分子链的构象、高分子链在聚集时的高级结构等，后者对生物活性功能的显示更为重要。

功能高分子材料 20 世纪 50 年代才开始发展，到 70 年代成为高分子学科的一个分支，目前正处于成长时期。功能高分子材料从功能上大致可分为四类：第一类是化学功能，包括离子交换、催化、光聚合、光分解、光降解等；第二类是物理功能，包括导电、热电、压电、超导、磁化、光弹性等；第三类是介于化学、物理之间的功能，包括吸附、膜分离、高吸水、表面活性等；第四类是生理功能，包括生理组织适应性、血液适应性等。

功能高分子材料的合成制备方法主要有三种：一是将通用的合成方法或天然高分子化合物功能化，即利用高分子化合物的反应特性，通过高分子与其他化合物反应，在聚合物分子链上带上一些功能化的基团而得到功能高分子材料；二是先将一些能够聚合的单体功能化，成为带有功能基团的单体化合物，再经过单体聚合反应来得到功能高分子材料；三是将通用高分子材料与一些具有特定功能的其他材料进行复合而得到功能高分子材料，或者几种方法兼而有之。

离子交换树脂是一种在交联聚合物结构中含有离子交换基团的功能高分子材料，是功能高分子材料中一个重要的大类，它以交换、选择、吸附和催化等功能来实现除盐、分离、精制、脱色和催化等功效，广泛应用于电力、化工、冶金、医药、食品和原子能等领域，主要用于制取软水和纯水、三废处理和分离精制药品等。

离子交换树脂不溶于一般的酸、碱溶液和大部分有机溶剂。根据其孔隙结构的不同可以分为凝胶型和大孔型两种，凡具有物理孔结构的都称为大孔型树脂，一般在其名称前加"大孔"，分类属酸性的在其名称前加"阳"，分类属于碱性的，则在其名称前加"阴"，如大孔强酸性苯乙烯基阳离子交换树脂、大孔强碱性苯乙烯基阴离子交换树脂。

离子交换树脂还可以根据其基体的种类分为苯乙烯系、丙烯酸系、酚醛系、环氧系、乙烯基吡啶系、脲醛系、氯乙烯系等。树脂中化学活性基团的种类决定了树脂的主要性质和类别。首先根据可交换的功能基团性质分为阳离子交换树脂和阴离子交换树脂两大类，它们可分别与溶液中的阳离子和阴离子进行离子交换。阳离子交换树脂又分为强酸性和弱酸性两类，阴离子交换树脂又分为强碱性和弱碱性两类（或再分出中强酸性和中强碱性类）。其次，还有螯合、酸碱两性和氧化还原型等种类的树脂。其中，使用最多的是苯乙烯系离子交换树脂，这类树脂的制备方法相对来说较为简单，成本较低，使用也最为广泛。在合成制备时，通过控制是否加入致孔剂，可以分别得到凝胶型和大孔型的树脂基体（白球）。然后用不同的方法对基体树脂（白球）进行功能化，就可以得到阳离子型或阴离子型的离子交换树脂。

如图 5-1 所示，凝胶型树脂是将苯乙烯和二乙烯基苯混合，在引发剂的作用下于 65～90℃进行悬浮共聚合，然后将所得到的珠体用浓硫酸或氯磺酸进行磺化而得。大孔型树脂的制法基本相同，如图 5-2 所示，只是在原料苯乙烯和二乙烯基苯的混合物中加入可与单体互溶的惰性致孔剂，共聚反应完成后，除去致孔剂即可得到具有物理孔的共聚珠体，再经磺化反应就成为强酸性大孔型阳离子交换树脂。

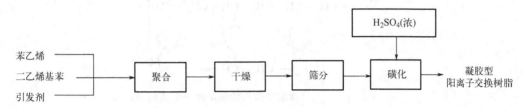

图 5-1　凝胶型苯乙烯基阳离子交换树脂的合成制备工艺流程

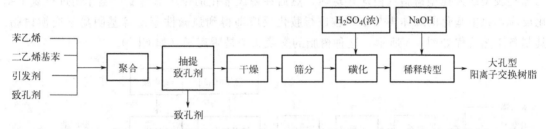

图 5-2　大孔型苯乙烯基阳离子交换树脂的合成制备工艺流程

其化学反应方程式如下：

$$(H_3C)_2\overset{|}{\underset{CN}{C}}-N=N-\overset{|}{\underset{CN}{C}}(CH_3)_2 \xrightarrow{\triangle} 2\cdot\overset{|}{\underset{CN}{C}}(CH_3)_2 + N_2\uparrow$$

$$\cdot\overset{|}{\underset{CN}{C}}(CH_3)_2 + \longrightarrow (H_3C)_2\overset{|}{\underset{CN}{C}}-CH_2-CH\cdot$$

（白球）

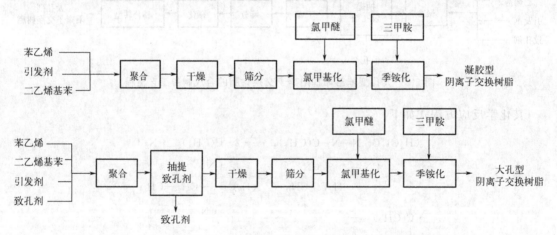

（强酸性苯乙烯基阳离子交换树脂）

类似的方法还可以制备苯乙烯基季铵型阴离子交换树脂，同样先通过悬浮聚合制备聚苯乙烯凝胶型或大孔型树脂（白球）珠体，然后在傅氏催化剂作用下与氯甲醚作用进行氯甲基化反应，氯甲基化的珠体再与三甲胺进行胺化反应即得到强碱性苯乙烯基阴离子交换树脂。其制备工艺流程如图 5-3 所示，这种树脂的交换离子是阴离子（如 Cl⁻）。

图 5-3　强碱性苯乙烯基季铵型阴离子交换树脂的合成制备工艺流程

其反应过程如下：

（白球）

（强碱性苯乙烯基阴离子交换树脂）

本实验采用悬浮聚合的方法，在苯乙烯单体聚合的同时加入一定量的二乙烯基苯作交联剂，聚乙烯醇作分散剂，用过氧化苯甲酰引发苯乙烯/二乙烯基苯在水中悬浮聚合成珠状颗粒（凝胶型树脂白球），然后用93％的浓硫酸处理，在白球树脂的苯环上引入磺酸基，即得到凝胶型强酸性苯乙烯基阳离子交换树脂。

【仪器和药品】

仪器：电动搅拌器、油浴锅、电子天平、三口烧瓶、烧杯、量筒、温度计、回流冷凝装置、酸碱滴定管、锥形瓶、表面皿、吸管、筛子、砂芯漏斗、真空干燥箱、滴液漏斗、三角瓶、容量瓶、移液管、抽滤瓶、布氏漏斗。

药品：苯乙烯单体、二乙烯基苯（聚合级）、过氧化苯甲酰（BPO）、聚乙烯醇（1788）、二氯乙烷、浓硫酸（93％）、氢氧化钠、亚甲基蓝、氯化钠、硫酸银、丙酮、盐酸、蒸馏水（去离子水）。

【实验步骤】

1. 聚合物白球的制备

① 在装有电动搅拌器、温度计和冷凝回流管的250mL三口烧瓶内加入100mL蒸馏水，然后加入5mL 5％的聚乙烯醇溶液和1mL 1‰的亚甲基蓝水溶液，搅拌均匀。

② 用量筒量取20mL苯乙烯、5mL二乙烯基苯单体，用电子天平准确称取0.25g过氧化苯甲酰，一并倒入一个50mL的小烧杯中，搅拌均匀。

③ 开动搅拌器，将溶有引发剂的单体溶液倒入步骤①中250mL三口烧瓶中，控制搅拌速度，使单体分散成油菜籽粒大小的油珠，然后迅速升温至80～85℃，维持恒定的搅拌速度和温度使聚合反应继续进行。

④ 反应2～3h后，用吸管吸取少量反应液到一个表面皿中观察，如果得到的珠粒很快沉入底部，可将温度升高到90～95℃继续反应2h，使珠粒进一步硬化，提高单体转化率。

⑤ 反应结束后，将反应液过滤，得到珠状固体物，用80～85℃的热水洗涤5次，然后再用蒸馏水洗涤多次，直到溶液无泡沫，球粒疏松为止。

⑥ 将得到的白球在60℃下真空干燥6～8h，冷却后称重计算产率。

2. 白球的磺化

① 将上一步制得的白球用30～70目的筛子筛分，取10g大于30～70目的白球加入一个装有电动搅拌器、温度计和冷凝回流管的250mL干燥三口烧瓶中，加入20mL二氯乙烷，搅拌使白球充分溶胀。

② 加热使三口烧瓶的温度逐渐升高到70℃，加入0.2g固体硫酸银，缓慢搅拌下逐渐滴加38mL 93％的浓硫酸，20min内滴加完。

③ 滴加完浓硫酸后，升温到80℃继续反应3h完成磺化反应。

④ 磺化反应完成后将反应体系冷却到室温，然后用砂芯漏斗滤出磺化小球，倒入400mL烧杯中（外用冰水冷却），加入20mL 70％硫酸。

⑤ 放置20min后，搅拌下逐渐滴加100mL蒸馏水稀释，注意温度不要超过35℃，然后再放置30min使小球内的酸度达到平衡。

⑥ 用砂芯漏斗过滤，再将小球倒回烧杯中，加入20mL丙酮浸泡10min，过滤，再加丙酮，重复3～5次，除去二氯乙烷。

⑦ 用大量的蒸馏水将小球洗涤干净，然后过滤抽干，将得到的磺化小球在 60℃ 下真空干燥 6～8h，冷却后称重计算产率。

3. 离子交换树脂体积交换当量的测定（动态法）

① 取 10g 左右的磺化小球到一个 400mL 的烧杯中，加入 300mL 蒸馏水，浸泡 24h 以上。

② 取一支 30～50mL 的碱式滴定管，下端填上少许玻璃丝，加入 10mL 蒸馏水充分润湿。然后通过三角漏斗向管中加入约 10mL 充分浸泡过的离子交换树脂，振摇均匀，使树脂填充密实。

③ 用滴液漏斗向碱式滴定管中滴加 20mL 5% 的 NaOH 溶液，边滴加边使滴定管中的液体从下端流出，滴加过程中要使树脂始终浸泡在液体中，不能让树脂露出液面，这样可将树脂由 H 型转变为 Na 型，滴加完后再滴加蒸馏水，直到流出的液体变为中性。

④ 同样的方法，再向碱式滴定管中滴加 20mL 5% 的盐酸溶液，接着用蒸馏水洗涤至中性，如此反复 2～3 次，最后 1 次滴加完盐酸后，记下树脂在碱式滴定管中的高度 h_H。

⑤ 用滴液漏斗向碱式滴定管中逐渐滴加 300mL 浓度为 1mol·L^{-1} 的 NaCl 溶液，流出速度以 1～2 滴·s^{-1} 为宜，用 500mL 带塞的三角瓶收集流出的液体，当流出液体达到 300mL 后，再补滴少量蒸馏水，直到滴定管中上液面与加液前一致时关闭下面的流出阀，流出液一并收入三角瓶中。

⑥ 将收集到的流出液转移到 500mL 的容量瓶中，用蒸馏水洗涤三角瓶数次，洗涤液一并转入容量瓶中，然后再用蒸馏水稀释到刻度。

⑦ 用移液管分别取 3 次 50.0mL 的流出液到 3 个 250mL 的三角瓶中，用 0.1mol·L^{-1} 的 NaOH 标准溶液滴定。

⑧ 取 150mL 浓度为 1mol·L^{-1} 的 NaCl 溶液于 250mL 的容量瓶中，加蒸馏水稀释到刻度，重复⑦的操作，作为空白实验。

⑨ 用下式计算所制备的离子交换树脂的体积交换当量：

$$M = \frac{N \times V}{V_0 \times 10}$$

式中，M 为所制备的离子交换树脂的体积交换当量，mg·mL^{-1}；N 为 NaOH 标准溶液的物质的量浓度，mol·L^{-1}；V 为样品消耗 NaOH 标准溶液的体积与空白实验时消耗 NaOH 标准溶液的体积之差，mL；V_0 是碱式滴定管中离子交换树脂的体积，mL。

⑩ 将 H 型树脂转变为 Na 型后，用蒸馏水洗涤至无 Cl$^-$ 析出（用 AgNO$_3$ 溶液检查）后，读出此时树脂在碱式滴定管中的高度 h_{Na}，可用下式计算树脂的膨胀系数：

$$\rho = \frac{h_H - h_{Na}}{h_H} \times 100\%$$

式中，ρ 为所制备的离子交换树脂的膨胀系数；h_H 为所制备的 H 型离子交换树脂在碱式滴定管中的高度，mm，也可以用体积表示。

【注意事项】

1. 升温至 80～85℃ 后，要维持恒定的搅拌速度，避免粒度不均。

2. 磺化时用的是 93% 的浓硫酸，不用 98% 的浓硫酸。

3. 砂芯漏斗滤出的磺化小球倒入烧杯时注意冷却。

【思考题】

1. 二乙烯基苯的作用是什么？它的用量与树脂的体积交换当量和膨胀系数有什么关系？
2. 在本实验中，磺化前为什么要用二氯乙烷浸泡白球？
3. 磺化时能否使用 98％的浓硫酸，而不用 93％的浓硫酸？
4. 磺化时能否使树脂上的所有苯环都发生磺化反应？为什么？
5. 凝胶型树脂和大孔型树脂的性能有何差异？为什么？

实验二十七 聚己二酸乙二醇酯的制备及其反应动力学

【实验目的】

1. 加深理解逐步聚合反应的机理。
2. 了解缩聚反应的特点及反应条件对聚合反应的影响。
3. 初步掌握缩聚反应动力学的研究方法。

【实验原理】

缩聚反应是带有活性末端基的单体，按照逐步反应历程生成高聚物，并伴随有小分子副产物的产生的反应。与由活泼自由基或离子所引发的链式反应历程的动力学不同，缩聚反应的动力学有其独特之处。本实验选择一种典型的缩聚物聚酯作为缩聚动力学的研究对象。如果体系中羧基和羟基的物质的量相等，则可得到反应程度与反应物浓度的关系式。

无外加催化剂时的缩聚动力学方程：

$$\frac{1}{(1-P)^2} = 2C_0^2 kt + 1$$

外加催化剂时的缩聚动力学方程：

$$\frac{1}{1-P} = C_0 k't + 1$$

反应程度由实验测得，$P = \dfrac{C_0 - C_t}{C_0}$，其中 C_0 为羟基或羧基的起始浓度，C_t 为反映进行到 t 时刻体系中的羧基或羟基的浓度。测定不同反应时间 t 的反应程度，就可以根据动力学方程计算 k 或 k'，还可以根据 Arrhenius 方程，用不同温度下测定的 k 值求得反应活化能 E_a 和频率因子 A：

$$k = A \exp\left(\frac{-E_a}{RT}\right)$$

【仪器和药品】

仪器：油浴锅、搅拌器、旋片式真空泵、三口烧瓶、温度计、锥形瓶、球形冷凝管、分水器、滴定管等。

药品：己二酸、乙二醇、对甲苯磺酸、十氢萘、丙酮、$0.2\text{mol} \cdot \text{L}^{-1}$ 氢氧化钾-甲醇标准溶液（用邻苯二甲酸氢钾标定）、酚酞试液。

【实验步骤】

1. 聚己二酸乙二醇酯的制备（如不计算反应常数和活化能则可只选做 B 法）

（1）A 法

在装有搅拌器、温度计及分水器的 250mL 的三口烧瓶中，准确加入己二酸和乙二醇各 0.2mol，并加入 0.04g 对甲苯磺酸，用油浴锅加热升温至体系成均一溶液时，用滴管取出约 0.5g 样品于一准确称重的锥形瓶中，留待测定初始酸值用，然后升温至 160℃，在（160±2）℃下保持 1h，此时每隔 20min 取一次样品，再用 15min 升温至 200℃，取样，在（200±2）℃下反应 0.5h，每 15min 取样一次。将反应装置换成减压系统，在 100mmHg 及（200±

2)℃的条件下反应 15min，结束反应，取样，在整个反应过程中，要及时记录反应生成的水量。测定所取各样品的酸值。

酸值的测定：准确称量各样品的质量（m），加入 10mL 丙酮，使样品溶解，以酚酞作指示剂，用已标定浓度的 0.2mol·L^{-1} 氢氧化钾-甲醇标准溶液滴定至终点，消耗氢氧化钾-甲醇标准溶液的体积为 V。酸值 S_v 的计算如下：

$$S_v = 0.2 \times 56 \times \frac{V}{m}$$

聚酯反应体系中，有羧基官能团存在，因此，通过测定反应过程中酸值的变化，可以计算反应进行的程度：

$$P = （起始酸值 - 任意时刻酸值）/起始酸值$$

（2）B 法

装置同上，在三口烧瓶中加入同样量的己二酸、乙二醇和对甲苯磺酸，再加入 10mL 十氢萘，另在分水器中加入 15mL 十氢萘。用油浴锅加热反应，分别控制在（150±2）℃、（165±2）℃、（180±2）℃ 和（200±2）℃ 各恒温 0.5h，反应即可结束。每个阶段的升温速度不可太快，一般控制在 10min 左右，观察在整个反应过程中出水量的变化，第一阶段每 5min 记录一次，以后各阶段每 10min 记录一次。

2. 数据处理

根据出水量和酸值分别计算反应程度和聚合度，并计算此缩聚反应的速率常数 k' 和活化能。画出出水量、反应程度和聚合度随时间的变化曲线，在制图时，标明升温时间（包括恒温时间）和各温度区间。

【注意事项】

1. 注意温度计的安装位置，避免碰到搅拌棒被打碎。

2. 为减少出水量的损失，采用带有真空橡皮管的搅拌套管。

3. 为保证精确的摩尔比，本实验采用滴定管直接向三口烧瓶定量加入乙二醇的加料方式，先加入 11.20mL 乙二醇，再根据其物质的量计算应加的己二酸的质量，用分析天平称取，并用纸漏斗小心加入三口烧瓶中，尽量减少纸上的残留药品。

4. 起始及后面各阶段的升温速度都不要太快，一般控制在 10～15min。

5. 反应起始阶段出水较快，要及时记录出水量，以便于作图。

6. 实验结束后，要趁热将聚合物倒入回收瓶，冷却后用少量的丙酮洗后再用水洗。

【思考题】

1. 在聚酯化反应中，哪些因素影响产物的分子量？

2. 如果聚酯化反应中用强酸作催化剂，为什么常用对甲苯磺酸而不用硫酸？

3. 由出水量和酸值分别计算出来的反应程度是否不同？如果不同，为什么？

4. 对于本实验体系，你认为还可以采用何种比较适宜除去小分子的方法？

实验二十八　双酚 A 型环氧树脂的制备及性能测试

【实验目的】

1. 掌握双酚 A 型环氧树脂的实验室制法。
2. 掌握环氧值的测定方法。
3. 了解环氧树脂的使用方法和性能。

【实验原理】

环氧树脂是指含有环氧基的聚合物。它是一种多品种、多用途的新型合成树脂，且性能很好，对金属、陶瓷、玻璃等许多材料具有优良的黏结能力，所以有万能胶之称。又因为它的电绝缘性能好、体积收缩小、化学稳定性高、机械强度大，所以广泛地被用作黏结剂、增强塑料（玻璃钢）、电绝缘材料、铸型材料等，在国民经济建设中发挥着很大作用。

双酚 A 型环氧树脂是环氧树脂中产量最大、使用最广的一个品种，它是由双酚 A 和环氧氯丙烷在氢氧化钠存在下反应生成的。其反应式如下：

$$(n+2)H_2C\overset{\displaystyle\diagup\diagdown}{O}CH-CH_2Cl + (n+1) HO-\!\!\!\bigcirc\!\!\!-\overset{CH_3}{\underset{CH_3}{C}}-\!\!\!\bigcirc\!\!\!-OH \xrightarrow{NaOH}$$

$$H_2C\overset{\diagup\diagdown}{O}CH-CH_2\!\left[\!O-\!\!\!\bigcirc\!\!\!-\overset{CH_3}{\underset{CH_3}{C}}-\!\!\!\bigcirc\!\!\!-O-CH_2-CH-CH_2\!\right]_{\!n}\!\!\!\!\underset{OH}{}$$

$$O-\!\!\!\bigcirc\!\!\!-\overset{CH_3}{\underset{CH_3}{C}}-\!\!\!\bigcirc\!\!\!-O-CH_2-CH\overset{\diagdown\diagup}{O}CH_2 + (n+2)HCl$$

改变原料配比、聚合反应条件（如反应介质、温度及加料顺序等），可获得不同分子量与软化点的环氧树脂。为使产物分子链两端都带环氧基，必须使用过量的环氧氯丙烷。

环氧树脂中环氧基的含量是反应控制和树脂应用的重要参考指标，根据环氧基的含量可计算产物分子量，环氧基含量也是计算固化剂用量的依据。环氧基含量可用环氧值或环氧基的百分含量来描述。环氧基的百分含量是指每 100g 树脂中所含环氧基的质量。而环氧值是指每 100g 环氧树脂所含环氧基的物质的量。因为环氧树脂中的环氧基在盐酸的有机溶液中能被 HCl 开环，所以测定消耗的 HCl 量，即可算出环氧值。过量的 HCl 用标准 NaOH-乙醇液回滴。分子量小于 1500 的环氧树脂，其环氧值的测定用盐酸-丙酮滴定法测定，分子量高的用盐酸-吡啶滴定法。

环氧树脂未固化时为热塑性的线形结构，使用时必须加入固化剂。环氧树脂的固化剂种类很多，有多元胺、羧酸、酸酐等。使用多元胺固化时，固化反应为多元胺的氨基与环氧预聚体的环氧端基之间的加成反应。该反应无须加热，可在室温下进行，叫冷固化。反应式如下：

$$2H_2C\overset{\diagup\diagdown}{O}CH-R-CH\overset{\diagdown\diagup}{O}CH_2 + H_2N-R'-NH_2 \longrightarrow$$

$$\text{H}_2\text{C}\underset{\underset{\text{O}}{\diagdown\diagup}}{\text{---CH---R---CH---CH}_2} \sim\!\!\sim\!\!\sim \text{HN---R}'\text{---NH} \sim\!\!\sim\!\!\sim \text{H}_2\text{C---CH---R---CH}\underset{\underset{\text{O}}{\diagdown\diagup}}{\text{---CH}_2}$$
$$\qquad\qquad\qquad\underset{\text{OH}}{|}\qquad\qquad\qquad\qquad\qquad\qquad\qquad\underset{\text{OH}}{|}$$

【仪器和药品】

仪器：搅拌器、冷凝管、温度计、滴液漏斗、四口烧瓶、恒温水浴锅、分液漏斗、旋转蒸发仪、真空干燥箱、玻璃棒、碘瓶、移液管、滴定管、表面皿、万能力学测试仪、同步热分析仪。

药品：双酚 A、环氧氯丙烷、NaOH 水溶液（8g NaOH 溶于 20mL 水）、苯、蒸馏水、AgNO$_3$ 溶液、盐酸-丙酮溶液（将 2mL 浓盐酸加入 80mL 丙酮中，混合均匀）、NaOH-乙醇溶液（将 4g NaOH 溶于 100mL 乙醇中，以酚酞作指示剂，用标准苯二甲酸氢钾溶液标定）、乙二胺。

【实验步骤】

1. 环氧树脂的合成

在装有搅拌器、冷凝管、温度计和滴液漏斗的四口烧瓶中分别加入 22g 双酚 A、28g 环氧氯丙烷，开动搅拌，加热升温至 75℃，待双酚 A 全部溶解后，将 NaOH 水溶液自滴液漏斗中慢慢滴加到反应瓶中，注意保持反应温度在 79℃ 左右，约 0.5h 滴完。在 75～80℃ 继续反应 1.5～2h，可观察到反应混合物呈乳黄色。停止加热，冷却至室温，向反应瓶中加入 30mL 蒸馏水和 60mL 苯，充分搅拌后，倒入 250mL 的分液漏斗中，静置，分去水层，油层用蒸馏水洗涤数次，直至水层为中性且无氯离子（用 AgNO$_3$ 溶液检测）。油相用旋转蒸发仪除去绝大部分的苯、水、未反应的环氧氯丙烷，再真空干燥得环氧树脂。

2. 环氧值的测定

取 125mL 碘瓶两个，各准确称取环氧树脂约 1g（精确到 mg），用移液管分别加入 25mL 盐酸-丙酮溶液，加盖摇动使树脂完全溶解。在阴凉处放置约 1h，加酚酞指示剂 3 滴，用 NaOH-乙醇溶液滴定，同时按上述条件做空白对比。

环氧值 E 按下式计算：

$$E = \frac{(V_1 - V_2)C}{1000m} \times 100 = \frac{(V_1 - V_2)C}{10m}$$

式中，V_1 为空白滴定所消耗 NaOH 溶液的体积，mL；V_2 为样品消耗的 NaOH 溶液的体积，mL；C 为 NaOH 溶液的浓度，mol·L^{-1}；m 为树脂质量，g。

3. 树脂固化

检测树脂以乙二胺为固化剂的固化情况。在一干净的表面皿中称取 4g 环氧树脂，加入 0.3g 乙二胺，用玻璃棒调和均匀，室温放置，观察树脂固化情况。记录固化时间。

4. 树脂性能测试

对树脂进行拉伸强度、弯曲强度等力学性能测试，用同步热分析仪测试树脂的热稳定性。

【注意事项】

1. 本实验要注意防护，苯危害性较大。

2. 环氧值测定前，树脂溶解后要在阴凉处放置约 1h。

【思考题】

1. 合成环氧树脂的反应中，若 NaOH 的用量不足，将对产物产生什么影响？

2. 环氧树脂的分子结构有何特点？为什么环氧树脂具有良好的黏结特性？

3. 根据所测环氧值计算所得聚合物产物的分子量。

4. 为什么环氧树脂使用时必须加入固化剂？固化剂的种类有哪些？

实验二十九　有机玻璃板的制备
（甲基丙烯酸甲酯的本体聚合）

【实验目的】

1. 了解自由基本体聚合的特点和实施方法。
2. 熟悉有机玻璃板的制备方法，了解其工艺过程。

【实验原理】

本体聚合是指单体在无反应介质存在下进行的聚合反应，由于仅有少量引发剂的加入且无其他反应助剂的加入，本体聚合具有产品纯度高和无须后处理等优点，可直接聚合成各种规格的型材。但是，由于体系黏度大，聚合热难以散去，反应控制较为困难，易导致产品发黄，出现气泡，从而影响产品的质量。

本体聚合进行到一定程度，体系黏度大大增加，大分子链的运动和构象调整困难，而单体分子的扩散受到的影响不大。链引发和链增长反应照常进行，而链自由基的终止受到限制，结果使得聚合反应速度增加，聚合物分子量变大，出现所谓的自动加速效应。更高的聚合速率导致更快的热量生成，如果聚合热不能及时散去，会使局部反应"雪崩"式地加速进行而失去控制。因此，自由基本体聚合中控制聚合速率使聚合反应平稳进行是获取无瑕疵型材的关键。

聚甲基丙烯酸甲酯为无定形聚合物，具有高度的透明性，因此称为有机玻璃。有机玻璃是通过甲基丙烯酸甲酯的本体聚合制备的。甲基丙烯酸甲酯的密度小于聚合物的密度，在聚合过程中出现较为明显的体积收缩。为了避免体积收缩和有利于散热，工业上往往采用二步法制备有机玻璃。在过氧化苯甲酰引发下，甲基丙烯酸甲酯聚合初期平稳反应，当转化率超过20%之后，聚合体系黏度增加，聚合速率显著增加。此时应该停止第一阶段反应，将聚合浆液转移到模具中，低温反应较长时间。当转化率达到90%以上后，聚合物业已成型，可以升温使单体完全聚合。

【仪器和药品】

仪器：三口烧瓶、冷凝管、氮气钢瓶、电磁搅拌器、玻璃板、天平、烘箱、牛皮纸。
药品：过氧化苯甲酰、甲基丙烯酸甲酯、过氧化二碳酸环辛酯、硅油。

【实验步骤】

1. 预聚物的制备

准确称取50mg的过氧化苯甲酰和50g甲基丙烯酸甲酯，混合均匀，加入配有冷凝管和通氮管的三口烧瓶中，通氮、加热并开动电磁搅拌器。升温至75℃，反应约30min，体系达到一定黏度（相当于甘油黏度的两倍，转化率为7%～17%），停止加热，冷却至50℃，补加10mg的过氧化二碳酸环辛酯。

2. 制模

取两块玻璃板洗净、烘干，在玻璃板的一面涂上一层硅油作为脱模剂。玻璃板的硅油涂面朝内，在玻璃板之间垫上适当厚度的垫片，借助夹具在玻璃板四周糊上厚牛皮纸条，牛皮纸条的宽度和黏结密实程度应保证预聚体浆料不会溢出。将模具置于烘箱中烘干，开一个注料口，并取出垫片。

3. 成型

将上述预聚物浆液通过注料口缓缓注入模腔内，排净模腔内气体。待模腔灌满后，垂直静置，并轻微敲打模具，以利于气泡逸出，最后用牛皮纸将注料口密封。注料口朝上，将模具垂直放入烘箱内，于40℃继续聚合20h，体系固化失去流动性。再升温至100℃保温1h，打开烘箱，自然冷却至室温。除去牛皮纸，小心撬开玻璃板，取出制品，洗净，吹干。

【注意事项】

1. 预聚物制备时，要随时注意黏度变化，当呈现市售胶水状时，移去热源，制膜。

2. 预聚物浆液通过注料口注入模腔内时，要缓慢，尽可能排净腔内气体。

【思考题】

1. 本体聚合与其他几种聚合方法相比，有什么特点？

2. 为什么要进行预聚合？为什么预聚物制备时要低温聚合？后期聚合在高温下进行的目的是什么？

3. 为什么有机玻璃厚度越大，加入的引发剂量越少？

4. 预聚结束后，为什么补加过氧化二碳酸环辛酯而不是过氧化苯甲酰？

5. 制备有机玻璃板，为什么不使用偶氮类引发剂？

实验三十　高分子量聚乳酸的制备

【实验目的】

1. 熟悉丙交酯的制备方法。
2. 熟悉丙交酯开环聚合机理。
3. 学习开环聚合制备高分子量聚乳酸的方法。

【实验原理】

丙交酯（lactide）开环聚合可得到分子量较高的聚乳酸（PLA），也比较纯净，应用广泛，但是其合成工艺复杂，收率较低，成本较高。丙交酯开环聚合的催化剂有酶催化剂、阳离子催化剂、阴离子催化剂及配位催化剂等，不同催化剂的聚合机理也不相同。本实验选用可作为食品添加剂使用的辛酸亚锡 $[Sn(Oct)_2]$ 为催化剂，在丙交酯开环聚合反应中，显示出很高的催化活性。其聚合机理普遍认为属于配位-插入聚合机理。辛酸亚锡具有有机溶剂溶解性好、储存稳定性高、催化活性高、用量少等特点。

【仪器和药品】

仪器：茄形烧瓶、集热式恒温磁力搅拌器、蒸馏系统、减压系统、循环水真空泵、真空干燥箱、乌氏黏度计、红外光谱仪、差示扫描量热仪（DSC）、同步热分析仪、移液管、天平。

药品：L-乳酸（80%）、辛酸亚锡、乙酸乙酯、三氯甲烷、甲苯、四氢呋喃（THF）、5A 型分子筛。

【实验步骤】

1. 丙交酯的制备

在 100mL 茄形烧瓶上装配磁力搅拌器、蒸馏装置，加入 40mL L-乳酸溶液、1.6g 辛酸亚锡。油浴加热，缓慢升温并减压，温度升到 115℃，真空度达到 -0.02MPa，脱游离水 2h。此升温与减压同步进行（每升温 5℃减压一次），温度升至 175℃，真空度达到 -0.08MPa，保持此状态继续脱水 2h，得到乳酸低聚物。

乳酸低聚物进一步解聚，得到丙交酯：真空度升至 -0.098MPa，迅速将温度升至 240℃蒸出丙交酯，最终解聚温度升至 285℃，直至无丙交酯蒸出为止。将粗品丙交酯用水洗涤，抽滤，40℃真空干燥 4h，用乙酸乙酯提纯，最终得到无色透明的细针状晶体，即丙交酯，必要时用甲醇重结晶。

2. 丙交酯开环聚合制备聚乳酸

在 25mL 茄形烧瓶上装配磁力搅拌器、减压装置，加入 5g 丙交酯（单体，甲醇重结晶）、14.05mg 辛酸亚锡（单体的 0.1%，摩尔分数）、1mL 甲苯（溶剂，干燥后新蒸馏）。充分混合后，60℃下抽真空除去甲苯。然后在真空度为 -0.098MPa 的封闭系统中，130℃下开环聚合反应 6h。自然冷却，得到乳白色块状聚乳酸，用三氯甲烷溶解，甲醇沉淀，过滤，35℃真空干燥 24h，得到白色絮状纤维固体 PLA。

3. 聚乳酸物理参数测定

① 黏均分子量测定：以 THF 为溶剂配制成溶液，用乌氏黏度计测定。

② 红外光谱（FTIR）分析：扫描范围为 $4000 \sim 400 \text{cm}^{-1}$。

③ 玻璃化转变温度与热稳定性测定：采用差示扫描量热仪（DSC）测定聚合物 T_g；利用同步热分析仪测试聚合物的热稳定性能，温度范围为 $40\sim600℃$，升温速度为 $10℃\cdot min^{-1}$。

【注意事项】

1. 注意真空度的控制。

2. 升温减压同时进行。

【思考题】

1. 影响丙交酯收率的因素有哪些？

2. 影响聚乳酸产率的因素有哪些？

3. 如何纯化所制得的聚乳酸？

第六章　环境化学

实验三十一　空气中氮氧化物日变化曲线的测定

【实验目的】

1. 掌握氮氧化物测定的基本原理和方法。
2. 绘制城市交通干线空气中氮氧化物的日变化曲线。

【实验原理】

大气中的氮氧化物（NO_x）主要包括一氧化氮和二氧化氮，主要来自天然过程，如生物源、闪电均可产生 NO_x。NO_x 的人为源绝大部分来自化石燃料的燃烧过程，包括汽车及一切内燃机所排放的尾气，也有一部分来自生产和使用硝酸的化工厂、钢铁厂、金属冶炼厂等排放的废气，其中以工业窑炉、氮肥生产和汽车排放的 NO_x 量最多。城市大气中 2/3 的 NO_x 来自汽车尾气等的排放，交通干线空气中 NO_x 的浓度与汽车流量密切相关，而汽车流量往往随时间而变化，因此，交通干线空气中 NO_x 的浓度也随时间而变化。

NO_x 对呼吸道和呼吸器官有刺激作用，是导致支气管哮喘等呼吸道疾病不断增加的原因之一。二氧化氮、二氧化硫、悬浮颗粒物共存时，对人体健康的危害不仅比单独 NO_x 严重得多，而且大于各污染物的影响之和，即产生协同作用。大气中的 NO_x 能与有机物发生光化学反应，产生光化学烟雾。NO_x 能转化成硝酸和硝酸盐，通过降水对水和土壤环境等造成危害。

氮氧化物的反应流程如下所示，最后用比色法测定。

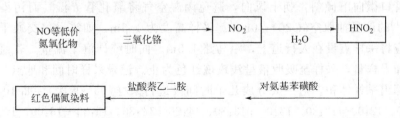

主要反应方程式为：

$$2NO_2 + H_2O \longrightarrow HNO_3 + HNO_2$$

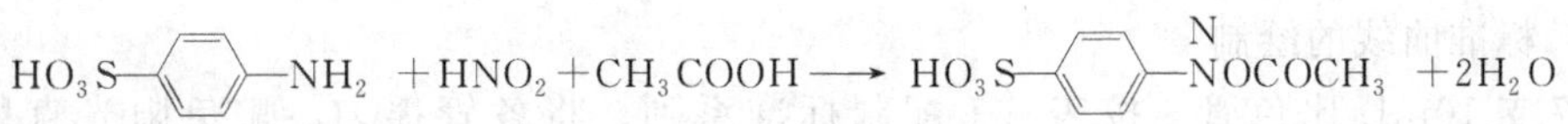

$$HO_3S\!-\!\!\!\bigcirc\!\!\!-NH_2 + HNO_2 + CH_3COOH \longrightarrow HO_3S\!-\!\!\!\bigcirc\!\!\!-N\!\!\overset{N}{\underset{}{}}OCOCH_3 + 2H_2O$$

$$HO_3S-\!\!\bigcirc\!\!-N(N)OCOCH_3 + \bigcirc\!\!\bigcirc-NHCH_2CH_2NH_2 \cdot 2HCl \longrightarrow$$

$$HO_3S-\!\!\bigcirc\!\!-N=N-\bigcirc\!\!\bigcirc-NHCH_2CH_2NH_2 \cdot 2HCl + CH_3COOH$$

玫瑰红色

【仪器和药品】

仪器：大气采样器（流量范围 $0.0\sim1.0L \cdot min^{-1}$）、紫外-可见分光光度计、棕色多孔玻板吸收管、双球玻璃管（装氧化剂）、干燥管、比色管、移液管、烧杯、容量瓶、比色皿、烘箱、干燥器。

药品：吸收液、三氧化铬-石英砂氧化管、亚硝酸钠标准溶液。

① 吸收液：称取 5.0g 对氨基苯磺酸于烧杯中，将 50mL 冰醋酸与 900mL 水的混合液，分数次加入烧杯中，搅拌，溶解，并迅速转入 1000mL 容量瓶中，待对氨基苯磺酸完全溶解后，加入 0.050g 盐酸萘乙二胺，溶解后，用水定容至刻度。此为吸收原液，贮于棕色瓶中，低温避光保存。采样液由 4 份吸收原液和 1 份水混合配制而成。

② 三氧化铬-石英砂氧化管：取约 20g 20～40 目的石英砂，用盐酸溶液（1：2）浸泡一夜，用水洗至中性，烘干。把三氧化铬及石英砂按质量比 1：40 混合，加少量水调匀，放在红外灯或烘箱里于 105℃ 烘干，烘干过程中应搅拌几次。制好的三氧化铬-石英砂应是松散的；若黏在一起，可适当增加一些石英砂重新制备。将此砂装入双球氧化管中，两端用少量脱脂棉塞好，放在干燥器中保存。使用时氧化管与吸收管之间用一小段乳胶管连接。

③ 亚硝酸钠标准溶液：准确称取 0.1500g 亚硝酸钠（预先在干燥器内放置 24h）溶于水，移入 1000mL 容量瓶中，用水稀释至刻度，即配得 $100\mu g \cdot mL^{-1}$ 亚硝酸根溶液，将其贮于棕色瓶，在冰箱中保存可稳定 3 个月。使用时，吸取上述溶液 25.00mL 于 500mL 容量瓶中，用水稀释至刻度，即配得 $5\mu g \cdot mL^{-1}$ 亚硝酸根工作液。

所有试剂均需用不含亚硝酸盐的重蒸水或电导水配制。

【实验步骤】

1. 氮氧化物的采集

氮氧化物采样装置的连接见图 6-1，用一个内装 5mL 采样液的多孔玻板吸收管，接上氧化管，并使管口微向下倾斜，朝上风向，避免潮湿空气将氧化管弄湿，而污染吸收液。以 $0.3L \cdot min^{-1}$ 的流量抽取空气 30～40min。采样高度为 1.5m，如需采集交通干线空气中的氮氧化物，应将采样点设在人行道上，距马路 1.5m。同时统计汽车流量。若氮氧化物含量很低，可增加采样量，采样至吸收液呈浅玫瑰红色为止。记录采样时间和地点，根据采样时间和流量，算出采样体积。把一天分成几个时间段进行采样（6～9 次），如 10:00—10:30、11:00—11:30、12:00—12:30、13:00—13:30、14:00—14:30、15:00—16:00、16:00—16:30、17:30—18:00、18:30—19:00。

2. 氮氧化物的测定

（1）标准曲线的绘制

取 7 支 10mL 比色管，按表 6-1 配制标准系列。将各管摇匀，避免阳光直射，放置 15min，以蒸馏水为参比，用 1cm 比色皿，在 540nm 波长处测定吸光度。根据吸光度与浓

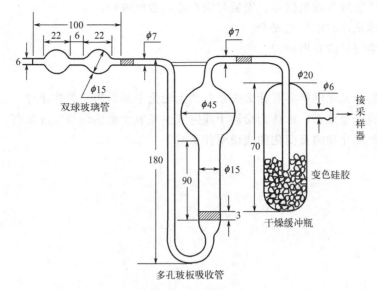

图 6-1　氮氧化物采样装置的连接（单位均为 mm）

度的对应关系，用最小二乘法计算标准曲线的回归方程式：

$$y = bx + a$$

式中，$y = A - A_0$，为标准溶液吸光度（A）与试剂空白吸光度（A_0）之差；x 为 NO_2^- 含量，μg；a、b 为回归方程式的截距和斜率。

$$\rho(NO_x) = \frac{(A - A_0) - a}{b \times V \times 0.76}$$

式中，$\rho(NO_x)$ 为氮氧化物浓度，$mg \cdot m^{-3}$；A 为样品溶液吸光度；V 为标准状态下（25℃，760mmHg）的采样体积，L；0.76 为 NO_2（气）转换成 NO_2^-（液）的转换系数；A_0、a、b 表示的意义同上。

表 6-1　标准溶液系列

编号	0	1	2	3	4	5	6
NO_2^- 标准溶液（$5\mu g \cdot mL^{-1}$）/mL	0.00	0.10	0.20	0.30	0.40	0.50	0.60
吸收原液/mL	4.00	4.00	4.00	4.00	4.00	4.00	4.00
水/mL	1.00	0.90	0.80	0.70	0.60	0.50	0.40
NO_2^- 含量/μg	0	0.5	1.0	1.5	2.0	2.5	3.0

（2）样品的测定

采样后放置 15min，将吸收液直接倒入 1cm 比色皿中，在 540nm 处测定吸光度。

【数据处理】

根据标准曲线回归方程和样品吸光度值，计算出不同时间空气样品中氮氧化物的浓度，绘制氮氧化物浓度随时间变化的曲线，并说明汽车流量对交通干线空气中氮氧化物浓度变化的影响。

【注意事项】

1. 安装氧化管时，氧化剂不能装得太紧实，需要留出气体能进入的空间。

2. 气体采样装置为玻璃仪器，安装时应小心，避免破损。

3. 采集气体试样时应注意安全。

4. 试样采集完后应立即测定。

【思考题】

1. 氮氧化物与光化学烟雾有什么关系？产生光化学烟雾需要哪些条件？

2. 通过实验测定结果，你认为交通干线空气中氮氧化物的污染状况如何？

3. 空气中氮氧化物的日变化曲线说明什么？

实验三十二　水体自净程度的指标及测定

【实验目的】

1. 掌握测定三氮的基本原理和方法。
2. 了解测定三氮对环境化学研究的作用和意义。

【实验原理】

各种形态的氮相互转化和氮循环的平衡变化是环境化学和生态系统研究的重要内容之一。水体中氮的主要来源是生活污水和某些工业废水及农业面源。当水体受到含氮有机物污染时，其中的含氮化合物由于水中微生物和氧的作用，可以逐步分解氧化为无机的氨（NH_3）或铵（NH_4^+）、亚硝酸盐（NO_2^-）、硝酸盐（NO_3^-）等简单的无机氮化物。氨和铵中的氮称为氨氮；亚硝酸盐中的氮称为亚硝酸盐氮；硝酸盐中的氮称为硝酸盐氮。通常把氨氮、亚硝酸盐氮和硝酸盐氮称为三氮。这几种形态氮的含量都可以作为水质指标，分别代表有机氮转化为无机氮的各个不同阶段。在有氧条件下，氮产物的生物氧化分解一般按氨或铵、亚硝酸盐、硝酸盐的顺序进行，硝酸盐是氧化分解的最终产物。随着含氮化合物的逐步氧化分解，水体中的细菌和其他有机污染物也逐步分解破坏，因而达到水体的净化作用。

氨氮、亚硝酸盐氮和硝酸盐氮的相对含量，在一定程度上可以反映含氮有机物污染的时间长短，对了解水体污染历史以及分解趋势和水体自净状况等有很高的参考价值。目前应用较广的测定三氮方法是比色法，其中最常用的是纳氏试剂比色法测定氨氮、盐酸萘乙二胺比色法测定亚硝酸盐氮、二磺酸酚比色法测定硝酸盐氮。

【仪器和药品】

仪器：玻璃蒸馏装置、pH 计、恒温水浴锅、紫外-可见分光光度计、电炉、比色管、陶瓷蒸发皿、移液管、容量瓶。

药品：均为现配，配制方法见实验步骤。

【实验步骤】

1. 氨氮的测定——纳氏试剂比色法

氨与纳氏试剂反应可生成黄色的络合物，其色度与氨的含量成正比，可在 425nm 波长下比色测定，检出限为 $0.02\mu g \cdot mL^{-1}$。如水样污染严重，需在 pH 为 7.4 的磷酸盐缓冲溶液中预蒸馏分离。

（1）试剂的配制

① 不含氨的蒸馏水：水样稀释及试剂配制均用无氨蒸馏水。配制方法包括蒸馏法（每升蒸馏水中加入 0.1mL 浓硫酸，进行重蒸馏，流出物接收于玻璃容器中）和离子交换法（让蒸馏水通过强酸型阳离子交换树脂来制备较大量的无氨水）。

② 磷酸盐缓冲溶液（pH 为 7.4）：称 14.3g 磷酸二氢钾和 68.8g 磷酸氢二钾，溶于水中并稀释至 1L，配制后用 pH 计测定其 pH 值，并用磷酸二氢钾或磷酸氢二钾调至 pH 为 7.4。

③ 吸收液：2%硼酸或 $0.01mol \cdot L^{-1}$ 硫酸。

a. 2%硼酸溶液：20g 硼酸溶解于水中，稀释至 1L。

b. $0.01\text{mol} \cdot \text{L}^{-1}$ 硫酸：量取 20mL $0.5\text{mol} \cdot \text{L}^{-1}$ 的硫酸，用水稀释至 1L。

④ 纳氏试剂：称取 5g 碘化钾，溶于 5mL 水中，分别加入少量氯化汞（$HgCl_2$）溶液（$2.5g\ HgCl_2$ 溶于 40mL 水中，必要时可微热溶解），不断搅拌至微有朱红色沉淀为止。冷却后加入氢氧化钾溶液（15g 氢氧化钾溶于 30mL 水中），充分冷却，加水稀释至 100mL。静置一天，取上层清液贮于塑料瓶中，盖紧瓶盖，可保存数月。

⑤ 酒石酸钾钠溶液：称取 50g 酒石酸钾钠（$KNaC_4H_4O_6 \cdot 4H_2O$）溶于水中，加热煮沸以驱除氨，冷却后稀释至 100mL。

⑥ 氨标准溶液：称取 3.819g 无水氯化铵（NH_4Cl）（预先在 100℃ 干燥至恒重），溶于水中，转入 1000mL 容量瓶中，稀释至刻度，即配得 $1.00\text{mg} \cdot \text{mL}^{-1}$ 的 NH_3-N 标准储备液。取此溶液 10.00mL 稀释至 1000mL，即为 $10\mu g \cdot \text{mL}^{-1}$ 的 NH_3-N 标准溶液。

（2）样品测定

较清洁水样可直接测定，如水样受污染一般按下列步骤进行。

① 水样蒸馏：为保证蒸馏装置不含氨，须先在蒸馏瓶中加 200mL 无氨水，加 10mL 磷酸盐缓冲溶液、几粒玻璃珠，加热蒸馏至流出液中不含氨为止（用纳氏试剂检验），冷却。然后将此蒸馏瓶中的蒸馏液倾出（但仍留下玻璃珠），量取水样 200mL，放入此蒸馏瓶中（如预先实验水样含氨量较大，则取适量的水样，用无氨水稀释至 200mL，然后加入 10mL 磷酸盐缓冲液）。另准备一个 250mL 的容量瓶，移入 50mL 吸收液（吸收液为 $0.01\text{mol} \cdot \text{L}^{-1}$ 硫酸或 2% 硼酸溶液），然后将导管末端浸入吸收液中，加热蒸馏，蒸馏速度为每分钟 6～8mL，至少收集 150mL 馏出液，蒸馏至最后 1～2min 时，把容量瓶放低，使吸收液的液面脱离冷凝管出口，再蒸馏几分钟以洗净冷凝管和导管，用无氨水稀释至 250mL，混匀，以备比色测定。

② 测定：如为较清洁的水样，直接取 50mL 澄清水样置于 50mL 比色管中。一般水样则取用上述方法蒸馏出的水样 50mL，置于 50mL 比色管中。若氨氮含量太高可酌情取适量水样用无氨水稀释至 50mL。

另取 8 支 50mL 比色管，分别加入氨标准溶液（含氨氮 $10\mu g \cdot \text{mL}^{-1}$）0.00mL、0.50mL、1.00mL、2.00mL、3.00mL、5.00mL、7.00mL、10.00mL，加无氨水稀释至刻度。

在上述各比色管中，分别加入 1.0mL 酒石酸钾钠，摇匀，再加 1.5mL 纳氏试剂，摇匀放置 10min，用 1cm 比色管，在波长 425nm 处，以试剂空白为参比测定吸光度，绘制标准曲线，并从标准曲线上查得水样中氨氮的含量（$\mu g \cdot \text{mL}^{-1}$）。

2. 亚硝酸盐氮的测定——盐酸萘乙二胺比色法

在 pH 2.0～2.5 时，水中亚硝酸盐与对氨基苯磺酸生成重氮盐，再与盐酸萘乙二胺偶联生成红色染料，最大吸收波长为 543nm，其色度深浅与亚硝酸盐含量成正比，可用比色法测定，检出限为 $0.005\mu g \cdot \text{mL}^{-1}$，测定上限为 $0.1\mu g \cdot \text{mL}^{-1}$。

（1）试剂的配制

① 不含亚硝酸盐的蒸馏水：蒸馏水中加入少量高锰酸钾晶体，使呈红色，再加氢氧化钡（或氢氧化钙），使呈碱性，重蒸馏。弃去 50mL 初馏液，收集中间 70% 的无锰部分。也可于每升蒸馏水中加入 1mL 浓硫酸和 0.2mL 硫酸锰溶液（每 100mL 蒸馏水中含有 36.4g $MnSO_4 \cdot H_2O$），及 1～3mL 0.04% 高锰酸钾溶液使呈红色，然后重蒸馏。

② 亚硝酸盐标准储备液：称取 1.232g 亚硝酸钠溶于水中，加入 1mL 氯仿，稀释至 1000mL。此溶液每毫升含亚硝酸盐氮约 0.25mg。由于亚硝酸盐氮在湿空气中易被氧化，所

以储备液需标定。

标定方法：吸取 50.00mL 0.050mol·L⁻¹ 高锰酸钾溶液，加 5mL 浓硫酸及 50.00mL 亚硝酸钠储备液于 300mL 具塞锥形瓶中（加亚硝酸钠储备液时需将吸管插入高锰酸钾溶液液面以下）混合均匀，置于水浴中加热至 70～80℃，按每次 10.00mL 的量加入足够的 0.050mol·L⁻¹ 草酸钠标准溶液，使高锰酸钾溶液褪色并过量，记录草酸钠标准溶液用量（V_2）；再用高锰酸钾溶液滴定过量的草酸钠到溶液呈微红色，记录高锰酸钾溶液用量（V_1）。用 50mL 不含亚硝酸盐的水代替亚硝酸钠储备液，如上操作，用草酸钠标准溶液标定高锰酸钾溶液，按下式计算高锰酸钾溶液浓度（mol·L⁻¹）：

$$\rho_{\frac{1}{5}KMnO_4} = \frac{0.0500 \times V_4}{V_3}$$

按下式计算亚硝酸盐氮标准储备液的浓度：

$$\rho(亚硝酸盐氮) = \frac{(V_1 \times \rho_{\frac{1}{5}KMnO_4} - 0.0500 \times V_2) \times 7.00 \times 1000}{50.00}$$

式中，$\rho_{\frac{1}{5}KMnO_4}$ 是经标定的高锰酸钾标准溶液的浓度，mol·L⁻¹；V_1 是滴定标准储备液时，加入高锰酸钾标准溶液总量，mL；V_2 是滴定亚硝酸盐氮标准储备液时，加入草酸钠标准溶液总量，mL；V_3 是滴定水时，加入高锰酸钾标准溶液总量，mL；V_4 是滴定水时，加入草酸钠标准溶液总量，mL；7.00 是亚硝酸盐氮（1/2N）的摩尔质量，g·mol⁻¹；50.00 是亚硝酸盐标准储备液取用量，mL；0.0500 是草酸钠标准溶液浓度$\left(\frac{1}{2}Na_2C_2O_4\right)$，mol·L⁻¹。

③ 亚硝酸盐使用液：临用时将标准储备液配制成每毫升含 1.0μg 亚硝酸盐氮的标准使用液。

④ 草酸钠标准溶液$\left(\frac{1}{2}Na_2C_2O_4, 0.0500mol·L^{-1}\right)$：称取 3.350g 经 105℃ 干燥 2h 的优级纯无水草酸钠溶于水中，转入 1000mL 容量瓶中加水稀释至刻度。

⑤ 高锰酸钾溶液$\left(\frac{1}{5}KMnO_4, 0.050mol·L^{-1}\right)$：溶解 1.6g 高锰酸钾于约 1.2L 水中，煮沸 0.5～1h，使体积减小至 1000mL 左右，放置过夜，用 G3 号熔结玻璃漏斗过滤后，滤液贮于棕色试剂瓶中，用上述草酸钠标准溶液标定其准确浓度。

⑥ 氢氧化铝悬浮液：溶解 125g 硫酸铝钾 [KAl(SO₄)₂·12H₂O] 或硫酸铝铵 [NH₄Al(SO₄)₂·12H₂O] 于 1L 水中，加热到 60℃，在不断搅拌下慢慢加入 55mL 浓氨水，放置约 1h，转入试剂瓶内，用水反复洗涤沉淀，至洗液中不含氨、氯化物、硝酸盐和亚硝酸盐为止。澄清后，把上层清液尽量全部倾出，只留浓的悬浮物，最后加 100mL 水。使用前应振荡均匀。

⑦ 盐酸萘乙二胺显色剂：50mL 冰醋酸与 900mL 水混合，加入 5.0g 对氨基苯磺酸，加热使其全部溶解，再加入 0.05g 盐酸萘乙二胺，搅拌溶解后用水稀释至 1L。溶液无色，贮存于棕色瓶中，在冰箱中保存可稳定一个月（当有颜色时应重新配制）。

（2）样品测试

① 水样如有颜色和悬浮物，可在每 100mL 水样中加入 2mL 氢氧化铝悬浮液，搅拌后，静置过滤，弃去 25mL 初滤液。

② 取 50.00mL 澄清水样于 50mL 比色管中（如亚硝酸盐氮含量高，可酌情少取水样，用无亚硝酸盐蒸馏水稀释至刻度）。

③ 取 7 支 50mL 比色管，分别加入含亚硝酸盐氮 $1\mu g \cdot mL^{-1}$ 的标准溶液 0.00mL、0.50mL、1.00mL、2.00mL、3.00mL、4.00mL、5.00mL，用水稀释至刻度。

④ 在上述各比色管中分别加入 2mL 显色剂，20min 后在 543nm 处，用 2cm 比色皿，以试剂空白作参比测定其吸光度，绘制标准曲线。从标准曲线上查得水样中亚硝酸盐氮的含量（$\mu g \cdot mL^{-1}$）。

3. 硝酸盐氮的测定——二磺酸酚比色法

浓硫酸与苯酚作用生成二磺酸酚，在无水条件下二磺酸酚与硝酸盐作用生成二磺酸硝基酚，二磺酸硝基酚在碱性溶液中发生分子重排生成黄色化合物，最大吸收波长在 410nm 处，利用其色度和硝酸盐含量成正比，可进行比色测定。少量的氯化物即能引起硝酸盐的损失，使结果偏低。可加硫酸银，使其形成氯化银沉淀，过滤去除，以消除氯化物的干扰（允许氯离子存在的最高浓度为 $10\mu g \cdot mL^{-1}$，超过此浓度就要干扰测定）。亚硝酸盐氮含量超过 $0.2\mu g \cdot mL^{-1}$ 时，将使结果偏高，可用高锰酸钾将亚硝酸盐氧化成硝酸盐，再从测定结果中减去亚硝酸盐的含量。本法的检出限为 $0.02\mu g \cdot mL^{-1}$ 硝酸盐氮，检测上限为 $2.0\mu g \cdot mL^{-1}$。

（1）试剂的配制

① 二磺酸酚试剂：称取 15g 精制苯酚，置于 250mL 三角烧瓶中，加入 100mL 浓硫酸，瓶上放一个漏斗，置沸水浴内加热 6h，试剂应为浅棕色稠液，保存于棕色瓶内。

② 硝酸盐标准储备液：称取 0.7218g 分析纯硝酸钾（经 105℃烘 4h），溶于水中，转入 1000mL 容量瓶中，用水稀释至刻度。此溶液含硝酸盐氮 $100\mu g \cdot mL^{-1}$。再加入 2mL 氯仿保存，溶液可稳定半年以上。

③ 硝酸盐标准溶液：准确移取 100mL 硝酸盐标准储备液，置于蒸发皿中，在水浴上蒸干，然后加入 4.0mL 二磺酸酚，用玻璃棒摩擦蒸发皿内壁，静置 10min，加入少量蒸馏水，移入 500mL 容量瓶中，用蒸馏水稀释至标线，即为 $20\mu g \cdot mL^{-1}$ 的 NO_3-N 标准溶液（相当于 $88.57\mu g \ NO_3^-$）。

④ 硫酸银溶液：称取 4.4g 硫酸银，溶于水中，稀释至 1L，于棕色瓶中避光保存。此溶液 1.0mL 相当于 1.0mg 氯（Cl^-）。

⑤ 高锰酸钾溶液（$\frac{1}{5}KMnO_4$，$0.100mol \cdot L^{-1}$）：称取 0.3g 高锰酸钾，溶于蒸馏水中，并稀释至 1L。

⑥ 乙二胺四乙酸二钠溶液：称取 50g 乙二胺四乙酸二钠，用 20mL 蒸馏水调成糊状，然后加入 60mL 浓氨水，充分混合，使之溶解。

⑦ 碳酸钠溶液（$\frac{1}{2}Na_2CO_3$，$0.100mol \cdot L^{-1}$）：称取 5.3g 无水碳酸钠，溶于 1L 水中。

实验用水预先要加高锰酸钾重蒸馏，或用去离子水。

（2）测试方法

① 标准曲线的绘制：分别吸取硝酸盐氮标准溶液 0.00mL、1.00mL、1.50mL、2.00mL、2.50mL、3.00mL、4.00mL 于 50mL 比色管中，加入 1.0mL 二磺酸酚，加入 3.0mL 浓氨水，用蒸馏水稀释至刻度，摇匀。用 1mL 比色皿，以试剂空白作参比，于波长 410nm 处测定吸光度，绘制标准曲线。

② 样品的测定

a. 脱色：污染严重或色泽较深的水样（即色度超过 10 度），可在 100mL 水样中加入 2mL Al(OH)$_3$ 悬浮液。摇匀后，静置数分钟，澄清后过滤，弃去最初滤出的部分溶液（5~10mL）。

b. 除去氯离子：先用硝酸银滴定水样中的氯离子，据此加入相当量的硫酸银溶液。当氯离子含量小于 50mg·L^{-1} 时，加入固体硫酸银。1mg 氯离子可与 4.4mg 硫酸银作用。取 50mL 水样，加入一定量的硫酸银溶液或硫酸银固体，充分搅拌后再通过离心或过滤除去氯化银沉淀，滤液转移至 100mL 的容量瓶中定容至刻度；也可在 80℃ 水浴中加热水样，摇动三角瓶，使氯化银沉淀凝聚，冷却后用多层慢速滤纸过滤至 100mL 容量瓶，定容至刻度。

c. 扣除亚硝酸盐氮影响：如水样中亚硝酸盐氮含量超过 0.2mg·L^{-1}，可事先将其氧化为硝酸盐氮。具体方法如下：在已除氯离子的 100mL 容量瓶中加入 1mL 0.5mol·L^{-1} 硫酸溶液，混合均匀后滴加 0.100mol·L^{-1} 高锰酸钾溶液，至淡红色出现并保持 15min 不褪为止，以使亚硝酸盐完全转变为硝酸盐，最后从测定结果中减去亚硝酸盐含量。

d. 测定：吸取上述经处理的水样 50.00mL（如硝酸盐氮含量较高可酌量减少）至蒸发皿内，如有必要可用 0.100mol·L^{-1} 碳酸钠溶液调节水样 pH 至中性（pH＝7~8），置于水浴中蒸干。取下蒸发皿，加入 1.0mL 二磺酸酚，用玻璃棒研磨，使试剂与蒸发皿内残渣充分接触，静置 10min，加入少量蒸馏水，搅匀，滤入 50mL 比色管中，加入 3mL 浓氨水（使溶液明显呈碱性）。如有沉淀，可滴加 EDTA 溶液，使水样变清，用蒸馏水稀释至刻度，摇匀，测定吸光度。根据标准曲线，计算出水样中硝酸盐氮的含量（$\mu g·mL^{-1}$）。

【数据处理】

绘制 NH$_3$-N、NO$_2^-$-N、NO$_3^-$-N 的浓度与吸光度的工作曲线，根据工作曲线和样品吸光度，计算水样中三氮的含量，并比较水样中三氮的含量，评价水体的自净程度。

【注意事项】

纳氏试剂有毒，使用完应回收到废液桶中统一处理。

【思考题】

1. 如何通过测定三氮的含量来评价水体的自净程度？如水体中仅含有 NO$_3^-$-N，而未检出 NH$_4^+$ 和 NO$_2^-$，说明水体自净作用进行到什么阶段？如水体中既有大量 NH$_3^-$-N，又有大量 NO$_3^-$-N，水体污染和自净状况又如何？

2. 用纳氏试剂比色法测定氨氮时主要有哪些干扰，如何消除？

3. 在三氮测定时，要求蒸馏水不含 NH$_3$、NO$_2^-$、NO$_3^-$，如何检验？

4. 在蒸馏比色测定氨氮时，为什么要调节水样的 pH 在 7.4 左右？pH 偏高或偏低对测定结果有何影响？

5. 在亚硝酸盐氮分析过程中，水中的强氧化性物质会干扰测定，如何确定并消除？

实验三十三　水体富营养化程度的评价

【实验目的】

1. 掌握总磷、叶绿素 a 含量及初级生产率的测定原理及方法。
2. 评价水体的富营养化状况。

【实验原理】

富营养化（eutrophication）是指在人类活动的影响下，生物所需的氮、磷等营养物质大量进入湖泊、河口、海湾等缓流水体，引起藻类及其他浮游生物迅速繁殖，水体溶解氧量下降，水质恶化，鱼类及其他生物大量死亡的现象。在自然条件下，湖泊也会从贫营养状态过渡到富营养状态，沉积物不断增多，先变为沼泽，后变为陆地。这种自然过程非常缓慢，常需几千年甚至上万年。而人为排放含营养物质的工业废水和生活污水所引起的水体富营养化现象，可以在短期内出现。水体富营养化后，即使切断外界营养物质的来源，也很难自净和恢复到正常水平。水体富营养化严重时，湖泊可被某些植物、藻类及其残骸淤塞，成为沼泽甚至干地。局部海区可变成"死海"，或出现"赤潮"现象。

植物营养物质的来源广、数量大，有生活污水、农业污水、工业废水等。每人每天带进污水中的氮约 50g。生活污水中的磷主要来源于洗涤废水，而施入农田的化肥有 50%～80% 流入江河、湖海和地下水体中。

许多参数可用作水体富营养化的指标，常用的是总磷、叶绿素 a 含量和初级生产率。水体富营养化程度划分见表 6-2。

表 6-2　水体富营养化程度划分

富营养化程度	初级生产率/[mg(O₂)·m⁻²·d⁻¹]	总磷/(μg·L⁻¹)	无机氮/(μg·L⁻¹)
极贫	0～136	<0.005	<0.2
贫-中		0.005～0.010	0.2～0.5
中	137～409	0.010～0.030	0.5～1.00
中-富		0.030～0.100	1.00～1.50
富	410～547	>0.100	>1.50

【仪器和药品】

仪器：紫外-可见分光光度计、移液管、容量瓶、锥形瓶、比色皿、比色管、BOD 瓶、具塞小试管、玻璃纤维滤膜、剪刀、玻璃棒、夹子、多功能水质检测仪。

药品：过硫酸铵（固体）、浓硫酸、$1mol·L^{-1}$ 硫酸溶液、$2mol·L^{-1}$ 盐酸溶液、$6mol·L^{-1}$ 氢氧化钠溶液、1%酚酞溶液、丙酮溶液、酒石酸锑钾溶液、钼酸铵溶液、抗坏血酸溶液、混合试剂、磷酸盐储备液、磷酸盐标准溶液。

① 1%酚酞溶液：1g 酚酞溶于 90mL 乙醇中，加水至 100mL。

② 丙酮溶液：丙酮：水（体积比）=9∶1。

③ 酒石酸锑钾溶液：将 4.4g $K(SbO)C_4H_4O_6·1/2H_2O$ 溶于 200mL 蒸馏水中，用棕色瓶在 4℃时保存。

④ 钼酸铵溶液：将 20g $(NH_4)_6Mo_7O_{24}·4H_2O$ 溶于 500mL 蒸馏水中，用塑料瓶在

4℃时保存。

⑤ 抗坏血酸溶液（0.1mol·L^{-1}）：溶解 1.76g 抗坏血酸于 100mL 蒸馏水中，转入棕色瓶，若在 4℃时保存，可维持一个星期不变。

⑥ 混合试剂：50mL 2mol·L^{-1} 硫酸、5mL 酒石酸锑钾溶液、15mL 钼酸铵溶液和 30mL 抗坏血酸溶液，混合前，先让上述溶液达到室温，并按上述次序混合。在加入酒石酸锑钾或钼酸铵后，如混合试剂有浑浊，须摇动混合试剂，并放置几分钟，至澄清为止。若在 4℃下保存，可维持 1 个星期不变。

⑦ 磷酸盐储备液（1.00mg·mL^{-1} 磷）：称取 1.098g KH$_2$PO$_4$，溶解后转入 250mL 容量瓶中，稀释至刻度，即得 1.00mg·mL^{-1} 磷溶液。

⑧ 磷酸盐标准溶液：量取 1.00mL 储备液于 100mL 容量瓶中，稀释至刻度，即得磷含量为 10μg·mL^{-1} 的工作液。

【实验步骤】

1. 总磷的测定

在酸性溶液中，将各种形态的磷转化成磷酸根（PO$_4^{3-}$），随之用钼酸铵和酒石酸锑钾与之反应，生成磷钼锑杂多酸，再用抗坏血酸把它还原为深色钼蓝。

砷酸盐与磷酸盐一样也能生成钼蓝，0.1g·mL^{-1} 的砷就会干扰测定。六价铬、二价铜和亚硝酸盐能氧化钼蓝，使测定结果偏低。

（1）标准曲线的绘制

分别吸取 10μg·mL^{-1} 磷的标准溶液 0.00mL、0.50mL、1.00mL、1.50mL、2.00mL、2.50mL、3.00mL 于 50mL 比色管中，加水稀释至约 25mL，加入 1mL 混合试剂，摇匀后放置 10min，加水稀释至刻度，再摇匀，10min 后，以试剂空白作参比，用 1cm 比色皿，于波长 880nm 处测定吸光度。

（2）水样处理

水样中如有大的微粒，可用搅拌器搅拌 2～3min，以使混合均匀。量取 100mL 水样（或经稀释的水样）2 份，分别放入 250mL 锥形瓶中，另取 100mL 蒸馏水于 250mL 锥形瓶中作为对照，分别加入 1mL 2mol·L^{-1}H$_2$SO$_4$、3g (NH$_4$)$_2$S$_2$O$_8$，微沸约 1h，补加蒸馏水使体积为 25～50mL（如锥形瓶壁上有白色凝聚物，应用蒸馏水冲入溶液中），再加热数分钟。冷却后，加一滴酚酞，并用 6mol·L^{-1} NaOH 将溶液中和至微红色。再滴加 2mol·L^{-1} HCl 使粉红色恰好褪去，转入 100mL 容量瓶中，加水稀释至刻度，移取 25mL 至 50mL 比色管中，加 1mL 混合试剂，摇匀后，放置 10min，加水稀释至刻度再摇匀，放置 10min，以试剂空白作参比，用 1cm 比色皿，于波长 880nm 处测定吸光度（若分光光度计不能测定 880nm 处的吸光度，可选择 710nm 波长）。

由标准曲线查得磷的含量，按下式计算水中磷的含量：

$$\rho_P = \frac{W_P}{V}$$

式中，ρ_P 为水中磷的含量，μg·mL^{-1}；W_P 为由标准曲线上查得的磷含量，μg；V 为测定时吸取水样的体积（本实验 $V=25.00$mL）。

2. 初级生产率的测定

绿色植物的生产率是光合作用的结果，与氧的产生量成比例。因此测定水体中的氧可看作对生产率的测量。然而在任何水体中都有呼吸作用产生，要消耗一部分氧。因此在计算生产率时，还必须测量因呼吸作用所损失的氧。本实验用测定 2 个无色瓶和 2 个深色瓶中相同样品内溶解氧变化量的方法测定初级生产率。此外，测定无色瓶中氧的减少量，提供校正呼吸作用的数据。

① 取四个 BOD 瓶，其中两个用铝箔包裹使之不透光，这些分别记作"亮"和"暗"瓶。从一水体上半部的中间取出水样，测量水温和溶解氧。如果此水体的溶解氧未过饱和，则记录此值为 ρ_{Oi}，然后将水样分别注入一对"亮"和"暗"瓶中。若水样中溶解氧过饱和，则缓缓地给水样通气，以除去过剩的氧。重新测定溶解氧并记作 ρ_{Oi}。按上法将水样分别注入一对"亮"和"暗"瓶中。

② 从水体下半部的中间取出水样，按上述方法同样处理。

③ 将两对"亮"和"暗"瓶分别悬挂在与取水样相同的水深位置，调整这些瓶子，使阳光能充分照射。一般将瓶子暴露几个小时，暴露期为清晨至中午，或中午至黄昏，也可清晨到黄昏。为方便起见，可选择较短的时间。

④ 暴露期结束即取出瓶子，逐一测定溶解氧，分别将"亮"和"暗"瓶的数值记为 ρ_{Ol} 和 ρ_{Od}。

a. 呼吸作用：氧在暗瓶中的减少量 $R = \rho_{Oi} - \rho_{Od}$。

净光合作用：氧在亮瓶中的增加量 $P_n = \rho_{Ol} - \rho_{Oi}$。

总光合作用：

$$P_g = R + P_n = \rho_{Oi} - \rho_{Od} + \rho_{Ol} - \rho_{Oi} = \rho_{Ol} - \rho_{Od}$$

b. 计算水体上下两部分值的平均值。

c. 通过以下公式判断每单位水域总光合作用和净光合作用的日速率。

ⅰ. 把暴露时间修改为日周期：

$$P'_g = P_g \times \frac{T_1}{T_0}$$

式中，P_g 为总光合作用；T_1 为每日光周期时间；T_0 为暴露时间。

ⅱ. 将生产率单位从 $mg \cdot L^{-1}$ 改为 $mg \cdot m^{-2}$，这表示 $1 m^2$ 水面下水柱的总产生率。为此必须知道产生区的水深：

$$P''_g = P_g \times \frac{T_1}{T_0} \times 10^3 \times H$$

式中，10^3 为体积浓度 $mg \cdot L^{-1}$ 换算为 $mg \cdot m^{-3}$ 的系数；H 为水深。

ⅲ. 假设全日 24h 呼吸作用保持不变，计算日呼吸作用：

$$R' = R \times \frac{24}{T_0} \times 10^3 \times H$$

ⅳ. 计算日净光合作用：

$$P_n = P'_g - R'$$

d. 假设符合光合作用的理想方程 $[CO_2 + H_2O \longrightarrow (CH_2O) + O_2]$，将生产率的单位转换成固定碳的单位：

$$P'_m = P_n \times \frac{12}{32}$$

3. 叶绿素 a 的测定

测定水体中的叶绿素 a 的含量，可估计该水体的绿色植物存在量。将色素用丙酮萃取，测量其吸光度值，便可以测得叶绿素 a 的含量。

① 将 $100\sim500$ mL 水样经玻璃纤维滤膜过滤，记录过滤水样的体积。将滤纸卷成香烟状，放入小瓶或离心管。加 10mL 或足以使滤纸淹没的 90% 丙酮溶液，记录体积，塞住瓶塞，并在 4℃ 下暗处放置 4h。如有浑浊，可离心萃取。将一些萃取液倒入 1cm 玻璃比色皿，加比色皿盖，以试剂空白为参比，分别在波长 665nm 和 750nm 处测其吸光度。

② 加 1 滴 $2\text{mol}\cdot\text{L}^{-1}$ 盐酸于上述两个比色皿中，混匀并放置 1min，再在波长 665nm 和 750nm 处测定吸光度。

酸化前：$A = A_{665} - A_{750}$

酸化后：$A_a = A_{665a} - A_{750a}$

用在 665nm 处测得的吸光度减去在 750nm 处测得值是为了校正浑浊液。

用下式计算叶绿素 a 的浓度（$\mu g\cdot L^{-1}$）：

$$C = \frac{29(A - A_a)\times V_1}{V_0}$$

式中，V_1 为萃取液体积，mL；V_0 为样品总体积，mL。

根据测定结果，并查阅有关资料，评价水体富营养化状况。

【思考题】

1. 水体中氮、磷的主要来源有哪些？

2. 计算日生产率时，有几个主要假设？

3. 被测水体的富营养化状况如何？

实验三十四　废水中悬浮固体和浊度的测定

【实验目的】

1. 了解水体中的悬浮物测定的意义。
2. 掌握悬浮固体和浊度的测定方法。

【实验原理】

1. 悬浮固体的测定

悬浮固体指留在滤料上并于 $103\sim105℃$ 烘至恒重的固体。将水样通过滤纸或滤膜过滤后，烘干固体残留物及滤料或滤膜，将所称质量减去滤纸或滤膜质量，即为悬浮固体（总不可滤残渣）质量。

2. 浊度的测定

浊度表征水中悬浮物对光线透过时所发生的阻碍程度。水中的泥土、粉砂、微细有机物、无机物、浮游动物和其他微生物等悬浮物和胶体物都可使水样呈现浊度，使光散射或被吸收。水的浊度不仅和水中存在的颗粒物含量有关，而且和其粒径、形状、颗粒表面对光散射特性有密切关系。天然水经过混凝、沉淀和过滤等处理，变得清澈。

测定水样浊度可用分光光度法、浊度仪法和目视比浊法。

样品收集于具塞玻璃瓶内，应在取样后尽快测定。如需保存，可在 $4℃$ 冷暗处保存 24h，测试前要激烈振摇水样并恢复到室温。

（1）分光光度法

在适当温度下，硫酸肼与六亚甲基四胺聚合，形成白色高分子聚合物。以此作参比浊度标准液，在一定条件下与水样浊度相比较。

干扰及消除：水样应无碎屑及易沉降的颗粒。器皿不清洁及水中溶解的空气泡会影响测定结果。如在 680nm 波长下测定，天然水中存在的淡黄色、淡绿色无干扰。

本法适用于测定天然水、饮用水的浊度，最低检测浊度为 3 度。

（2）目视比浊法

将水样与由硅藻土（或白陶土）配制的浊度标准液进行比较。相当于 1mg 一定粒度的硅藻土（白陶土）在 1000mL 水中所产生的浊度，称为 1 度。

【仪器和药品】

仪器：烘箱、分析天平、干燥器、滤膜及相应的滤器或中速定量滤纸、玻璃漏斗、称量瓶、烧瓶、具塞比色管、容量瓶、量筒、紫外-可见分光光度计、筛子、研钵、蒸发皿、水浴锅。

药品：

（1）分光光度法

① 无浊度水：将蒸馏水通过 $0.2\mu m$ 滤膜过滤，收集于用滤过水荡洗两次的烧瓶中。

② 浊度贮备液

a. 硫酸肼溶液：称取 1.000g 硫酸肼（$N_2H_4 \cdot H_2SO_4$）溶于水中，定容至 100mL。

b. 六亚甲基四胺溶液：称取 10.00g 六亚甲基四胺 $[(CH_2)_6N_4]$ 溶于水中，定容至 100mL。

c. 浊度贮备液：吸取 5.00mL 硫酸肼溶液与 5.00mL 六亚甲基四胺溶液于 100mL 容量瓶中，混匀。于(25±3)℃下静置反应 24h，冷却后用水稀释至标线，混匀。此溶液浊度为 400 度，可保存一个月。

（2）目视比浊法

① 配制浊度标准液。称取 10g 通过 0.1mm 筛孔（150 目）的硅藻土，于研钵中加入少许蒸馏水调成糊状并研细，移至 1000mL 量筒中，加水至刻度。充分搅拌，静置 24h，用虹吸法仔细将上层 800mL 悬浮液移至第二个 1000mL 量筒中。向第二个量筒内加水至 1000mL，充分搅拌后再静置 24h。

虹吸出上层含较细颗粒的 800mL 悬浮液，弃去。下部沉积物加水稀释至 1000mL。充分搅拌后贮于具塞玻璃瓶中，作为浊度原液。其中含硅藻土颗粒直径大约为 400μm。

取上述悬浊液 50mL 置于已恒重的蒸发皿中，在水浴上蒸干。于 105℃ 烘箱内烘 2h，置干燥器中冷却 30min，称重。重复以上操作，即烘 1h，冷却，称重，直至恒重。求出每毫升悬浊液中含硅藻土的质量（mg）。

② 吸取含 250mg 硅藻土的悬浊液，置于 1000mL 容量瓶中，加水至刻度，摇匀。此溶液浊度为 250 度。

③ 吸取浊度为 250 度的标准液 100mL 置于 250mL 容量瓶中，用水稀释至标线，此溶液是浊度为 100 度的标准液。

于上述原液和各标准液中加入 1g 氯化汞，以防菌类生长。

【实验步骤】

1. 悬浮固体的测定

① 将滤膜或滤纸放在称量瓶中，打开瓶盖，在 103～105℃ 烘干 2h，取出冷却后盖好瓶盖称重，直至恒重（两次称量相差不超过 0.0005g）。

② 去除漂浮物后振荡水样，量取适量均匀水样（使悬浮物大于 2.5mg），通过上面称至恒重的滤膜或滤纸过滤；用蒸馏水洗残渣 3～5 次。如样品中含油脂，用 10mL 石油醚分两次淋洗残渣。

③ 小心取下滤膜或滤纸，放入原称量瓶内，在 103～105℃ 烘箱中，打开瓶盖烘 2h，冷却后盖好盖称重，直至恒重为止。

2. 浊度的测定

（1）分光光度法

① 标准曲线的绘制。吸取浊度贮备液 0mL、0.50mL、1.25mL、2.50mL、5.00mL、10.00mL 和 12.50mL，置于 50mL 比色管中，加水至标线。摇匀后即得浊度为 0 度、4 度、10 度、20 度、40 度、80 度、100 度的标准系列。在 680nm 波长下，用 3cm 比色皿，测定吸光度，绘制标准曲线。

② 水样的测定。吸取 50.0mL 摇匀水样（无气泡，如浊度超过 100 度可酌情少取，用无浊度水稀释至 50.0mL）于 50mL 比色管内，按校准曲线步骤测定吸光度，在标准曲线上查得水样浊度。

（2）目视比浊法

① 浊度低于 10 度的水样

a. 吸取浊度为 100 度的标准液 0mL、1.0mL、2.0mL、3.0mL、4.0mL、5.0mL、6.0mL、7.0mL、8.0mL、9.0mL 及 10.0mL 于 100mL 比色管中，加水稀释至标线，混匀。

其浊度依次为 0 度、1.0 度、2.0 度、3.0 度、4.0 度、5.0 度、6.0 度、7.0 度、8.0 度、9.0 度、10.0 度。

b. 取 100mL 摇匀水样置于 100mL 比色管中，与浊度标准液进行比较。可在黑色底板上，由上往下垂直观察。

② 浊度为 10 度以上的水样

a. 吸取浊度为 250 度的标准液 0mL、10mL、20mL、30mL、40mL、50mL、60mL、70mL、80mL、90mL 及 100mL 置于 250mL 的容量瓶中，加水稀释至标线，混匀，即得浊度为 0 度、10 度、20 度、30 度、40 度、50 度、60 度、70 度、80 度、90 度和 100 度的标准液，移入成套的 250mL 具塞玻璃瓶中，每瓶加入 1g 氯化汞，以防菌类生长，密塞保存。

b. 取 250mL 摇匀水样，置于成套的 250mL 具塞玻璃瓶中，瓶后放一有黑线的白纸作为判别标志，从瓶前向后观察，根据目标清晰程度，选出与水样产生视觉效果相近的标准液，记下其浊度值。

c. 水样浊度超过 100 度时，用水稀释后测定。

【数据处理】

1. 悬浮固体的测定

$$C = \frac{(A - B) \times 1000 \times 1000}{V}$$

式中，C 为悬浮固体的浓度，$mg \cdot L^{-1}$；A 为悬浮固体加滤膜或滤纸及称量瓶重，g；B 为滤膜或滤纸及称量瓶重，g；V 为水样体积，mL。

2. 浊度的测定

$$\rho = \frac{A(V + V')}{V}$$

式中，ρ 为水样的浊度，度；A 为稀释后水样的浊度，度；V' 为稀释水体积，mL；V 为原水样体积，mL。

不同浊度范围测试结果的精度要求如下：

浊度范围/度	精度/度	浊度范围/度	精度/度
1~10	1	400~1000	50
10~100	5	>1000	100
100~400	10		

【注意事项】

1. 悬浮固体的测定中，树枝、水草、鱼等杂质应从水样中去除；废水黏度高时，可加 2~4 倍蒸馏水稀释，振荡摇匀，待沉淀物下降后再过滤。

2. 浊度的测定中，硫酸肼毒性较强，属致癌物质，取用时注意。

【思考题】

1. 过滤时要注意什么？

2. 在悬浮固体的测量中，如何保证称量恒重？

3. 浊度与悬浮物的质量浓度有无关系？为什么？

实验三十五　天然水中油类的
紫外分光光度法测定

【实验目的】

1. 加深对环境中油类污染的认识。
2. 掌握油类的分析方法和技术，学会使用紫外-可见分光光度计。

【实验原理】

水中的油类来自较高级生物或浮游生物的分解，也有来自工业废水和生活污水的污染。漂浮于水体表面的油，影响空气-水体界面中氧的交换。分散于水中的油，部分吸附于悬浮微粒上，或以乳化状态存在于水体中，部分溶于水中。水中的油可被微生物氧化分解，从而消耗水中溶解氧，使水质恶化。

重量法是常用的分析方法，它不受油的品种限制，所测定的油不能区分矿物油和动、植物油。重量法方法准确，但操作繁杂，灵敏度差，只适于测定 $5mg \cdot L^{-1}$ 以上的油品。紫外分光光度法比重量法简单。石油类含有的具有共轭体系的物质在紫外光区有特征吸收峰。带有苯环的芳香族化合物主要吸收波长为 $250 \sim 260nm$，带有共轭双键的化合物主要吸收波长为 $215 \sim 230nm$。一般原油的两个吸收峰波长为 $225nm$ 及 $256nm$，其他油品如燃料油、润滑油等的吸收峰也与原油相近。本法测定波长为 $256nm$，最低检出浓度为 $0.05mg \cdot L^{-1}$，测定上限为 $10mg \cdot L^{-1}$。

【仪器和药品】

仪器：紫外-可见分光光度计（具有 $1cm$ 石英比色皿）、分液漏斗、容量瓶。

药品：硫酸、氯化钠、无水硫酸钠、石油醚或正己烷、油标准贮备液。

石油醚（$60 \sim 90℃$）或正己烷：纯化后使用，透光率大于 80%。如不纯，可用下法纯化：将 $0.30 \sim 0.15mm$（$60 \sim 100$ 目）粗孔微球硅胶和 $0.246 \sim 0.125mm$（$70 \sim 120$ 目）中性层析氧化铝在 $150 \sim 160℃$ 活化 $4h$，趁温热装入直径 $2.5cm$、长 $75cm$ 的玻璃柱中，使硅胶柱高 $60cm$，上面覆盖 $5cm$ 厚的氧化铝层，将石油醚通过此柱后收集于试剂瓶中，以水为参比，在 $256nm$ 处透光率应大于 80%。

油标准贮备液：用 20 号重柴油、15 号机油或其他认定的标准油品配制。准确称取标准油品 $0.1000g$ 溶于石油醚中，移至 $100mL$ 容量瓶中，并用石油醚稀释至标线，此溶液每毫升含 $1.00mg$ 油，贮于冰箱备用。

【实验步骤】

1. 标准曲线的绘制

把油标准贮备液用石油醚稀释为每毫升含 $0.100mg$ 油的标准液。向 8 个 $10mL$ 容量瓶中依次加入油标准液 $0.20mL$、$0.50mL$、$1.00mL$、$2.00mL$、$3.00mL$、$5.00mL$、$7.00mL$、$10.00mL$，用石油醚稀释至标线。其相应的浓度为 $2.00mg \cdot L^{-1}$、$5.00mg \cdot L^{-1}$、$10.00mg \cdot L^{-1}$、$20.0mg \cdot L^{-1}$、$30.0mg \cdot L^{-1}$、$50.0mg \cdot L^{-1}$、$70.0mg \cdot L^{-1}$、$100.0mg \cdot L^{-1}$。最后，在波长 $256nm$ 处，用 $1cm$ 石英比色皿，以石油醚为参比液测定标准系列的吸光度，并绘制标准曲线。

2. 样品预处理

将水样 500mL 全部倾入 1000mL 分液漏斗中，加入 5mL（1∶1）硫酸（若水样取样时已酸化，可不加）及 20g 氯化钠，加塞摇匀，用 15mL 石油醚洗采样瓶，并把此洗液移入分液漏斗中，充分振摇 2min（注意放气），静置分层。把下层水样放入原采样瓶中，上层石油醚放入 25mL 容量瓶中，再加入 10mL 石油醚，重复提取水样一次，合并提取液于容量瓶中。加石油醚至标线，摇匀。若容量瓶里有水珠或浑浊，可加入少量无水硫酸钠脱水。

3. 样品的测定

在波长 256nm 处，用 1cm 石英比色皿，以脱芳烃的石油醚为参比液，测定其吸光度，并在标准曲线上查出相应的浓度值。

【数据处理】

采用下式计算油浓度

$$C_{油} = C \times \frac{V_2}{V_1}$$

式中，C 为从标准曲线上查出的相应油浓度，$mg \cdot L^{-1}$；V_1 为被测水样体积，mL；V_2 为用石油醚定容体积，mL。

【注意事项】

1. 使用的石油醚应在一个较大的容器中混匀，使用相同透光率的石油醚绘制标准曲线及测定样品，否则会由空白值不同而产生误差。

2. 采集的样品必须有代表性。当只测定水中乳化状态的石油时，要避开漂浮在水面的油。一般在水表面下 20~50cm 处取水样。若要连同油膜一起采样，要注意水的深度、油膜厚度及覆盖面积。

3. 采样瓶应为定容的（如 500mL 或 1000mL）清洁玻璃瓶，用溶剂清洗干净，勿用肥皂洗。每次采样时，应装水至刻度线。

4. 为了保存水样，采集样品之前，可向瓶里加入硫酸［每升水样加 5mL(1∶1) 硫酸］，使水样 pH＜2，抑制微生物活动，于低温下（＜4℃）保存。在常温下，样品可保存 24h。

【思考题】

1. 为什么使用石油醚作为溶剂？

2. 以石油醚为参比液的目的是什么？

3. 使用分液漏斗洗涤后上层和下层分别放出的是什么？如何放出？

实验三十六　环境中有机物辛醇-
水分配系数的测定

【实验目的】

1. 掌握有机物在不同相中分配系数的测定方法。
2. 学会使用紫外-可见分光光度计。

【实验原理】

各种有机污染物，在不同环境条件下的分配系数是不同的，有机物在土壤中被吸附，经日光照射、雨水冲刷，可能进行转化和迁移，特别是有机物在生物体中可以被浓缩，进入食物链，因此，我们测定有机化合物在不同环境中的分配系数，来评价有机物在环境中的浓度比，以 P 表示：

$$P = \frac{[D]_c}{[D]_a}$$

式中，$[D]_c$ 为非水相中有机物的平衡浓度；$[D]_a$ 为水相中有机物的平衡浓度。

为了比较化合物在生物体中的富集情况，一般选用正辛醇（n-octanol）为非水相，得到正辛醇-水分配系数 P_{ow}。

由于辛醇中有机物的浓度难以测定，我们只选择水中有机物的浓度，根据测定的水相中分配前后有机物的浓度差，确定样品在有机相中分配后的浓度，求得分配系数的计算公式：

$$K_{ow} = \frac{C_o V_o - C_w V_w}{C_w V_w}$$

式中，C_o 为有机相初始浓度；C_w 为分配平衡后水相浓度；V_o、V_w 分别为有机相和水相的体积。

【仪器和药品】

仪器：紫外-可见分光光度计、振荡机、离心机、容量瓶、塑料瓶、离心管、移液管、滴管、具塞比色管。

药品：正辛醇、乙醇、对二甲苯、苯胺。

【实验步骤】

1. 标准曲线的制作

移取 10mL 对二甲苯于 100mL 容量瓶中，用乙醇稀释至刻度，摇匀。取该溶液 0.10mL 于 25mL 容量瓶中，再用乙醇稀释至刻度，摇匀，此时浓度为 $400\mu L \cdot L^{-1}$。在 5 个 25mL 容量瓶中各加入该溶液 1.00mL、2.00mL、3.00mL、4.00mL 和 5.00mL，用蒸馏水稀释定容，在紫外-可见分光光度计上于波长 λ 为 227nm 处，以蒸馏水为参比，测定吸光度值 A。利用所测得的标准系列的吸光度值对浓度 C 作图，绘制标准曲线。

2. 溶剂的预饱和

将 20mL 正辛醇与 200mL 二次蒸馏水在振荡器上振荡 24h，使二者相互饱和，静置分层后，两相分离，分别保存备用。

3. 平衡时间的确定及分配系数的测定

① 移取 0.40mL 对二甲苯于 10mL 容量瓶中，用上述处理过的被水饱和的正辛醇稀释

至刻度，该溶液中对二甲苯的浓度为 $4 \times 10^4 \mu L \cdot L^{-1}$。

② 分别移取 1.00mL 上述溶液于 6 个具塞比色管中，用上述处理过的被正辛醇饱和的二次蒸馏水稀释至刻度。盖紧塞，置于振荡器上，分别振荡 0.5h、1.0h、1.5h、2.0h、2.5h 和 3.0h，离心分离，用紫外-可见分光光度计测定水相吸光度 A。

③ 根据不同时间化合物在水相中的浓度，绘制化合物平衡浓度随时间的变化曲线，由此确定实验所需要的平衡时间。

④ 利用到达平衡时化合物在水相中的浓度，计算正辛醇-水分配系数。

【注意事项】

1. 化合物若是有机酸碱，应在水相中加入缓冲剂，使 pH 至少调到与未解离成分的 pK_a 值相差三个 pH 单位。

2. 振荡法测定分配系数速度较快，但存在有机物易形成胶体颗粒、挥发、吸附等缺点。

【思考题】

1. 正辛醇-水分配系数的测定有何意义？

2. 振荡法测定正辛醇-水分配系数有哪些优缺点？

第七章　材料化学

实验三十七　介孔氧化铝的制备

【实验目的】

1. 掌握用溶胶-凝胶溶剂挥发诱导自组装法制备介孔氧化铝纳米材料。
2. 了解氧化铝在工业中的应用。
3. 了解氧化铝的制备方法。

【实验原理】

氧化铝是一种市场需求量很大的化学品，在金属铝的冶炼、石油化工、有机合成、精细化工等领域具有广泛的用途。氧化铝分子量为 101.96，分子式通常表示为 Al_2O_3，一般为白色或灰白色粉末。氧化铝是典型的两性金属氧化物，不溶于水，可溶于较强的无机酸和碱性溶液，由于其结晶形态不同，在同一酸、碱溶液中的溶解度与溶解速度也不相同。氧化铝的晶体类型丰富，主要有 α-Al_2O_3、β-Al_2O_3、γ-Al_2O_3、δ-Al_2O_3、θ-Al_2O_3、κ-Al_2O_3。γ-Al_2O_3 是一种常用于催化剂、吸附剂及其相应载体的多孔性氧化铝。它具有分散度好和热稳定性好、耐磨损、抗破碎强度高、比表面积高、吸附性能好、表面酸性、孔径与孔隙可调的特点。但是传统的 γ-Al_2O_3 比表面积较小且孔径较大、孔分布较宽而不能充分满足在催化过程中对选择性、稳定性、反应接触面积等有特殊要求的反应。因此，合成具有更大比表面积、较小孔径和较窄孔分布的氧化铝分子筛具有重要意义和广阔的应用前景。

通常采用溶胶-凝胶法、水热合成法、沉淀法、微乳液法、双水解法、硬模板法等得到 Al_2O_3 前驱体，然后通过煅烧或者溶剂萃取的方法除去模板剂分子后获得 Al_2O_3。利用表面活性剂为软模板剂合成多级孔氧化铝也是常用的方法之一。根据材料制备过程中使用模板的情况，可将合成方法分为表面活性剂法和非表面活性剂法。表面活性剂法，根据所采用的表面活性剂的不同，有阳离子表面活性剂模板法、阴离子表面活性剂模板法和非离子表面活性剂模板法。在该实验中采用溶胶-凝胶溶剂挥发诱导自组装法，以表面活性剂脂肪醇聚氧乙烯醚为模板剂，制备高热稳定的有序介孔级氧化铝材料。通过改变反应条件可有效地控制前驱体的聚集形态，产生超微孔结构，从而改变氧化铝的孔径尺寸和性能，以扩大其应用范围。

【仪器和药品】

仪器：烧杯、量筒、移液管、培养皿、称量瓶、干燥器、电子天平、磁力搅拌器、研钵、坩埚、鼓风干燥箱、马弗炉、水浴锅、热重分析仪、氮吸附仪。

药品：脂肪醇聚氧乙烯醚（AEO-7）、无水乙醇、柠檬酸、硝酸、异丙醇铝、硝酸铝。

【实验步骤】

1. 氧化铝孔材料制备（1g脂肪醇聚氧乙烯醚）

① 称取1g表面活性剂脂肪醇聚氧乙烯醚（AEO-7）溶于20mL无水乙醇溶液中，加入0.5000g羧酸和2.00mL硝酸（68%～70%，质量分数）。

② 在搅拌调节下加入0.01mol的铝源（异丙醇铝或硝酸铝），塑料膜封口，置于30℃水浴锅中磁力搅拌1h，得湿凝胶。

③ 将反应混合物倒入培养皿中，放置于烘箱中在80℃温度下挥发乙醇和水2h，得到干凝胶。

④ 取烘干的前驱体物置于研钵内研磨成粉末，转移至坩埚中放于马弗炉内程序升温加热到400℃（5℃·min^{-1}）焙烧2h，待冷却至室温后取出，即制得白色粉末状介孔高比表面积的氧化铝材料。

⑤ 将制备的白色粉体材料装入称量瓶，放入干燥器中保存，待物理化学性质检测等使用。

2. 氧化铝孔材料制备（0.5g脂肪醇聚氧乙烯醚）

① 称取0.5g表面活性剂脂肪醇聚氧乙烯醚（AEO-7）溶于20mL无水乙醇溶液中，加入0.5000g羧酸和2.00mL硝酸（68%～70%）。

② 在搅拌调节下加入0.01mol的铝源（异丙醇铝或硝酸铝），塑料膜封口，置于30℃水浴锅中磁力搅拌1h，得湿凝胶。

③ 将反应混合物倒入培养皿中，放置于烘箱中在80℃温度下挥发乙醇和水2h，得到干凝胶。

④ 取烘干的前驱体物置于研钵内研磨成粉末，转移至坩埚中放于马弗炉内程序升温加热到400℃（5℃·min^{-1}）焙烧2h，待冷却至室温后取出，即制得白色粉末状介孔高比表面积的氧化铝材料。

⑤ 将制备的白色粉体材料装入称量瓶，放入干燥器中保存，待物理化学性质检测等使用。

3. 氧化铝物理性质测试

采用热重分析实验中所得前驱体在不同温度时的质量损失情况，研究材料的热稳定性。采用氮吸附仪分析实验所得氧化铝孔径分布、孔径大小和比表面积。比较制备的两种氧化铝孔材料孔径分布、孔径大小和比表面积。

【注意事项】

1. 调节好磁力搅拌器的转速，保证加入的表面活性剂全部溶解。也可在转速均匀的情况下稍微改变一下无水乙醇的量，以确保表面活性剂完全溶解。

2. 塑料膜封口要严密，尽可能地减少乙醇的挥发和二氧化碳气体的混入。

3. 制备湿凝胶和干凝胶时可适当调整搅拌时间及烘烤温度。

4. 高温煅烧后要等到温度降至室温或不烫手时才能从马弗炉中取出坩埚，若取出时温度还较高应将坩埚放于石棉网上，不能直接放置到实验台桌面。

5. 最终制备的样品要收集起来，不能随便乱扔，避免污染环境。

【思考题】

1. 该实验中所用表面活性剂能否用其他种类表面活性剂代替，为什么？

2. 实验中能否用乙醇和水的混合溶液代替乙醇溶液，为什么？

3. 煅烧的目的是什么？如果实验中煅烧温度比较低，对产物有何影响？

4. 分析脂肪醇聚氧乙烯醚量的不同对制备的氧化铝孔材料孔径分布、孔径大小和比表面积的影响。

实验三十八　纳米氧化铜的制备及其光催化性能研究

【实验目的】

1. 掌握纳米氧化铜水热反应制备方法。
2. 掌握水热反应及反应釜的使用。
3. 了解纳米氧化铜的光催化应用。

【实验原理】

随着经济的发展、社会的进步，农业、工业和生活废水等越来越多，废水中污染物种类多、有机物含量高、生物降解性差，有的废水具有生物毒性，对本就稀缺的水资源造成了巨大的浪费。因此，随着水资源危机的加剧和人们饮水安全意识的提高，国内外都开始高度重视废水的综合治理，以寻求更好、更有效的治理方法，节约水资源。

传统的水处理工艺主要是去除废水中的微小颗粒及细菌，一般包括沉淀、过滤、氯气消毒等处理手段，这只能有效地去除水体中的悬浮物、病菌及胶状物质等，而对废水中大量的有机污染物去除效果不理想。通过科学研究发现，利用半导体材料在紫外光及可见光照射条件下发生化学反应可使废水中的有机污染物氧化分解成 H_2O、CO_2 及小分子无机物，将有机物彻底破坏。随着半导体材料的深入研究，高级氧化工艺中的半导体光催化氧化法受到了环境工作者的极大关注。将半导体光催化氧化应用在环境保护中，特别是有机废水处理方面，效果很好。半导体光催化氧化法具有能耗低、反应条件温和、操作简单方便、无二次污染物等特点。氧化铜纳米材料具有化学稳定性良好、耐酸、耐碱及低毒、廉价等特点，易于工业化生产，是典型的 P 型半导体材料、光催化材料。

【仪器和药品】

仪器：烧杯、磁力搅拌器、水热反应釜、量筒、称量瓶、干燥器、鼓风干燥箱、抽滤装置、研钵、紫外灯、紫外-可见分光光度计、光催化装置、高速离心机。

药品：硝酸铜、尿素、无水乙醇、甲基橙。

【实验步骤】

1. 纳米氧化铜的制备

① 将硝酸铜（0.3760g）与尿素（0.060g）按照物质的量之比为 2：1 加入 100mL 蒸馏水中，磁力搅拌 10min。

② 转入 150mL 水热反应釜中，置于鼓风干燥箱中 130℃水热 2h 后冷却到室温。

③ 过滤，洗涤，80℃干燥 2h，取出后放于研钵中研细，即得黑色纳米氧化铜。装入称量瓶中，置于干燥器中待用。

2. 纳米氧化铜光催化甲基橙

（1）储备液的配制

甲基橙是一种橙红色鳞状晶体或粉末，密度为 1.28g·cm^{-3}，分子量为 327.33，微溶于水，较易溶于热水，不溶于乙醇。准确称量甲基橙 10mg，用 1L 蒸馏水溶解，即得 10mg·L^{-1} 的储备液，放到棕色试剂瓶中避光保存待用。

（2）甲基橙溶液全波段吸收光谱的测定

调节甲基橙溶液 pH＝3，用紫外-可见分光光度计测定该溶液的吸光度值，测出甲基橙溶液的最大吸收波长，然后在此波长下测定不同浓度的甲基橙溶液的吸光度，绘制出标准曲线。

（3）氧化铜对甲基橙降解效率的测定

在纳米氧化铜光催化氧化降解甲基橙的体系中考察氧化铜对甲基橙的降解效率。反应一定的时间后，每次取出甲基橙溶液约 15mL，用高速离心机离心，取上层清液用紫外-可见分光光度计在测定的最大吸收波长处测定其吸光度值，实验中使用 1cm 的石英比色皿。

（4）空白对照实验

分别对照甲基橙吸光度-浓度标准曲线计算甲基橙浓度。

① 无光无催化剂空白实验。取 50mL 10mg·L^{-1} 的甲基橙加入石英反应容器中，磁力搅拌，不添加纳米 CuO 催化剂，无紫外光照射。搅拌 1h 后测试该溶液甲基橙吸光度。

② 无光有催化剂空白实验。取 50mL 10mg·L^{-1} 的甲基橙加入石英反应容器中，加入纳米氧化铜催化剂 0.03g，无紫外光照射，搅拌 1h 后取样 15mL，高速离心后取上清液测定吸光度值。

③ 有光无催化剂空白实验。取 50mL 10mg·L^{-1} 的甲基橙加入石英反应容器中，打开紫外灯，不加催化剂，其他实验条件与无光源反应相同，搅拌 1h 后取样测定该溶液吸光度值。

【注意事项】

1. 水热反应釜中装入溶剂占聚四氟乙烯内衬容积的 70%～80%，将聚四氟乙烯内衬装入不锈钢杯体中时特别要认真检查不锈钢杯体底部是否平整，若不平整则应调整好再使用，不锈钢杯盖刚刚旋紧即可，无须用力拧紧，否则实验完成后将很难打开，反应最高温度要按照聚四氟乙烯内衬材料特性确定，一般聚四氟乙烯内衬允许温度不超过 280℃。

2. 减压过滤时滤纸大小要合适，尽量避免所得产物从漏斗边缘流掉，造成产物产量偏小或不足。

3. 甲基橙溶液的最大吸收波长和标准曲线要准确，尽量减小实验误差。

4. 紫外光照射光催化一定要处于黑暗环境下，避免其他光源对实验结果的影响。

5. 要正确使用紫外-可见分光光度计。

6. 剩余产物不能随意丢弃，避免污染环境和浪费材料。

【思考题】

1. 氧化铜能否在可见光或太阳光范围内对甲基橙进行光催化降解，为什么？

2. 甲基橙的浓度对其光催化降解是否有影响，为什么？

3. 水热反应釜中的溶剂能否全部填满聚四氟乙烯内衬的容积？

实验三十九　超声辅助合成及剥离钙铝水滑石

【实验目的】

1. 了解水滑石类材料的制备方法及用途。
2. 掌握用超声辅助共沉淀的方法制备水滑石材料。
3. 初步练习机械剥离类水滑石双金属层状氢氧化物纳米片。

【实验原理】

水滑石也被称为水滑石类化合物，是一种层状双羟基复合金属氧化物的黏土材料。水滑石物质有一个特殊的带有正电荷层状结构，层间区域结构有带负电的阴离子使其保持电荷平衡，可以允许相似价态不同阴离子在层间，阳离子在层板中替换。水滑石物质种类繁多，组成可用通式表示为 $\left[M_{(1-x)}^{2+}M_x^{3+}(OH)_2\right]A_{x/n}^{n-}\cdot mH_2O$，其中 M^{2+} 和 M^{3+} 分别为二价和三价金属阳离子，它们处于类水滑石纳米片八面体晶体结构的空缺位置，A^{n-} 是双金属层状氢氧化物（LDHs）层间水合阴离子。水滑石化合物具有独特的结构特性、组成及孔结构可调、比表面积大、结晶度好等特点，使其不仅具有类似离子交换树脂一样的交换能力，同时具有耐热性、耐碱性、耐辐射性、选择性催化和吸附性能。在催化、吸附等领域展示了广阔的应用前景。例如水滑石类化合物用作催化剂及催化剂载体、离子交换和吸附剂、多功能红外吸收材料、紫外吸收和阻隔材料、阻燃剂、光学及电化学材料、重金属污染水净化处理材料等。从水滑石材料中剥离得到的氢氧化物纳米片厚度通常在 $1\sim5nm$ 之间，这样厚度的纳米片具有许多新奇的物理化学性质，同时水滑石材料由块体材料转变为 2D 纳米片材料，极大地提高了水滑石材料的利用率；单层或少数几层的双金属氢氧化物纳米片在医药载体、离子交换和吸附、异质组分功能纳米复合材料、传感器、阻燃剂、薄膜的制备及电化学响应等方面具有非常好的应用前景。

天然存在的水滑石元素单一、结晶度低、杂质含量高，很难符合科研和实际应用的要求，因此人工合成可控性高、性能优良的水滑石就显得十分必要。水滑石的制备方法主要有：共沉淀法、水热合成法、离子交换法、焙烧还原法、成核/晶化隔离法、超声辅助法、溶胶-凝胶法、盐-氧化法、尿素水解法、诱导水解法、脉冲激光法、表面合成法和模板法等。其中将超声辅助和共沉淀法相结合可以简化反应步骤，缩短反应时间，实验过程简单、易控制并能够得到具有较好结晶度的水滑石材料。

类水滑石层状双金属氢氧化物纳米片的剥离通常需要在极性有机溶剂中进行，先将制备的具有一定层间距的类水滑石层状双金属氢氧化物置于一定量的极性有机溶剂中进行溶胀，使水滑石材料变得蓬松，有机溶剂分子进入氢氧化物纳米层间，再利用超声波或者搅拌等机械力将氢氧化物纳米片从水滑石材料母体剥离开形成纳米片的胶体悬浮液。

【仪器和药品】

仪器：烧杯、电子天平、马弗炉、坩埚、鼓风干燥箱、研钵、称量瓶、干燥器、激光笔、超声波清洗机、抽滤装置、傅里叶变换红外仪、X 射线粉末衍射仪。

药品：鸡蛋壳、硝酸铝、无水乙醇、甲酰胺。

【实验步骤】

1. 钙铝水滑石的制备

硝酸根插层钙铝水滑石的合成方法如下：

① 称取鸡蛋壳 3g，经清洗、除去内膜、烘干、研碎成粉末状。

② 将粉末状蛋壳粉转移至坩埚中，放置到马弗炉内在温度为 900℃下焙烧 1h，升温速率为 $10℃ \cdot min^{-1}$。确保鸡蛋壳中的 $CaCO_3$ 完全转化为 CaO。

③ 煅烧结束冷却至室温后再取出坩埚，将粉末倒入研钵中进一步磨细，最后得到白色 CaO 粉末，收集到称量瓶中放置于干燥器内隔潮保存，防止 CaO 吸湿生成 $Ca(OH)_2$，影响后期实验使用。

④ 用电子分析天平称量 1.0000g 的 CaO 粉末溶于 100mL 蒸馏水中，超声振荡 20min，按照氧化钙和硝酸铝物质的量之比为 1∶1 加入硝酸铝继续超声 30min，整个过程尽量隔绝空气，防止空气中二氧化碳对制备材料性能的影响，并保持反应温度在 55～60℃之间。

⑤ 超声停止后陈化 2h，然后过滤、洗涤，在烘箱中 60℃干燥。即得钙铝水滑石。

2. 钙铝水滑石纳米片的剥离

准确量取 100mL 甲酰胺于干燥的烧杯中，称取 0.1000g 钙铝水滑石粉末加入甲酰胺溶液里浸泡、溶胀 2h，然后在超声波清洗机水槽中超声振荡，直到将加进去的钙铝水滑石粉末全部溶解剥离即得钙铝水滑石纳米片胶体悬浮液。

3. 硝酸根插层钙铝水滑石性质检测

利用傅里叶变换红外仪（光谱范围为 4000～500cm^{-1}）检测插层硝酸根和插层水分子，利用 X 射线粉末衍射仪（辐射源为 CuKα，X 射线波长 $\lambda = 0.154056nm$，扫描速率为 $10° \cdot min^{-1}$，扫描角度范围 5°～80°）检测钙铝水滑石晶体结构，根据 Tyndall 效应用激光笔简单检测所得胶体悬浮液。

【注意事项】

1. 蛋壳粉在高温煅烧后一定要冷却到坩埚不烫手时，最好冷却到室温后再取出，避免温度过高对实验人员和实验台造成伤害。

2. 尽量避免煅烧所得氧化钙粉末受潮。

3. 若超声剥离的胶体悬浮液中有沉淀时，则需通过离心分离技术将沉淀物质去除。

4. 剩余钙铝水滑石不能随意丢弃，避免污染环境和浪费材料。

【思考题】

1. 超声辅助共沉淀实验中超声辅助的作用是什么？

2. 实验中超声辅助时间是否越久越好？试说明原因。

3. 在超声辅助剥离钙铝水滑石材料时能否不溶胀就进行超声振荡剥离？

4. 若无甲酰胺，能否用正丁醇代替？尝试实验。

5. 如果没有将煅烧所得氧化钙放到干燥器内，而长时间露置于空气中，氧化钙能否为后续实验所用，为什么？

实验四十　微波辅助水热法合成二氧化锰

【实验目的】

1. 了解二氧化锰的合成方法和研究意义。
2. 掌握微波合成反应器制备二氧化锰纳米材料的方法。

【实验原理】

微波是一种频率为 $0.3\sim300GHz$ 的电磁波，是无线电波中一个有限频带的简称，即波长为 $1mm\sim1m$（不包含 $1m$）范围内的电磁波，是分米波、厘米波、毫米波和亚毫米波的统称。微波通常具有穿透玻璃、塑料和瓷器等材料而不被吸收的性质，然而遇到金属类材料时则会被反射。微波作为一种加热手段，实际上是一种极化作用。微波推动化学反应进行的基础是可以有效地对材料进行加热，而不是通过直接吸收高能的电磁辐射来诱发反应的进行。微波合成具有加热速率快、热源不直接接触反应物或溶剂、容易控制反应参数、可以对混合物中的不同物质进行选择性加热、能进行自动化和高通量的合成等优点，但微波合成也存在一些缺点影响它规模化应用，例如微波反应器的售价较高、微波辐射在液体介质中的穿透深度有限等。

微波加热与水热相结合的合成方法可以增强产物的结晶动力学和促进新产物的生成。微波加热是基于偶极极化和电子传导机制来实现的。与传统的加热方法相比较，微波加热是一种具有高产率和可重复性的快速、简便且绿色的合成方法。微波辅助水热方法被广泛地用于无机纳米材料的合成中，如金属纳米材料、过渡金属的氧化物和硫化物以及磷酸盐的合成等。这些利用微波辅助水热法合成的材料在光学、催化和荧光等领域有着潜在的应用。

纳米材料的物理和化学性质与其结构和形貌有着密切的关系。二氧化锰具有结构多样、价格低廉和环境友好等特点，在催化剂、磁性材料、分子/离子筛、医用材料、离子交换材料、锂离子电池、超级电容器、湿敏和气敏元件等诸多领域得到了广泛的应用。近年来，人们在结构可调和形貌可控的二氧化锰纳米材料的合成上投入了大量的精力。现已报道的二氧化锰的合成方法有：溶胶-凝胶法，水热法，热分解法，回流法，电沉积法和微波辅助水热法等。在上述方法中，微波辅助水热法为二氧化锰纳米材料的合成提供了一种相对有效、简单且较为绿色的途径。

【仪器和药品】

仪器：烧杯、电子天平、量筒、移液管、称量瓶、干燥器、磁力搅拌器、滴管、微波合成反应器、抽滤装置、鼓风干燥箱、研钵。

药品：$KMnO_4$、$NaCl$、KOH、浓盐酸（37％，质量分数）、浓硫酸（98％）、浓硝酸、无水乙醇。

【实验步骤】

1. 二氧化锰的制备

（1）微波反应 10min

① 称取 0.075mol $KMnO_4$ 溶于 50mL 蒸馏水中，将溶液磁力搅拌 30min。

② 移取 5mL 的浓盐酸溶于 50mL 水中，搅拌形成溶液。

③ 在持续搅拌的条件下，将稀释的盐酸溶液慢慢逐滴加入 $KMnO_4$ 溶液中，再继续搅拌 30min。

④ 将所得溶液转移到微波合成反应器中，在 180℃下反应 10min，反应过程中不断搅拌。

⑤ 反应结束后待冷却至室温，从微波合成反应器中倒出溶液进行抽滤，用蒸馏水和乙醇交替洗涤沉淀 3 次，放置于鼓风干燥箱中在 80℃干燥 4h，即得黑色的二氧化锰。

⑥ 干燥后将二氧化锰倒入研钵内研细成粉末，装入称量瓶待用。

（2）微波反应 20min

① 称取 0.075mol $KMnO_4$ 溶于 50mL 蒸馏水中，将溶液磁力搅拌 30min。

② 移取 5mL 的浓盐酸溶于 50mL 水中，搅拌形成溶液。

③ 在持续搅拌的条件下，将稀释的盐酸溶液慢慢逐滴加入 $KMnO_4$ 溶液中，再继续搅拌 30min。

④ 将所得溶液转移到微波合成反应器中，在 180℃下反应 20min，反应过程中不断搅拌。

⑤ 反应结束后待冷却至室温，从微波合成反应器中倒出溶液进行抽滤，用蒸馏水和乙醇交替洗涤沉淀 3 次，放置于鼓风干燥箱中在 80℃干燥 4h，即得黑色的二氧化锰。

⑥ 干燥后将二氧化锰倒入研钵内研细成粉末，装入称量瓶待用。

（3）微波反应 30min

① 称取 0.075mol $KMnO_4$ 溶于 50mL 蒸馏水中，将溶液磁力搅拌 30min。

② 移取 5mL 的浓盐酸溶于 50mL 水中，搅拌形成溶液。

③ 在持续搅拌的条件下，将稀释的盐酸溶液慢慢逐滴加入 $KMnO_4$ 溶液中，再继续搅拌 30min。

④ 将所得溶液转移到微波合成反应器中，在 180℃下反应 30min，反应过程中不断搅拌。

⑤ 反应结束后待冷却至室温，从微波合成反应器中倒出溶液进行抽滤，用蒸馏水和乙醇交替洗涤沉淀 3 次，放置于鼓风干燥箱中在 80℃干燥 4h，即得黑色的二氧化锰。

⑥ 干燥后将二氧化锰倒入研钵内研细成粉末，装入称量瓶待用。

2. 二氧化锰性质检测

① 取少量所得粉末加入 5mL $1mol \cdot L^{-1}$ 的盐酸溶液中，搅拌振荡，若有氯气产生，说明所制备黑色粉末物质为二氧化锰。

② 对粉末物质进行 X 射线衍射分析（辐射源为 $CuK\alpha$，X 射线波长 $\lambda = 0.154056nm$，扫描速率为 $10° \cdot min^{-1}$，扫描角度范围 5°～80°），确定其晶体结构。

【注意事项】

1. 移取浓盐酸时要在通风橱中操作。

2. 在向高锰酸钾溶液中滴加稀盐酸溶液时速度要慢，太快会对制备产物有影响。

3. 微波辅助反应操作前要对选用的微波合成反应器杯盖进行扩张，否则影响反应效果。本次实验是在带压条件下操作，所以对微波反应杯的密封性要求很高，以便于实验中按照设置的实验参数很好地加压和升温，保证实验的顺利进行。

4. 仔细阅读扭力扳手的使用说明，实验开始前要会操作使用。

5. 设置微波反应器参数准备开始反应时要先将安全防护罩放下，并且放到卡槽中。

【思考题】

1. 思考能否将配制的盐酸溶液直接倾倒入高锰酸钾溶液中，试分析原因。
2. 实验中盐酸溶液的浓度能不能改变，改变后对产物是否会有影响？
3. 检验所制备的黑色粉末是否为二氧化锰的方法有哪些？
4. 思考微波反应过程中持续搅拌的原因。
5. 根据微波反应原理，能否用非极性溶剂进行本实验？试说明原因。

实验四十一　Ce 掺杂 ZnO 光催化氧化脱硫

【实验目的】

1. 了解含硫化合物的转化及脱硫的意义。
2. 了解掺杂杂原子对纳米材料改性的意义。
3. 掌握化学共沉淀法制备掺杂纳米材料。
4. 掌握光催化氧化脱硫的方法。

【实验原理】

石油作为一种不可再生的能源资源，随着经济社会的发展，贮量减少，品质变差，硫含量增高。高硫油品中的硫燃烧后生成的 SO_x 是形成酸雨，腐蚀工业设备，影响农作物生长，造成呼吸道、肺部伤害的主要诱因。氧化脱硫（ODS）技术，具有反应条件温和、对芳香族硫化物脱除率高等优点，其中所用催化剂是 ODS 技术的关键。

半导体材料在光照的条件下形成的光生空穴具有强氧化性。氧化锌是一种易制备、来源广、价格便宜、对环境几乎无污染的金属氧化物半导体材料，但氧化锌存在能带带隙宽和光生电子-空穴对快速复合的缺陷。半导体材料通常用高温煅烧，金属、非金属掺杂或与其他半导体材料复合的方法克服其在光催化过程中氧空穴少和光生电子-空穴对易复合的难题。

共沉淀法是目前应用广泛、技术成熟的纳米氢氧化物制备方法之一。共沉淀法的优势在于制备工艺过程简单、反应易于操作、反应条件温和，化学反应直接制得的纳米氢氧化物颗粒化学组分通常较均一、产物纯度较高，且容易制备颗粒粒径小、尺寸均匀的纳米氢氧化物。共沉淀法是制备含有两种或两种以上金属元素的纳米复合材料的重要方法。本实验采用化学共沉淀法和高温煅烧制备掺杂氧化锌光催化材料。

光催化氧化反应脱硫率用 η 表示：

$$\eta = \frac{C_1 - C_2}{C_1} \times 100\%$$

式中，C_1 为反应前样品中硫含量，$mg \cdot L^{-1}$；C_2 为反应后样品中硫含量，$mg \cdot L^{-1}$。

【仪器和药品】

仪器：烧杯、电子天平、磁力搅拌器、滴管、容量瓶、量筒、抽滤装置、鼓风干燥箱、玛瑙研钵、马弗炉、坩埚、光催化装置、高压汞灯、液相色谱仪、移液枪。

药品：苯并噻吩、乙酸锌、乙酸铈、过氧化氢（30%）、氨水、石油醚、无水乙醇、色谱纯乙腈、蒸馏水。

【实验步骤】

① 在 100mL 蒸馏水中按物质的量之比 $[n(Zn) : n(Ce)]$ 0.89 : 0.11 加入乙酸锌和乙酸铈进行溶解，在磁力搅拌 40min 后用浓氨水调节溶液 pH 为 9。

② 继续搅拌 30min 后陈化 1h，然后抽滤，用蒸馏水和无水乙醇交替洗涤沉淀物 3 次，置于鼓风干燥箱中 60℃烘干，研磨，即得 Ce 掺杂 ZnO 催化剂前驱体。

③ 将催化剂前驱体置于马弗炉中在 300℃（升温速率 5℃·min^{-1}）煅烧 2h，待冷却至室温后取出，即得 $Zn_{0.89}Ce_{0.11}O$ 催化剂。

④ 称取一定量制备的催化剂转入带有石英冷阱的光催化反应瓶中，接通冷凝循环水（温度控制在 25℃），量取 200mL 苯并噻吩-石油醚溶液（硫含量为 $300mg \cdot L^{-1}$）和 20mL 过氧化氢加入反应瓶，将反应装置固定在磁力搅拌器上，然后在冷阱中放置高压汞灯（125W），在紫外光照射下进行光催化氧化脱硫反应。

⑤ 待反应 1.5h 后移取上清液 8mL，以水为萃取剂进行萃取，过滤后移取 5mL 油相萃取液为待测液，用 DGU-20A3 E 液相色谱仪检测溶液中残留的苯并噻吩含量。色谱检测条件：检测器使用紫外检测器，检测波长为 269nm，流动相为色谱纯乙腈，流速为 $0.5 \sim 1.5mL \cdot min^{-1}$，柱温 30℃，进样量 $10\mu L$，使用 ODS-3 分离柱。

【注意事项】

1. 称量的原料药品需溶解完全。
2. 沉淀剂滴加不宜太快，以慢为宜。
3. 煅烧后材料需自然冷却到室温。
4. 高压汞灯需离底部 5cm 左右。
5. 磁力搅拌转子转速适中。
6. 待测样品需萃取、过滤后检测。

【思考题】

1. 沉淀剂滴加过快对掺杂产物有什么影响？
2. 为什么不能对反应后的上清液直接进行测量？

实验四十二　球磨法制备纳米材料

【实验目的】

1. 了解物理方法制备纳米材料的原理。
2. 了解电容测定的一般方法。
3. 掌握利用电化学工作站对电活性材料进行简单的电化学性能测定的方法。

【实验原理】

机械球磨法，是以破碎和研磨的方式使磨料达到极微、纳米态和合金态的一种材料制备方法。机械球磨通常将球磨介质与物料相混合在一个稳定的空间，借助磨球与磨料的重力势能以及高速旋转形成的机械能，使磨球、磨料以及容器内壁之间发生相互挤压和碰撞，使材料在常温条件下即可发生固相转变。通过机械球磨法制备纳米材料过程简单、成本低、效率高，已经被广泛用于制备各种传统、新型纳米材料。

镍锌铁氧体、锰锌铁氧体、镍铁氧体等软磁材料是我们科学研究和日常生活中常用的重要陶瓷磁性材料，由于其特殊的性质，如低涡流损耗、高电阻率、优异的化学稳定性和热稳定性、低矫顽力等，已经广泛应用于电气设备和电信行业。在磁性材料中，尖晶石结构铁氧体和无机钙钛矿氧化物应用在超级电容器中作为工作电极具有优异的性能。尖晶石结构铁氧体纳米材料具有高能量密度、高功率以及良好的电容保持稳定性。对于纳米材料而言，温度、尺寸、形貌是影响材料性能的主要因素。钴酸锂是锂离子电池的重要的正极材料，在电子设备中发挥着重要作用。低温钴酸锂大部分容量在较低的电压区域（3.3~3.9V），而高温钴酸锂的大部分容量在较高的电压区域（3.8~4.3V）的范围内。较小的颗粒尺寸更有利于锂离子的固态扩散。机械球磨能够以高效快捷的方法大量制备钴酸锂纳米材料。

【仪器和药品】

仪器：电子天平、磁力搅拌器、鼓风干燥箱、压片机、电化学工作站、汞-氧化汞电极、铂电极、电解池、马弗炉、球磨机。

药品：碱式碳酸钴、碳酸锂、无水乙醇、N-甲基吡咯烷酮、氢氧化钾、聚四氟乙烯、乙炔黑、去离子水。

【实验步骤】

① 将 100g 碱式碳酸钴置于马弗炉中以 $5℃ \cdot min^{-1}$ 的升温速率于 $450℃$ 进行热处理后自然降温得到球磨材料前驱体四氧化三钴，再将一定质量的四氧化三钴与碳酸锂按照钴、锂摩尔比为 2∶1 置于 100mL 球磨罐中，加入磨球（球料质量比 10∶1）和去离子水（作为助磨剂）进行 $200r \cdot min^{-1}$ 的高速球磨，6h 后取出样品。

② 将取出的样品置于马弗炉中 $400℃$ 下进行煅烧（升温速率 $5℃ \cdot min^{-1}$），所得材料即为目标材料。

③ 电极制备：将制备的活性材料与乙炔黑、黏结剂聚四氟乙烯以质量比为 70∶20∶10 配比后混合均匀，再加入适量的 N-甲基吡咯烷酮，磁力搅拌至充分，均匀地涂于不锈钢网面上，$50℃$ 下干燥后，利用压片机将其在 20MPa 下压成面积为 $1cm^2$ 的电极片。

④ 电化学性能测试：在电解池中进行电化学性能测试，以 $1mol \cdot L^{-1}$ 氢氧化钾溶剂为电解质，做循环伏安测试、恒流充放电测试。

【注意事项】

1. 球磨材料不宜过多，研磨时间较长为宜。
2. 制备电极时各组分加入量需准确。
3. 压片时压力不宜太高，压实即可。
4. 测量时各电极的连接需正确。
5. 循环伏安测量时电位窗口范围的选择需恰当。
6. 恒流充放电测量时高电压选择需适宜，不宜过高或过低。

【思考题】

1. 球磨时添加材料质量误差较大对最终产物会有什么影响？
2. 制备电极时各组分配比变化对材料电化学性能是否有影响？
3. 钴酸锂电极材料的充放电机理是什么？

第八章　综合设计性实验

实验四十三　溶胶-凝胶法制备镍金属纳米颗粒

【实验目的】

1. 了解金属纳米材料的特点及其应用。
2. 掌握溶胶-凝胶法制备纳米材料的方法。

【实验原理】

纳米材料是指物质结构在三维空间中至少有一维处于纳米尺度范围或由它们作为基本单元构成的材料。纳米材料的物理化学性质既不同于微观原子，也不同于传统块状材料和晶体材料。在材料结构上，大多数金属纳米粒子呈现为理想单晶态，金属纳米材料的表面结构和一般块状材料的结构不同，粒子表面的原子数占有很大的比例，其表面振动模式占较大比重，粒子内部原子间距一般比块状材料的小。纳米金属材料具有小尺寸效应、量子尺寸效应、表面与界面效应、宏观量子隧道效应和介电限域效应等，因此，纳米金属材料在催化剂、导电浆料、导磁浆料、化工涂料添加剂、润滑油添加剂、高效助燃剂等领域有重要的应用。

金属纳米材料是纳米材料的重要组成部分，是制备各种新型功能材料的关键基础材料。由于金属纳米颗粒尺寸小，表面能量较高，化学性质极活泼，金属纳米颗粒极易团聚和发生氧化反应。金属纳米颗粒的制备方法主要有机械粉碎法、蒸发冷凝法、化学液相还原法、水热（溶剂热）合成法、金属有机化合物前驱体热分解法、生物分子法等。传统的制备方法往往较难制备出分散均匀、粒径尺寸分布窄、有良好稳定性的金属纳米颗粒。

金属镍（Ni）纳米颗粒是一种新型、高效、高选择性的催化剂，镍纳米颗粒晶粒尺寸、外貌形状以及表面物质组成直接影响着 Ni 纳米颗粒的性质。纳米镍粉是高性能电极材料，在燃料电池中可代替贵金属铂，以降低电池的成本，还可作为选择性太阳能吸收涂料，用于太阳能制造，以及磁疗领域等，纳米镍粉具有非常广泛的用途。

溶胶-凝胶法对设备要求不高，制备过程简单、高效、易于控制，被广泛地应用于制备纳米薄膜涂层、功能材料、有机-无机复合材料、纤维材料等领域。用溶胶-凝胶法制备纳米材料的基本工艺流程如图 8-1 所示。

图 8-1　溶胶-凝胶法制备纳米材料的工艺流程

【仪器和药品】

仪器：烧杯，量筒，称量瓶，干燥器，分析天平，鼓风干燥箱，磁力搅拌器，管式炉，研钵。

药品：六水合硝酸镍，葡萄糖，淀粉，聚乙烯吡咯烷酮，无水乙醇，氮气。

【实验步骤】

1. 镍金属颗粒的制备（配位剂为葡萄糖）

① 称取 1.6400g 六水合硝酸镍，将其溶解在盛有 100mL 去离子水的烧杯中，依次加入配位剂（葡萄糖）和表面活性剂（聚乙烯吡咯烷酮，用量根据其单体 C_6H_9NO 计算），使镍盐、配位剂和表面活性剂三者的摩尔比为 1：1：2，磁力搅拌至完全溶解，此时溶液澄清。

② 将混合溶液放入 120℃ 的干燥箱中，随着溶剂的逐渐蒸发，溶液的黏度逐渐增加，最后形成交联、疏松多孔且不含水分的干凝胶。取出放于研钵内研成粉末。

③ 把研成粉末的干凝胶放于管式炉内热处理，管式炉内的温度设定为 450℃，热处理时间为 2h，热处理的过程中管式炉内持续通入氮气。

④ 待热处理完毕，炉内温度降为室温后，停止通氮气并将黑色产物取出，即得镍金属颗粒粉末。

⑤ 将制备的镍金属颗粒粉末装入称量瓶，放入干燥器中保存，待物理化学性质检测等使用。

2. 镍金属颗粒的制备（配位剂为淀粉）

① 称取 1.6400g 六水合硝酸镍，将其溶解在盛有 100mL 去离子水的烧杯中，依次加入配位剂（淀粉）和表面活性剂（聚乙烯吡咯烷酮，用量根据其单体 C_6H_9NO 计算），使镍盐、配位剂和表面活性剂三者的摩尔比为 1：1：2，磁力搅拌至完全溶解，此时溶液澄清。

② 将混合溶液放入 120℃ 的干燥箱中，随着溶剂的逐渐蒸发，溶液的黏度逐渐增加，最后形成交联、疏松多孔且不含水分的干凝胶。取出放于研钵内研成粉末。

③ 把研成粉末的干凝胶放于管式炉内热处理，管式炉内的温度设定为 450℃，热处理时间为 2h，热处理的过程中管式炉内持续通入氮气。

④ 待热处理过程完毕后，炉内温度降为室温后，停止通氮气并将黑色产物取出，即得镍金属颗粒粉末。

⑤ 将制备的镍金属颗粒粉末装入称量瓶，放入干燥器中保存，待物理化学性质检测等使用。

3. 镍金属颗粒性质检测

对粉末物质进行 X 射线衍射分析 [Cu 靶，Kα 辐射（$\lambda = 0.15418nm$），管电压 40kV，管电流 60mA，扫描角度范围 0°～80°]，确定其晶体结构。

【注意事项】

1. 在制备干凝胶时，可根据具体时间安排对干燥箱温度做适当调节。

2. 磁力搅拌过程中要确保搅拌至溶液澄清。

3. 在管式炉温度降低到室温后才可以停止通入氮气。

4. 最终制备的样品要收集起来，不能随便乱扔，避免污染环境。

【思考题】

1. 分析在镍纳米颗粒制备过程中不能在空气气氛中高温煅烧的原因。
2. 分析120℃的烘干温度对最终制备的镍纳米颗粒是否有影响。
3. 思考在该实验中能否用柠檬酸、乳酸、甘油、乙二醇和戊二醛作配位剂？
4. 为什么管式炉温度降低到室温后才能停止通入氮气？

实验四十四　碱催化棉籽油转化成生物柴油

【实验目的】

1. 通过本实验学习酯交换反应在生产中的应用。
2. 了解生物柴油的制备方法。

【实验原理】

近年来，能源危机的日益紧迫以及环境问题的日益尖锐，迫使人们寻找一些不仅可以再生，而且对环境友好的清洁能源。生物柴油不仅与矿物柴油有着相似的燃烧与动力特征，而且具有矿物柴油所没有的环境友好特征，逐渐成为人们研究开发的热点。最早关于生物柴油的研究是直接使用植物油作为柴油机燃料，但在长期使用过程中发现，直接将植物油作为燃料燃烧时不仅存在失火、低温启动性能差以及着火延迟现象，而且有不完全燃烧现象，即碳沉积、燃油喷嘴堵塞、润滑油稀释和变质。这些现象的存在主要是因为植物油的黏度较高而导致的燃料汽化不完全，不能与空气完全混合以及燃烧不完全，因此必须通过稀释来降低黏度，或者通过化学反应使长链脂肪酸酯变为短链脂肪酸酯，从而改善燃料性能。

目前制备生物柴油的方法主要有四种：稀释法、热解法、微乳化法以及酯交换法。其中，酯交换法是目前制备生物柴油的主要方法。该法利用甲醇、乙醇等醇类物质，将甘油三酸酯中的甘油基取代下来，形成长链脂肪酸甲酯，从而缩短碳链长度，增加流动性并降低黏度，使之适合作为燃料使用。该反应可在常温常压下进行，在催化剂存在的情况下可以达到很高的转化率。

$$\begin{bmatrix} -OCOC_{16}H_{33} \\ -OCOC_{16}H_{33} \\ -OCOC_{16}H_{33} \end{bmatrix} \xrightarrow[CH_3OH]{KOH} 3C_{16}H_{33}COOCH_3 + \begin{bmatrix} -OH \\ -OH \\ -OH \end{bmatrix}$$

实验流程如图 8-2 所示。

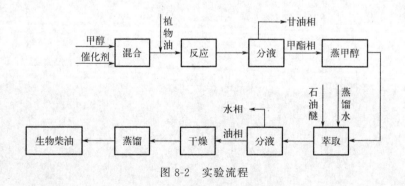

图 8-2　实验流程

【仪器和药品】

仪器：三口烧瓶，滴液漏斗，减压蒸馏装置，回流冷凝管，恒温水浴槽，GS282B 型电子恒速搅拌器（转速 100~2800r·min^{-1}），可调电热炉（功率 300W）。

药品：棉籽油（食用级），无水甲醇，石油醚，无水硫酸钠，氢氧化钾（均为分析纯）。

【实验步骤】

1. 原料油的平均分子量

通过测定原料油的酸值 AV 和皂化值 SV，推导出其平均分子量。皂氏值按 GB/T 5534—2008 测定，酸值按 GB 5009.229—2016 进行测定。

棉籽油平均摩尔质量的计算式为：

$$M = 56.1 \times 1000 \times 3/(SV - AV) = 852.15 \text{g} \cdot \text{mol}^{-1}$$

式中，M 为棉籽油平均摩尔质量，$\text{g} \cdot \text{mol}^{-1}$；56.1 为氢氧化钾摩尔质量，$\text{g} \cdot \text{mol}^{-1}$；SV 为测得的棉籽油皂化值，本文所用棉籽油皂化值为 198.18mg KOH $\cdot \text{g}^{-1}$；AV 为测得的棉籽油酸值，本文所用棉籽油酸值为 0.68mg KOH $\cdot \text{g}^{-1}$。

2. 生物柴油的制备

（1）确定最佳反应温度

在装有机械搅拌器、滴液漏斗和回流冷凝管的四个三口烧瓶（250mL）中加入 100mL 棉籽油，再从滴液漏斗中加入 1g 氢氧化钾和 25.6g（30mL）无水甲醇溶液，温度分别设为 40℃、50℃、60℃、70℃，搅拌 2～3h，反应完后冷却，分液收集甲醇相，减压蒸出甲醇，得浓缩液。加入水 100mL 后分液，收集有机相，干燥，减压蒸馏得到生物柴油。干燥，称量，分别计算产率。得出最佳反应温度。

（2）确定最佳醇油比

在装有机械搅拌器、滴液漏斗和回流冷凝管的四个三口烧瓶（250mL）中加入 100mL 棉籽油，反应温度控制在 50～60℃，再从滴液漏斗中加入氢氧化钾的甲醇溶液。1g 氢氧化钾分别溶解在 20mL、25mL、30mL、35mL 无水甲醇中，搅拌 2～3h，反应完后冷却，分液收集甲醇相，减压蒸出甲醇，得浓缩液。加入水 100mL 后分液，收集有机相，干燥，减压蒸馏得到生物柴油。干燥，称量，计算产率。得出最佳醇油比。

（3）确定最佳催化剂用量

在装有机械搅拌器、滴液漏斗和回流冷凝管的四个三口烧瓶（250mL）中加入 100mL 棉籽油，反应温度控制在 50～60℃，再从滴液漏斗中加入氢氧化钾的甲醇溶液。在 25mL 无水甲醇中分别溶解 0.6g、0.8g、1.0g、1.2g 氢氧化钾，搅拌 2～3h，反应完后冷却，分液收集甲醇相，减压蒸出甲醇，得浓缩液。加入水 100mL 后分液，收集有机相，干燥，减压蒸馏得到生物柴油。干燥，称量，计算产率。得出最佳催化剂用量。

（4）确定最佳反应时间

在装有机械搅拌器、滴液漏斗和回流冷凝管的三个三口烧瓶（250mL）中加入 100mL 棉籽油，反应温度控制在 50～60℃，再从滴液漏斗中加入氢氧化钾的甲醇溶液。在 25mL 无水甲醇中溶解 1.0g 氢氧化钾，分别搅拌 2h、3h、4h，反应完后冷却，分液收集甲醇相，减压蒸出甲醇，得浓缩液。加入水 100mL 后分液，收集有机相，干燥，减压蒸馏得到生物柴油。干燥，称量，计算产率。得出最佳反应时间。

最后得出反应的最佳条件并讨论各条件对实验的影响大小。

【注意事项】

1. 反应中必须使用机械搅拌，不能使用磁力搅拌。

2. 一定要将 KOH 完全溶解在甲醇中后才能反应。

3. 分液时生物柴油在上层，甘油层在下层。

【思考题】

1. 催化剂能否使用弱碱（碳酸钠）等？
2. 如何判断产物是否为生物柴油？
3. 反应中甲醇的用量为何要比棉籽油的多？

实验四十五　乙醇气相脱水制乙醚的动力学测试

【实验目的】

1. 掌握乙醇脱水实验的反应过程和反应机理、特点，了解副反应和生成副产物的过程。

2. 学习气固相管式催化反应器的构造、原理和使用方法，学习反应器正常操作和安装，掌握催化剂评价的一般方法和获得适宜工艺条件的研究步骤和方法。

3. 学习自动控制仪表的使用，温度和加热电流的设定，和床层温度分布的控制。

4. 学习气体在线分析的方法和定性、定量分析，学习如何手动进样分析液体成分。了解气相色谱的原理和构造，掌握色谱的正常使用方法和分析条件的选择。

5. 学习微量泵的原理和使用方法，掌握使用皂膜式流量计测量流体流量的方法。

【实验原理】

乙醚是一种应用广泛的化工产品，目前，在工业生产中主要使用硫酸催化乙醇脱水的方法制备。但是这种方法存在着一定的缺陷，如设备腐蚀严重、产品酸度高需要进行碱中和、对环境污染严重、生产成本高等。由于上述问题，化工学者开始关注并着手开发可以取代硫酸的新型催化剂体系。

目前，国内外报道了大量乙醇脱水制乙醚固体催化剂成果。经过化工学者的努力，已有一部分理想的催化剂投入乙醚的工业生产中，且实际使用情况非常好，基本上解决了硫酸催化乙醇脱水制乙醚所带来的生产问题，显示出了很高的实际应用价值。

当今，乙醚的工业生产主要采用乙醇硫酸脱水法、乙醇氧化铝催化脱水法和乙烯水合生产乙醇副产乙醚法。国外主要采用乙烯水合法生产乙醚，采用乙醇氧化铝催化脱水法来补充。

乙醇硫酸脱水法：

$$CH_3CH_2OH \xrightarrow[140℃]{H_2SO_4} CH_3CH_2OCH_2CH_3 + H_2O$$

反应温度不得超过170℃，否则产生乙烯。工业上用乙醇脱水法制乙醚，常用氧化铝作为催化剂，在300℃左右进行脱水反应。

乙醇氧化铝催化脱水法：

$$CH_3CH_2OH \xrightarrow[300℃]{Al_2O_3} CH_3CH_2OCH_2CH_3 + H_2O$$

在实验中，由于反应生成的产物乙醚、水和未反应的乙醇留在了液体冷凝器中，而其他几种副产物都是挥发气体，进入尾气湿式流量计计量总体积后排出。

对于不同的反应温度，通过计算不同的转化率和反应速率，可以得到不同反应温度下的反应速率常数，并得到温度的关联式。

【仪器和药品】

仪器：乙醇脱水气固反应器，气相色谱及计算机数据采集和处理系统，精密微量液体泵。

药品：乙醇脱水催化剂（Al_2O_3），无水乙醇，分析纯乙醚，蒸馏水。

【实验步骤】

① 反应装置的加热开启。先打开总开关，将控制面板上"预热控温""反应控温"

"保温控温""阀箱控温""测温""调速"六个红色按钮按下，此时各个仪表有数值显示。对于"保温控温"和"阀箱控温"，SV（绿色）为设定温度，而PV（红色）为实际热电偶测量温度。对于"预热控温"和"反应控温"，SV为设定温度，PV为预热器和反应器外侧的温度。对于"测温"面板，SV为反应器内部实际温度，PV为预热器内部实际温度。预热控温SV先设为100℃，实际温度接近100℃后，设定值进一步升至170℃，最终使预热器（气化器）内部实际值接近150℃。按照同样的方式，逐步升高反应器温度SV，设定值逐步设为100℃、200℃、300℃，最终使反应器内部实际温度达到260℃。保温控温SV设置为130℃，阀箱控温SV缓慢逐步设置为120℃，并根据PV的数值进行调节，实验中要求阀箱控温PV必须低于135℃，因阀箱中密封塑料件不耐高温。一般不可直接设为120℃，否则由于升温的惯性，实际温度可能短时间内超出135℃。

② 气相色谱的启动和调节。将氢气瓶总减压阀打开，表压升至0.1MPa以上，使气相色谱仪侧面压力表的读数达到0.1MPa，打开色谱电源开关。色谱采用TCD检测器，需要先通载气，避免其中的钨丝过热。打开计算机，点击桌面快捷方式"D7900P色谱工作站"，略过选择检测器界面，进入控制面板窗口，先在下拉选择项中将载气设置为氢气，并将进样口温度设置120℃，柱箱温度设置为100℃，TCD检测器设置为120℃，电流设为80mA，方法是输入相应数值并回车，柱箱温度设置则需要点击"柱温程序"并在弹出窗口中的"初始柱温"中输入。当温度升至上述指定值后，点击"开始"，软件询问是否开始，点击"是"，此时产生色谱基线，等待一段时间，使基线稳定。稳定后若纵轴电压值在−5mV或以下，则需要调节色谱仪侧面电位计旋钮，使基线纵轴数值为正值。

③ 乙醇加料泵的准备和调节。先将塑料进液管一端插入无水乙醇瓶液面以下，将控制面板上中部靠下的三通阀转至"进液转换"（箭头朝上），旋松泵上"Prime/Purge"按钮，用注射器抽尽塑料管中空气，当有液体抽出时，拧紧"Prime/Purge"按钮。将三通阀切换至"放空"，将泵流量调节至0.5mL·min^{-1}，观察是否有液滴从放空钢管出口滴下。

④ 加入冰水混合物至保温瓶中，以便对取样模式中样品中乙醚蒸气、乙醇蒸气和水蒸气进行冷却液化。

⑤ 当反应器温度达到260℃之后，打开搅拌器冷凝水，打开反应搅拌器，转速设置大于2000r·min^{-1}，具体设置在电机噪声较小的某一个数值即可。打开乙醇进液泵，将流量设定为低于0.5mL·min^{-1}的某一个数值，将三通阀切换至"进液"。待反应器温度稳定后，即可点击色谱软件控制面板上的"开始"按钮，并将阀箱切换到"进样"，几秒钟后再切换回"取样"。此时色谱流出曲线开始生成，色谱出峰顺序依次为乙烯、水、乙醇和乙醚。乙醚峰出完之后即可点击"停止"，记录下四个组的峰面积数值。

⑥ 实验结束后，先将气相色谱中TCD检测器、进样口温度、柱箱温度均设置为20℃，当实际温度降至80℃以下时，关闭软件和计算机。关闭色谱仪开关。关闭氢气总阀门，将氢气减压阀拧松。停止乙醇进料，反应体系各温度设置均设为20℃，待实际温度降至100℃以下时，搅拌器转速调零并关闭，等待10～20min，关闭搅拌器冷却水。将控制面板上"预热控温""反应控温""保温控温""阀箱控温""测温""调速"六个红色按钮关闭，最后关闭系统总开关。

【数据记录及处理】

1. 原始记录表如下：

实验号	进料量/(mL·h^{-1})	温度/℃			产物峰面积			
		阀箱	反应器	管路保温	乙烯	水	乙醇	乙醚
1	2							
	4							
	6							

2. 数据处理表如下：

实验号	反应温度/℃	乙醇进料量/(mL·min^{-1})	产物组成(摩尔分数)/%				乙醇转化率/%	乙醚收率/%
			乙烯	乙醇	乙醚	水		
1								

3. 根据记录的数据，计算出原料乙醇的转化率、产物乙醚收率、乙醇的选择性。

$$乙醇的转化率 = \frac{原料中乙醇的量 - 产物中乙醇的量}{原料中乙醇的量} \times 100\%$$

$$乙醇的选择性 = \frac{2 \times 生成乙醚的量(mol)}{反应的乙醇量(mol)} \times 100\%$$

$$乙醚的收率 = 乙醇的转化率 \times 乙醇的选择性$$

【注意事项】

1. 乙醚和乙醇是低沸点、易挥发的可燃性液体，所以实验台附近严禁有明火。

2. 实验过程中，不要碰到热电偶，以免脱开，或接触位置发生较大改变，引起测量温度变化。

【思考题】

1. 反应转化率的提高和哪些因素有关系？

2. 应如何提高反应的选择性？怎样使反应的平衡向有利于产物乙醚生成的方向发展？

3. 如何使用和改变气相色谱的条件？怎样确定最适宜的分析条件？

4. 谈谈在实验中得到的一些体会和对本实验的建议。

实验四十六　$[Co(NH_3)_5Cl]Cl_2$ 的制备，组成、结构、水合反应速率常数及反应活化能的测定

【实验目的】

1. 掌握二氯化一氯五氨合钴（Ⅲ）的制备及其水合反应速率常数与活化能的测定方法。
2. 通过电导测量，了解确定配合物电离类型的原理和方法。
3. 了解应用紫外-可见分光光度计测量配合物中钴含量的方法。
4. 通过化学分析方法掌握确定配合物组成的方法。

【实验原理】

在水溶液中的电极反应如下：

$$[Co(H_2O)_6]^{3+}+e^- \longrightarrow [Co(H_2O)_6]^{2+} \qquad \varphi([Co(H_2O)_6]^{3+}/[Co(H_2O)_6]^{2+})=1.84V$$

由此可见水溶液中 $[Co(H_2O)_6]^{2+}$ 还原性较差，不易被氧化为 $[Co(H_2O)_6]^{3+}$。在有合适配位剂存在时，Co(Ⅱ) 可被氧化为 Co(Ⅲ)，生成稳定的配合物。

在含有氨水和氯化铵的氯化钴溶液中加入 H_2O_2，可以得到 $[Co(NH_3)_5(H_2O)]Cl_3$ 溶液：

$$2CoCl_2+8NH_3 \cdot H_2O+2NH_4Cl+H_2O_2 \longrightarrow 2[Co(NH_3)_5(H_2O)]Cl_3+8H_2O$$

再加入浓盐酸，水浴加热可生成 $[Co(NH_3)_5Cl]Cl_2$ 紫红色晶体：

$$[Co(NH_3)_5(H_2O)]Cl_3 \Longrightarrow [Co(NH_3)_5Cl]Cl_2 + H_2O$$

本实验通过电导分析配离子的电荷，利用滴定分析法测定配合物中各组成成分的含量，分析配合物的组成、中心离子的配位数、配合物的化学式。

$[Co(NH_3)_5Cl]Cl_2$ 在水溶液中发生水合反应，H_2O 取代作为配体的 Cl^-，生成 $[Co(NH_3)_5(H_2O)]Cl_3$：

$$[Co(NH_3)_5Cl]^{2+}+H_2O \longrightarrow [Co(NH_3)_5(H_2O)]^{3+} + Cl^-$$

$[Co(NH_3)_5Cl]^{2+}$ 水合反应速率方程为：

$$v=k'C\{[Co(NH_3)_5Cl]^{2+}\}C(H_2O)$$

由于反应在水溶液中进行，溶剂水大大过量，反应过程中 $C(H_2O)$ 基本保持不变，上式可以表示为：

$$v=kC\{[Co(NH_3)_5Cl]^{2+}\}$$

其中 $k=k'C(H_2O)$，积分得

$$-\ln C\{[Co(NH_3)_5Cl]^{2+}\}=kt+B$$

以 $-\ln C\{[Co(NH_3)_5Cl]^{2+}\}$ 对 t 作图，得到一条直线，其斜率即为反应速率常数 k。

根据朗伯-比尔定律，$A=\varepsilon bC$，用分光光度计测定给定时间 t 时配合物的吸光度 A，并以 $-\ln A$ 对 t 作图，也可得到一条直线，其斜率即为反应速率常数 k。

由于 $[Co(NH_3)_5Cl]Cl_2$ 水合反应产物 $[Co(NH_3)_5(H_2O)]Cl_3$ 在 550nm 也有吸收，所以测得的吸光度是反应物 $[Co(NH_3)_5Cl]Cl_2$ 和生成物 $[Co(NH_3)_5(H_2O)]Cl_3$ 的吸光度之和，生成物 $[Co(NH_3)_5(H_2O)]Cl_3$ 在 550nm 的摩尔吸光系数 $\varepsilon=21.0cm^{-1} \cdot mol^{-1} \cdot L^{-1}$，

由此可以求无限长时间生成物的吸光度 A_∞，而瞬间配合物 $[Co(NH_3)_5Cl]Cl_2$ 的吸光度用 $A-A_\infty$ 来表示。以 $-\ln(A-A_\infty)$ 对 t 作图，得到一条直线，由直线的斜率可求得水合反应速率常数 k。

测定不同温度时的水合反应速率常数 k，可以求得水合反应的活化能 E_a：

$$\lg\frac{k_2}{k_1}=\frac{E_a}{2.303R}\left(\frac{1}{T_1}-\frac{1}{T_2}\right)$$

【仪器和药品】

仪器：数显恒温水浴锅，循环水式真空泵，紫外-可见分光光度计，电导率仪，电子天平，控温定时电热套，研钵，烘箱，锥形瓶，秒表，量筒，酸式滴定管，碱式滴定管，容量瓶，三口烧瓶，砂芯漏斗，抽滤瓶，表面皿，烧杯。

药品：过氧化氢（30%），浓氨水，氯化铵，硝酸银，重铬酸钾，五水硫代硫酸钠，$CoCl_2\cdot6H_2O$，碘化钾，丙酮，浓盐酸，盐酸（$6mol\cdot L^{-1}$），硝酸（$6mol\cdot L^{-1}$），无水乙醇，NaOH 标准溶液（约 $0.5mol\cdot L^{-1}$），HCl 标准溶液（约 $0.5mol\cdot L^{-1}$），NaOH 溶液（$1mol\cdot L^{-1}$）。

【实验步骤】

1. $[Co(NH_3)_5Cl]Cl_2$ 的制备（在通风橱中进行）

在一个 150mL 锥形瓶内，将 3g 氯化铵溶解在 20mL 浓氨水中，盖上表面皿。在不断搅拌下，将 6g 的氯化钴研细，分成 12～16 等量小份，依次加到上述溶液中，应在前一份溶解后加入下一份，得到黄色的沉淀 $[Co(NH_3)_6]Cl_2$，同时放出热量，继续搅拌使溶液变成棕色浆状物。

在通风橱中，不断搅拌下，用酸式滴定管慢慢滴入 10～15mL 30% H_2O_2，反应结束后生成深红色的溶液 $[Co(NH_3)_5(H_2O)]Cl_3$，再向此溶液中慢慢注入 15～20mL 浓盐酸。在注入盐酸的过程中，反应混合物的温度上升，并有紫红色晶体 $[Co(NH_3)_5Cl]Cl_2$ 生成，再将混合物放在 85～90℃ 水浴上加热 15min，自然冷却至室温，再用冰水浴继续冷却 2～3min，减压过滤，再用 10mL 冰冷的去离子水洗涤沉淀，然后用 10mL 冰冷的 $6mol\cdot L^{-1}$ 盐酸洗涤，再用 2～3mL 无水乙醇洗涤一次。最后用 2～3mL 丙酮洗涤一次，置于烘箱在 100～110℃ 干燥 45min，将所得产物用研钵研成粉末，密封保存备用。

2. $[Co(NH_3)_5Cl]Cl_2$ 的水合反应速率常数和活化能的测定

用电子天平称取约 0.15g 的 $[Co(NH_3)_5Cl]Cl_2$，放入小烧杯中，加入 1～2mL 蒸馏水，置于水浴中加热使其溶解。再转移至 50mL 容量瓶中，然后加入 2.5mL $6mol\cdot L^{-1}$ 硝酸，用去离子水稀释至刻度。溶液中配合物浓度为 $1.2\times10^{-2}mol\cdot L^{-1}$，$HNO_3$ 的浓度为 $0.3mol\cdot L^{-1}$。

将溶液分成两份，分别放入 60℃ 和 80℃ 的恒温水浴锅中，每隔 5min 测定一次吸光度。当吸光度变化缓慢时，每隔 10min 测定一次，直到吸光度无明显变化为止。测定时以 $0.3mol\cdot L^{-1}$ HNO_3 溶液为参比溶液，用 1cm 比色皿在 550nm 波长下进行测定。

以 $-\ln(A-A_\infty)$ 对 t 作图，由直线斜率计算出水合反应速率常数 k。由 60℃ 和 80℃ 时的 k_{60} 和 k_{80} 计算出水合反应的活化能。

实验结果参考值：

$k_{60}=6.0\times10^{-3}\sim1.6\times10^{-2}min^{-1}$；$k_{80}=2.4\times10^{-2}\sim3.5\times10^{-2}\ min^{-1}$；$E_a=60\sim$

$70kJ \cdot mol^{-1}$

3. $[Co(NH_3)_5Cl]Cl_2$ 组成分析

（1）氨含量的测定

准确称量 0.20g $[Co(NH_3)_5Cl]Cl_2$ 晶体，放入 250mL 三口烧瓶中，加入 10mL 去离子水溶解，然后加入 10mL 10% NaOH 溶液。安全漏斗下端固定一个小烧杯，烧杯中注入 30mL HCl 标准溶液，使漏斗管插入液面约 2~3cm。整个操作过程中漏斗管下端不得露出液面。锥形瓶中准确加入 35mL 0.5mol·L^{-1} HCl 标准溶液，锥形瓶浸在冰水浴中。在锥形瓶与三口烧瓶、烧杯间连好导管。

加热样品溶液。开始时中火加热，溶液开始沸腾时改用小火，始终保持沸腾状态。蒸出的氨通过导管被 HCl 标准溶液所吸收。约 60min 可将氨全部蒸出。用少量蒸馏水将导管内外黏附的溶液洗入锥形瓶内。并把锥形瓶内的溶液倒入烧杯中，以酚酞作为指示剂，用 NaOH 标准溶液滴定剩余的盐酸。计算被蒸出的氨量，从而计算出样品中 NH_3 的质量分数。

（2）钴含量的测定（碘量法）

准确称取 0.10g 样品，加入 7~8mL NaOH 溶液（1mol·L^{-1}），加热至沸腾，去除氨气约用 15min，冷却溶液，加入 0.2g 碘化钾，再加入约 12mL 6mol·L^{-1} HCl 酸化，于暗处放置约 10min，使溶液反应完全，再分别加入 60~70mL 去离子水，用标准 $Na_2S_2O_3$ 溶液进行返滴定，计算出样品中钴含量，再计算出钴的质量分数。

（3）氯含量的测定

准确称量 0.10~0.20g 产品于烧杯（150mL）中，分别加入 7~8mL NaOH 溶液（1mol·L^{-1}），加热至沸腾，除氨气约用 15min。冷却至室温后，加入 50mL 蒸馏水，用 HNO_3（2mol·L^{-1}）中和至 6.5<pH<10。将溶液转移到锥形瓶中，以 K_2CrO_4 为指示剂，用 $AgNO_3$ 标准溶液进行滴定，至溶液中出现砖红色沉淀，摇动沉淀不褪色，即为终点。记下滴定到终点时消耗的 $AgNO_3$ 标准溶液体积，计算样品含氯总量，再测出氯的质量分数。

（4）电导率法测定配离子电荷

准确称量约 0.30g 样品，用去离子水溶解，转移到 250mL 容量瓶中，用去离子水稀释至 250mL，取 10.0mL 样品溶液，测定其电导率，再用电导率除以样品浓度可以测出样品配离子的摩尔电导率，与规定范围进行比较。计算出溶液中游离离子的浓度。

【数据记录及处理】

配离子	电导率/$(\mu S \cdot cm^{-1})$	摩尔电导率/$(S \cdot m^2 \cdot mol^{-1})$	溶液浓度/$(mol \cdot L^{-1})$
$[Co(NH_3)_5Cl]^{2+}$			

物质组成	理论含量/%	测得含量/%	分子中所含个数
氨	33.93		
钴	23.55		
氯	42.51		

得到样品的组成和化学式。

【注意事项】

1. 使用浓氨水和浓盐酸时要在通风橱中操作，注意安全。

2. 在进行氨含量测定时保证密封性良好。

【思考题】

1. 在制备 $[Co(NH_3)_5Cl]Cl_2$ 的反应中，若有活性炭存在，将会得到什么产物？

2. 为什么加入 NH_4Cl 固体？

3. 怎么计算 A_∞？

实验四十七　食用色素苋菜红的合成

【实验目的】

1. 了解食用色素苋菜红的合成。
2. 回顾硝化、还原、磺化、重氮化反应的特点。

【实验原理】

食用色素又叫食品着色剂，是使食品具有一定颜色的添加剂。食品的颜色与香、味、形都是评价食品感官质量的因素。

常用的食用色素有 60 种左右，按来源不同可分为天然和合成两大类。天然色素主要是用动植物和微生物制取的，品种繁多，色泽自然，无毒性，使用范围及限用量都比合成色素宽。合成色素具有色泽鲜艳、着色力强、稳定性高、无臭、无味、易溶解、易调色、成本低等优点，但有一定毒性。合成色素按其化学结构可分为偶氮和非偶氮两类。按溶解特性的不同，食用色素又可以分为油溶性和水溶性。水溶性合成色素易排出人体，在人体内残留少，毒性低。

色素苋菜红为 C. I. 食品红 9 ［C. I. Food Red 9（16185）］，为棕红色或紫红色粉末，无臭，耐光，耐热，对氧化还原反应敏感；微溶于水，溶于甘油、丙二醇及稀糖浆中，稍溶于乙醇及溶纤素中，不溶于其他有机溶剂；对柠檬酸及酒石酸等稳定，遇碱则变为暗红色。用于苹果调味酱、梨罐头、果冻、虾、冷饮、糕点、糖浆等的着色，使用时可采取与食品混合法或刷涂法着色。

化学反应方程式如下。

硝化反应：

还原反应：

磺化反应：

重氮化与偶合反应：

【仪器和药品】

仪器：电动搅拌器，电子天平，温度计，圆底烧瓶，三口烧瓶，量筒，抽滤瓶，布氏漏斗，真空水泵，电热套，烧杯，干燥箱，水蒸气蒸馏装置，减压蒸馏装置。

药品：硝酸，硫酸，萘，铁屑，无水乙醇，盐酸，碳酸钠，二苯砜，氢氧化钠，亚硝酸钠，淀粉-碘化钾试纸，胺磺酸，R盐（2-羟基萘-3,6-二磺酸钠），氯化钠，乙烯醇，活性炭。

【实验步骤】

1. 硝化反应

在装有搅拌器、温度计的烧瓶中加入40g硝酸（相对密度为1.4），搅拌下加入80g硫酸（相对密度为1.84）配制混酸。在40~50℃，将50g磨细的萘分次加入。加完后，在60℃下反应1h。倒入500mL水中，分去酸层，得到粗品α-硝基萘。粗品α-硝基萘与水煮沸数次，每次用200mL水，直到水层不呈酸性。将熔化的α-硝基萘在搅拌下滴入500mL冷水中，析出橙黄色固体。减压过滤，干燥，用乙烯醇重结晶得到α-硝基萘60g，收率为89%。

2. 还原反应

将20g铁屑放入2mL浓硫酸与75mL水的混合液中，加热至50℃，将17.3gα-硝基萘溶于50mL无水乙醇中，于60min内加入上述混合液中，温度不超过75℃（反应终点检测：取少量样品，应完全溶于稀盐酸中）。将料液再加热15min，用碳酸钠中和至呈碱性。用等体积的水稀释，水蒸气蒸馏，冷却析出α-萘胺结晶，吸滤得到粗品。将粗品减压蒸馏，得到11gα-萘胺无色结晶，熔点50℃，收率75%。

3. 磺化反应

在三口烧瓶中加入10gα-萘胺、15g二苯砜，再向混合物中滴入6.8g浓硫酸，生成α-萘胺硫酸盐的白色沉淀。加热使反应混合物成为均一溶液，然后减压开始反应，生成氨基萘磺酸和水。析出的氨基萘磺酸凝为固体，反应7h。熔融物冷却后，用5g氢氧化钠的稀热溶液处理，转移至圆底烧瓶中进行水蒸气蒸馏，以除去未反应的α-萘胺。从蒸馏后的残渣中滤出二苯砜，用水洗涤，二苯砜可重复使用。

将含有氨基萘磺酸钠盐的滤液冷却到室温，加少量活性炭。搅拌，过滤，盐酸中和，析出粉白色结晶。过滤，冷水洗涤，130℃下干燥，制得不含结晶水的氨基萘磺酸13g，收率为90%。

4. 重氮化和偶合反应

移取5mL质量分数为30%的盐酸并用35mL的蒸馏水稀释，再将4.9g氨基萘磺酸钠溶于上述溶液中（A液），加热至30℃，最后称取1.7g亚硝酸钠溶于10mL水中（B液），再将其缓慢加入A液中，进行重氮化反应。用淀粉-碘化钾试纸检测反应终点，过量的亚硝酸用胺磺酸破坏，将重氮液冷却至8~10℃。

将7.2gR盐（2-羟基萘-3,6-二磺酸钠）、5.8g碳酸钠、45g食盐和165mL水配成偶合组分液，冷却至 10℃。1h 内将重氮液加入，用对硝基苯胺重氮盐来检验 R 盐是否存在，重氮液全部加完，搅拌 1.5~2h，加入 20g 食盐进行盐析。过滤，在 45℃下干燥，得到苋菜红色素 7.6g，收率为 68%。

【注意事项】

1. 配制混酸时要低温，以免硝酸分解。
2. 还原时用铁屑，也可用铁粉。

【思考题】

1. 混酸硝化有何特点？
2. 还原后为何要用水蒸气蒸馏分离产品？
3. 磺化反应有几种方式？
4. 磺化时为何要加入二苯砜？

实验四十八　黄酮化合物的合成

【实验目的】

1. 利用 Baker-Venkataraman 重排法合成黄酮类化合物。
2. 熟悉水蒸气蒸馏、减压蒸馏、混合溶剂重结晶等实验操作方法。
3. 熟练运用薄层色谱检测反应产物的纯度。

【实验原理】

黄酮类化合物的合成方法较多，本实验选用 Baker-Venkataraman 重排法。苯酚和乙酸酐在氢氧化钠溶液中反应生成乙酸苯酚酯，乙酸苯酚酯在氯化铝的作用下发生 Fries 重排生成邻羟基苯乙酮。将邻羟基苯乙酮与苯甲酰氯在吡啶作用下形成苯甲酸邻乙酰基苯酚酯，然后在 KOH/吡啶作用下发生分子内 Claisen 缩合，生成 β-丙二酮化合物，再在冰醋酸/浓硫酸介质中闭环合成，即得到目标产物 2-苯基苯并吡喃酮。

乙酸苯酚酯在路易斯酸催化剂（如三氯化铝、三氟化硼、氯化锌、氯化铁、四氯化钛、四氯化锡和三氟甲磺酸盐等）催化下发生 Fries 重排反应，得到邻位或对位酰基酚。邻、对位产物的比例取决于原料酚酯的结构、反应条件和催化剂的种类等。一般来说，反应温度在 100℃ 以下得到动力学控制的对位产物，在较高反应温度时得到热力学控制的邻位产物。Fries 重排的机理至今仍未完全清楚，但目前广为接受的是涉及碳正离子的机理。氯化铝中的铝原子与酚酯中酚氧进行配位，C—O 键断裂，产生酚基铝化物和酰基正离子。酰基正离子可在酚基的邻位或对位发生亲电芳香取代，经水解得到羟基芳酮。邻、对位产物的性质差异较大，一般邻位产物可以生成分子内氢键，从而随水蒸气蒸出。

苯甲酸邻乙酰基苯酚酯中的甲基在强碱下活泼，可变成碳负离子，进攻分子中的酯羰基，而后发生碳氧键断裂，发生分子内 Claisen 缩合反应，生成 β-丙二酮酯，再在冰醋酸/浓硫酸介质中闭环脱去一分子水，得到 2-苯基苯并吡喃酮。

Fries 重排反应的可能机理：

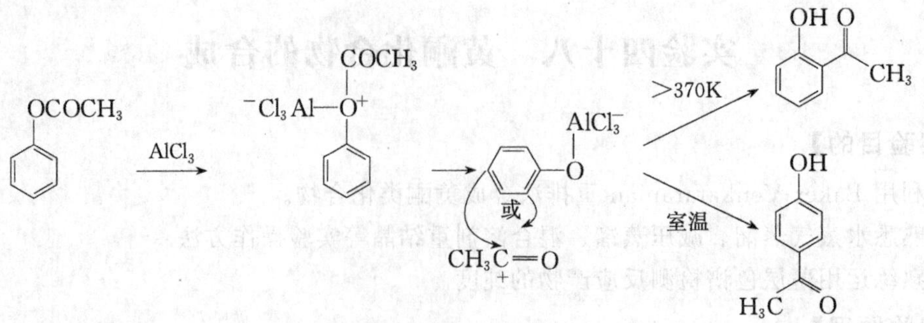

Claisen 缩合反应机理：

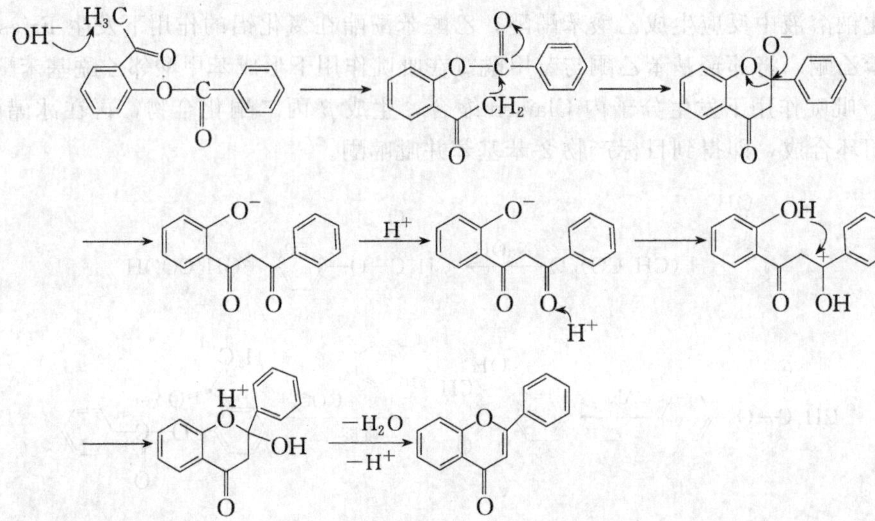

【仪器和药品】

仪器：圆底烧瓶，三口烧瓶，恒温水浴锅，量筒，烧杯，抽滤装置，回流冷凝管，电磁加热搅拌器。

药品：苯酚，乙酸酐，氯化钠，石油醚，乙酸乙酯，苯甲酰氯，吡啶，甲醇，乙醚，盐酸（1mol·L^{-1}），NaOH，KOH，AlCl$_3$，无水 Na$_2$SO$_4$，10％乙酸水溶液，冰醋酸，浓硫酸，pH 试纸。

【实验步骤】

1. 乙酸苯酚酯的制备

将 18.8g 苯酚和 21.4g 乙酸酐于圆底烧瓶中混合均匀，置于冰水浴中，滴加 3 滴浓硫酸，振摇，反应立即进行并放出大量的热，分馏出乙酸，再收集 194～196℃馏分，得无色透明液体，即乙酸苯酚酯，收率约 90％。

2. 邻羟基苯乙酮的制备

将 12g 干燥的氯化钠和 28g 粉状氯化铝置于三口烧瓶中，充分混合均匀，加热至 230～250℃，保持 1h。于 200℃左右在 30min 内滴加 20g 乙酸苯酚酯，滴加完毕后于 240～250℃反应 10min，冷却后加入 60mL 10％盐酸溶液水解。水蒸气蒸馏，馏出物用乙醚萃取，萃取液用无水硫酸钠干燥后回收乙醚。减压蒸馏，收集 101～105℃/2000Pa 馏分，得淡黄色透明液体，即邻羟基苯乙酮，收率约 40％。

3. 苯甲酸邻乙酰基苯酚酯的制备

在装有回流冷凝管的 50mL 圆底烧瓶中，加入 3.4g 邻羟基苯乙酮、4.9g 苯甲酰氯、5mL 干燥并重蒸过的吡啶，约 50℃ 水浴，电磁加热搅拌 20min。量取 120mL 1mol·L^{-1} 盐酸和 50g 碎冰，将反应混合液倒入，并不断搅拌，对生成的固体进行抽滤，用 5mL 冰冷的甲醇洗涤，再用 5mL 水洗涤。得到的固体用甲醇-水混合溶剂重结晶（可取 10mL 甲醇，加热溶解样品，然后补加适量水至溶液饱和），冰浴静置冷却，抽滤后干燥并称重，得苯甲酸邻乙酰基苯酚酯（熔点 87～88℃），收率可达 90%。

4. 1-邻羟基苯基-3-苯基-1,3-丙二酮的制备

在装有回流冷凝管的 100mL 圆底瓶中，加入 4.8g 苯甲酸邻乙酰基苯酚酯、18mL 干燥并重蒸过的吡啶。称取 1.7g KOH 粉末，迅速加入反应瓶中，50℃ 水浴，电磁加热搅拌 15min，将反应液冷至室温，加入 25mL 10% 乙酸水溶液，沉淀经抽滤、洗涤、干燥，称重，得到纯的 1-邻羟基苯基-3-苯基-1,3-丙二酮（熔点 117～120℃），收率约 85%。

5. 2-苯基苯并吡喃酮的制备

在 100mL 圆底烧瓶中加入 3.6g 用上述步骤制得的 1-邻羟基苯基-3-苯基-1,3-丙二酮和 20mL 冰醋酸，摇匀后加入 0.8mL 浓硫酸，装上回流冷凝管，沸水浴加热 1h。用烧杯称取 100g 碎冰，将反应混合液倒入烧杯，不断搅拌，至冰全部溶解，对固体进行抽滤，用水洗涤至滤液不再呈酸性，干燥，称重，粗品收率可达 95%。粗品略带浅黄色，可用石油醚（沸点 60～90℃）-乙酸乙酯重结晶，得到白色针状结晶。

目标产物为黄酮化合物 2-苯基苯并吡喃酮，熔点为 95～97℃。以体积比为 3∶1 的石油醚-乙酸乙酯为展开剂，R_f 值约为 0.35；以体积比为 3∶2 的石油醚-乙酸乙酯为展开剂，R_f 值约为 0.55；以二氯甲烷为展开剂，R_f 值约为 0.40。

【注意事项】

1. 反应的实验仪器和试剂要干燥，否则会严重影响实验结果。

2. 以甲醇-水、石油醚-乙酸乙酯为混合溶剂进行重结晶时要调至溶液饱和，抽滤时尽量把固体收集齐，减少残留。

【思考题】

1. Fries 重排中影响实验结果的主要因素有哪些？

2. Baker-Venkataraman 重排反应的机理是什么？如何提高产率？

实验四十九　二茂铁及其衍生物的合成
与色谱分离及表征

【实验目的】

1. 掌握二茂铁及其衍生物的合成原理、方法和有关应用。
2. 通过二茂铁的合成，掌握化合物和材料合成中无氧无湿实验操作的基本技术。
3. 了解柱色谱分离、纯化有机化合物的原理。
4. 熟悉柱色谱分离技术的技术要点。

【实验原理】

　　二茂铁（ferrocene）是一种新型的配合物——有机过渡金属配合物，它具有独特的结构和键合方式，成键电子常显示高度的离域，所以也称为有机金属 π 配合物。这类化合物是在 20 世纪 50 年代以后才陆续发展起来的，它们的出现不仅扩大了配合物的领域，促进了化学键理论的发展，而且有很重要的用途。

　　二茂铁又名二环戊二烯合铁，具有夹心型结构，所以又叫作夹心型配合物。在二茂铁分子中，二价铁离子被夹在两个平面环之间，与环戊二烯环形成牢固的配位键。固态时，两个环戊二烯环互为交错构型。在溶液中，两个环可以自由旋转。二茂铁具有芳香性，可以进行和苯类似的反应，比苯芳香性更强，易与亲电试剂作用，在环上能形成多种取代基的衍生物。

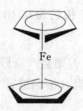

　　二茂铁的合成方法很多，基本路线是先生成环戊二烯负离子，然后与 Fe^{2+} 反应。为了促进环戊二烯的脱质子反应，常采用的方法有以下几种：

　　① 加碱。常用的无机碱有碱金属及碱土金属的氢氧化物、氨及氨基钠等，常用的有机碱有胺类（例如二乙胺、三乙胺）和碱金属、碱土金属的烷氧化物。

　　② 直接与活泼金属（如金属钠）作用。

　　③ 用电化学方法，在阴极进行还原。

本实验采用无水无氧的合成方法，在无水无氧的惰性气氛下，以四氢呋喃为溶剂，用铁粉将三氯化铁还原为氯化亚铁：

$$2FeCl_3 + Fe \longrightarrow 3FeCl_2$$

在二乙胺的存在下，氯化亚铁与环戊二烯反应而生成二环戊二烯合铁：

$$FeCl_2 + 2\ \bigcirc + 2(C_2H_5)_2NH \longrightarrow \bigcirc\!-\!Fe\!-\!\bigcirc + 2(C_2H_5)_2NH \cdot HCl$$

反应物环戊二烯久存后会聚合为二聚体，使用前应解聚为单体。

　　二茂铁在常温下为橙黄色晶体，有樟脑气味，熔点为 173～174℃，沸点为 249℃，高于 100℃就容易升华。它能溶于苯、乙醚和石油醚等许多有机溶剂，基本上不溶于水，化学性质稳定。它在乙醇和乙烷中的紫外光谱于 325nm（ε＝50）和 440nm 处有极大的吸收值。

二茂铁及其衍生物已广泛用作火箭燃料添加剂，以改善其燃烧性能，还可用作汽油的抗震剂、硅树脂的热化剂、紫外光的吸收剂等。

【仪器和药品】

仪器：三口烧瓶，滴液漏斗，直形冷凝管，水浴锅，酒精灯，镊子，锥形瓶，烘箱，色谱柱，砂芯漏斗，梨形具刺分馏瓶，蒸发皿，搅拌器，旋转蒸发仪，高型烧杯，红外光谱仪，核磁共振仪，熔点仪。

药品：环戊二烯，二甲亚砜（DMSO），氢氧化钾，浓盐酸，铁粉，乙酸酐，磷酸（85％），无水乙醚，GF 硅胶，无水硫酸钠，碳酸氢钠，苯，丙酮，乙酸乙酯，石油醚（熔点 60～90℃），无水氯化钙，戊烷，环己烷，无水乙醇，石英砂。

【实验步骤】

1. 环戊二烯的解聚

按图 8-3 所示组装好仪器，在烧瓶中加入 25mL 环戊二烯，在接收瓶中加入少量的无水氯化钙，用电热套加热，收集 40～44℃的馏分。

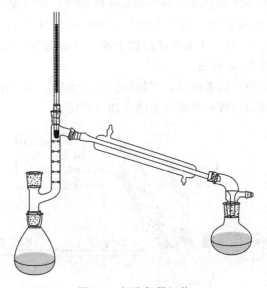

图 8-3　解聚仪器组装

2. 氯化亚铁的制备

在 250mL 烧杯中加入 15mL 36％盐酸和 15mL 蒸馏水，在通风橱中加热至 70℃，缓慢分批加入 4g 还原铁粉，待反应基本停止后（不再有氢气放出），过滤，滤液中加入几枚用浓盐酸洗去铁锈的小铁钉。滤液放在蒸发皿中用酒精灯加热蒸发，至表面有白色晶体析出，然后冷却结晶，迅速抽滤。称 5g 氯化亚铁加入 100mL 乙醚中供合成二茂铁使用。实验流程如图 8-4 所示。

3. 二茂铁的合成

二茂铁的合成流程如图 8-5 所示。在装有搅拌器、滴液漏斗的干燥的三口烧瓶（150mL）中加入 17g 片状氢氧化钾和 40mL 无水乙醚，搅拌 10min，使 KOH 尽可能溶解，再加入 4mL 环戊二烯单体，继续搅拌 20min，使其生成环戊二烯钾，反应中生成的水应用

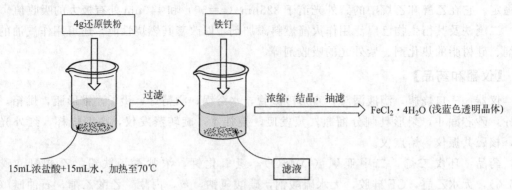

图 8-4　氯化亚铁的制备流程

过量的氢氧化钾除去。反应式如下：

$$C_5H_6 + KOH \longrightarrow C_5H_5K + H_2O$$

在烧杯中加入 17mL 二甲亚砜和 2mL 无水乙醚，再加入 5g 新制的氯化亚铁，在 40℃水浴上温热片刻，搅拌使其溶解。然后将此液移入事先加有 2mL 无水乙醚的滴液漏斗中，在搅拌下加入反应瓶中，控制滴加速度，15～20min 内加完；继续搅拌 1h 后分出乙醚层，水相用 20mL 无水乙醚分两次萃取，合并乙醚层，用 2mol·L^{-1}HCl 洗涤醚液两次，每次 10mL，然后用水洗涤两次，最后用无水硫酸钠干燥。在旋转蒸发仪上蒸去乙醚后倒入蒸发皿中升华得二茂铁（橙棕色），称重。

最后用戊烷或环己烷将产物重结晶，产物经真空干燥后，称重并计算其产率。产物可以通过测试所得的红外光谱图和核磁共振氢谱图来加以鉴定。

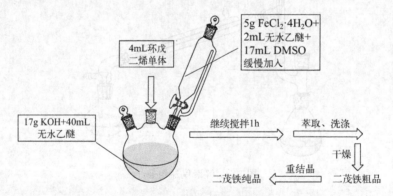

图 8-5　二茂铁的合成流程

4. 乙酰基二茂铁的制备

二茂铁（橙棕色） + (CH$_3$CO)$_2$O $\xrightarrow{H_3PO_4}$ 乙酰基二茂铁（橙红色） ＋ 二乙酰基二茂铁（橙褐色）

乙酰基二茂铁的制备流程如图 8-6 所示。将 1mL 85% H_3PO_4 在搅拌下滴入一个盛有 1.5g 二茂铁及 5mL 乙酸酐混合物的小锥形瓶中，装上内有无水氯化钙的干燥管，蒸汽浴上加热 15min，然后将此混合物倒入装有约 20g 冰的高型烧杯中，当冰融化后加固体碳酸氢钠（少量多次）中和混合物至不再有气体放出，在冰浴中冷却 30min，以保证乙酰基二茂铁从溶液中完全沉淀出来，用砂芯漏斗抽滤，用水洗涤至滤液为浅橙色，空气干燥。

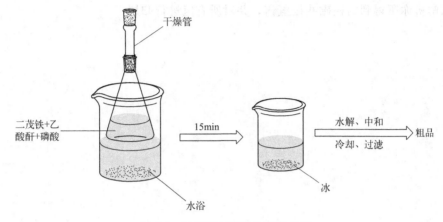

图 8-6　乙酰基二茂铁的制备流程

5. 柱色谱分离

（1）装柱

将一个 30mL 色谱柱垂直装置，以 25mL 的锥形瓶作为洗脱液的接收器。用镊子取少许脱脂棉放入色谱柱底部，轻轻塞紧。

取 30mL 硅胶溶于石油醚，配成浆状，从柱顶倒下，使均匀下沉。

将二茂铁及其衍生物的混合物与等量的硅胶混合，加 10mL 无水乙醇，在旋转蒸发仪上蒸去乙醇，使二者混合均匀，再小心倒入柱顶，再于柱顶加入 5mm 石英砂（此时石英砂为红色），从柱顶加淋洗液（石油醚：乙醚＝3∶1）少量，至石英砂为白色，再于柱顶加淋洗液至满。示意图如图 8-7 所示。

（2）分离

用淋洗液（石油醚：乙醚＝3∶1）进行淋洗，以每秒 1 滴的速度接收淋洗液。观察柱上的颜色迁移，分别收集二茂铁和乙酰基二茂铁的溶液于小抽滤瓶中，分别为黄色、橙褐色，塞住瓶口，并用真空水泵抽除乙酰基二茂铁小抽滤瓶的溶剂至干。在烘箱中烘 10min，称重，并测其熔点。

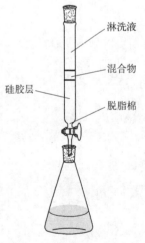

图 8-7　柱色谱分离示意

【注意事项】

1. 环戊二烯有毒，需在通风橱中小心取用，尽量不要洒在实验台上。

2. 解聚后的单体应尽快使用，因为即使保存在冰箱中也会慢慢重新聚合。

3. 解聚反应和二茂铁的合成都要用干燥玻璃仪器。

4. 二茂铁合成过程搅拌速度要快，萃取时要防止乳化现象发生。

5. 二茂铁合成过程的最后一次水层和醚层分离要尽可能彻底（第二次等 15min 上）。

【思考题】

1. 在本实验中合成二茂铁时为什么要求严格的无水无氧条件？

2. 试将测定的红外光谱图与标准谱图比较，并对主要吸收带进行解释，指出其归属。

3. 试分析影响二茂铁产率的因素。如何提高它的合成产率？

4. 试解析你所得到的核磁共振氢谱，并对所有氢进行归属。

实验五十　苯丙乳液聚合

【实验目的】

1. 了解乳液聚合的特点、配方及各组分的作用。
2. 熟悉苯丙乳液的制备及用途，掌握实验室制备苯丙乳液的聚合方法。

【实验原理】

乳液聚合是指单体在乳化剂的作用下分散在介质中，加入水溶性引发剂，在搅拌或振荡下进行的非均相聚合反应。它既不同于溶液聚合，也不同于悬浮聚合。乳化剂是乳液聚合的主要成分。乳液聚合的链引发、链增长、链终止都在胶束的乳胶粒内进行。

苯丙乳液是苯乙烯、丙烯酸酯类、丙烯酸三元共聚乳液的简称。苯丙乳液作为一类重要的中间化学产品，有非常广泛的用途，现已用作建筑涂料、金属表面胶乳涂料、地面涂料、纸张黏合剂、胶黏剂等，具有无毒、无味、不燃、污染少、耐候性好、耐光、耐腐蚀性优良等特点。

本实验以苯乙烯、丙烯酸丁酯、丙烯酸等为原料，以过硫酸铵为引发剂，十二烷基磺酸钠、OP-10 和 $NaHCO_3$ 为乳化剂，水为分散介质进行乳液聚合。苯乙烯在水相中溶解度很小，主要以胶束成核，乳化剂可以使互不相溶的单体和水转变为稳定的不分层的乳液。

【仪器和药品】

仪器：差热扫描量热仪（或同步热分析仪），红外光谱仪，油浴锅，分析天平，烧杯，电动搅拌器，烘箱，三口烧瓶，冷凝管，滴液漏斗，温度计，培养皿等。

药品：苯乙烯，丙烯酸丁酯，丙烯酸，过硫酸铵，OP-10，$NaHCO_3$，十二烷基磺酸钠，磷酸三丁酯，对苯二酚，氯化钙，甲醇，四氢呋喃（THF）。

【实验步骤】

1. 乳液聚合

称取过硫酸铵 0.20g 溶于 5mL 水中备用。称取溶解有乳化剂十二烷基磺酸钠 0.20g、OP-10 0.30g、$NaHCO_3$ 0.10g 的混合液 15g，称取丙烯酸丁酯 18g、苯乙烯 15g、丙烯酸 1.5g，混合在烧杯中备用。在装有电动搅拌器、温度计（滴液漏斗）、冷凝管的 250mL 三口烧瓶中加入 50mL 蒸馏水，再加入乳化剂和混合原料的一半，同时加入一半引发剂，开动搅拌，在 78～83℃反应 20min。滴加剩余的原料和引发剂，在 30min 内滴完，然后在 85～87℃反应 2h，降温至 40℃以下，加入磷酸三丁酯等助剂后放料。

2. 性能测试

（1）转化率的测定

称取少量乳液（约 2g）于培养皿中，再加入微量阻聚剂对苯二酚，放入 120℃烘箱中干燥 2h，取出冷却后再称量，计算单体总转化率。

（2）凝胶率的计算

将制备的乳液过滤，残余物置于烘箱中烘干称量，则凝胶率为：

$$\eta = m/M \times 100\%$$

式中，η 为凝胶率；m 为凝胶物质量；M 为单体总质量。

（3）化学稳定性测定

用 5％ $CaCl_2$ 溶液滴定，观察是否出现絮凝、破乳现象。

（4）玻璃化转变温度测定

将一定量乳液置于烧杯中，加入甲醇使聚合物沉淀，经干燥后得到聚合物，用差热扫描量热仪（或同步热分析仪）测定其玻璃化转变温度。

3.结构表征

聚合物经 THF 溶解后，采用涂膜法进行红外光谱测定，指出聚苯乙烯、聚丙烯酸丁酯的特征吸收峰。

【注意事项】

1.引发剂和乳化剂都是影响乳液聚合的重要因素，需要用分析天平准确称量。

2.乳化剂溶解过程中，搅拌速度不要太快，避免产生大量泡沫。

3.必须使乳化剂充分溶解至体系完全透明后才能加入单体。单体加入后，搅拌速度适当加快，使单体充分乳化后，才能加入引发剂，若乳化得不好，反应过程中容易结块。

【思考题】

1.比较乳液聚合、溶液聚合、悬浮聚合的反应特点。

2.乳化剂的作用是什么？

3.在配方设计时，怎样调节聚合物的玻璃化转变温度？

4.本实验操作应注意哪些问题？

实验五十一　聚天冬氨酸水凝胶的制备及对药物的负载与释放

【实验目的】

1. 掌握聚天冬氨酸水凝胶的制备方法。
2. 了解药物溶胀扩散负载方法。

【实验原理】

水凝胶（hydrogel）是一种由聚合物分子交联而成的具有三维网络结构的新型高分子材料，能吸收大量的水，并保持一定的形状，其在微观上呈空间网络状结构，经脱水干燥处理后成为高吸水性树脂。由于水凝胶这种独特的物理和化学性质，被应用于工业、农业、林业、园艺、生物、医疗卫生、生态修复等众多领域。水凝胶多为亲水的高分子经交联或共聚、共混得到。

聚天冬氨酸（polyaspartic acid，PASP）水凝胶主链为天冬氨酸分子通过肽键键合而成，其侧基上的羧基可以与二胺类化合物、环氧类化合物等交联。由于其主链为多肽键，易受到自然界真菌及细菌的侵袭，具有优异的生物降解性和生物相容性，由于高分子主链的亲水性和侧链基团的可与水结合性，其吸水率较高，保水性较好。

聚天冬氨酸水凝胶的化学制备法主要有三种。

1. 先交联再水解

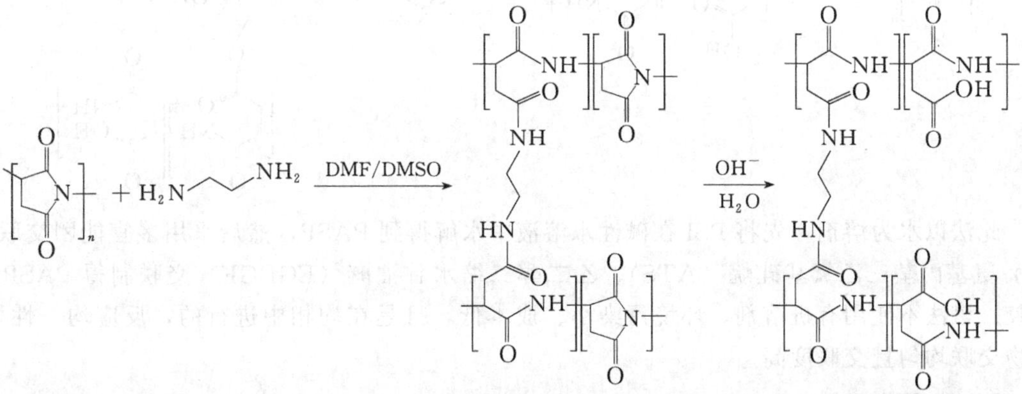

原料为聚琥珀酰亚胺（polysuccinimide，PSI），交联剂多选用：①脂肪族多胺，如1,2-乙二胺、1,3-丙二胺、1,4-丁二胺、1,5-戊二胺、1,6-己二胺或1,7-庚二胺；②碱性氨基酸，如赖氨酸、鸟氨酸或胱氨酸等及其盐或酯。此法需要大量的有机溶剂，成本高，还容易产生环境问题。

2. 交联、水解同时进行

此法的原料和交联剂与上一个方法一致，但在碱性条件下加入交联剂，亲核攻击PSI的环状单元，使PSI开环交联、水解同时发生。该方法由于碱和交联剂依靠碱性而同时对PSI单元环亲核攻击而使其开环水解或交联，相互之间是竞争关系。由于NaOH和KOH的碱性远大于交联剂，因此在反应过程中一般采用低温来减缓反应速率，从而增加交联的概率。该方法是固-液非均相反应，反应均一性较差，交联程度相对较低。

3. 先水解再交联

此法以水为溶剂，先将 PSI 在碱性水溶液中水解得到 PASP，然后采用多官能团交联剂如 γ-氨基丙基三乙氧基硅烷（ATS）、乙二醇二缩水甘油醚（EGDGE）交联制得 PASP 水凝胶。该法不使用有机溶剂，环境污染小、成本低，且是在均相中进行的，反应均一性好，产物交联均匀且交联度高。

【仪器和药品】

仪器：分析天平，烧杯，量筒，磁力搅拌器，恒温水浴锅，酸度计，烘箱，水泵，抽滤瓶，布氏漏斗，紫外-可见分光光度计，尼龙滤袋等。

药品：聚琥珀酰亚胺，乙二醇二缩水甘油醚，磷酸，氢氧化钠，无水乙醇，PBS 缓冲液，水杨酸，模拟胃液，模拟小肠液等。

【实验步骤】

1. PASP 水凝胶的制备

称取 6g PSI 加入 250mL 烧杯中，再加入 18mL 2mol·L^{-1}NaOH 溶液（提前配好），磁力搅拌直至 PSI 溶解，再逐滴加入 H$_3$PO$_4$ 调节溶液的 pH 至 4.8，再加入 2.5g EGDGE，50℃下水浴搅拌反应 7h，即可得 PASP 水凝胶，取出后剪刀剪碎，用无水乙醇-蒸馏水反复浸泡洗涤至中性，抽滤，60℃干燥后研磨，即可得 PASP 吸水性树脂，称重。

2. 药物负载

使用水杨酸作为药物模型评估材料负载特性。将水杨酸粉末溶解在蒸馏水中配制浓度为 $100mg \cdot L^{-1}$ 的溶液，使用紫外-可见分光光度计在 300nm 波长下测量不同浓度水杨酸的吸光度。绘制药物的标准曲线。然后，在室温下将称重的干凝胶（100mg）放入尼龙滤袋（需提前称重）后再置于 100mL 水杨酸水溶液（浓度为 $60mg \cdot L^{-1}$）中。最后，在规定的时间间隔内，移取 2mL 水杨酸溶液以测定吸光度，并添加 2mL 蒸馏水以确保溶液的总体积不变。使用下式计算载药量（LC）：

$$LC = (C_0 - C_t)/C_0 \times 100\%$$

式中，C_0 和 C_t 分别为水杨酸溶液的初始浓度和水凝胶浸泡一段时间后的浓度，$mg \cdot L^{-1}$。

将载药样品取出后用蒸馏水洗去未吸附至内部的药品，烘干后备用。

3. 药物释放

将载药的样品分成两等份，分别置于两个尼龙滤袋中，再分别浸泡在 100mL pH 值为 1.2（模拟胃液）和 7.4（模拟肠液）的 PBS 缓冲溶液中。滤袋在 37℃水浴中以 $100r \cdot min^{-1}$ 的恒定速度搅拌。在预定的时间间隔，取出 2mL 缓冲溶液进行紫外可见光谱测试，并添加 2mL PBS 缓冲液，总体积保持不变，测定 300nm 处的吸收光谱从而测定释放药物的浓度。累积释放（CR）由下式得出：

$$CR(\%) = \frac{C_t V_0}{m_0} \times 100\%$$

式中，m_0 是载药水凝胶的质量，mg；V_0 是释放介质的体积，L；C_t 是 t 时刻药物的浓度，$mg \cdot L^{-1}$。最后对从载药水凝胶释放出的水杨酸进行全波长扫描。

【注意事项】

1. PSI 开环反应中，NaOH 的浓度至关重要，浓度过高，PSI 不仅易开环，还会断键，导致最后得到的 PASP 水凝胶分子量偏低，浓度过低，PSI 开环反应速率过慢。

2. 磷酸调节 pH 值时，前期 pH 下降较快，pH 接近 5 时下降较慢。

【思考题】

1. 为什么 NaOH 的浓度会影响 PASP 水凝胶的形成？

2. PASP 交联时的 pH 值为什么选在 4.8？

3. 绘制水杨酸标准曲线，并绘制药物时间吸附曲线。

4. 绘制水杨酸在模拟胃液和模拟肠液中的释放曲线，并简单解释。

实验五十二 吸收剂吸收二氧化碳

【实验目的】

1. 了解气体吸收捕集的意义和重要性。
2. 了解醇胺法吸收二氧化碳的机理。

【实验原理】

二氧化碳是一种温室气体，大气中二氧化碳含量过多会导致气候变暖、温室效应加剧等一系列气候问题。气候变化会带来许多其他的自然灾害，如洪灾、暴风雨、海啸、飓风等极端天气发生的概率增加，中纬度及干旱地区可用水量减少，冰层融化海平面上升等。自工业革命以来大气中的二氧化碳呈逐渐增加趋势，过量的二氧化碳需通过合理科学的方法进行捕集，减少向大气中的排放。分离和捕集二氧化碳的技术是各国环境领域关注的焦点和国家的重要战略技术。

二氧化碳的捕集和脱除方法主要有化学吸收法、物理吸收法、变压吸附法、膜分离法等，其中化学吸收法具有吸收容量大、适用性广等特点。化学吸收法采用碱性溶剂对原料气中的二氧化碳进行吸收，二氧化碳与碱性物质反应生成化合物，然后在减压或加热条件下，使二氧化碳从富液中解吸出来，该吸收液可循环再生使用。化学吸收法有热碱法和醇胺法，醇胺法是应用最为广泛的二氧化碳吸收方法之一。

醇胺法吸收［以叔胺 N,N-甲基二乙醇胺（DMEA）为例］中，DMEA 与 CO_2 在水中的反应过程如下：

$$DMEA + H^+ \underset{}{\overset{K_1}{\rightleftharpoons}} DMEAH^+$$

$$CO_2 + DMEA + H_2O \overset{K_2}{\rightleftharpoons} DMEAH^+ + HCO_3^-$$

$$H_2O + CO_2 \overset{K_3}{\rightleftharpoons} H^+ + HCO_3^-$$

$$CO_2 + OH^- \overset{K_4}{\rightleftharpoons} HCO_3^-$$

$$HCO_3^- \overset{K_5}{\rightleftharpoons} H^+ + CO_3^{2-}$$

$$H_2O \overset{K_6}{\rightleftharpoons} H^+ + OH^-$$

二氧化碳吸收脱除率计算：

$$\eta_{CO_2} = \left(1 - \frac{y_{out,CO_2} \times y_{in,N_2}}{y_{in,CO_2} \times y_{out,N_2}}\right) \times 100\%$$

式中，η_{CO_2} 为二氧化碳的脱除率，%；y_{out,CO_2} 为出口气中二氧化碳的体积浓度，%；y_{in,CO_2} 为进口气中二氧化碳的体积浓度，%；y_{in,N_2} 为进口气中氮气的体积浓度，%；y_{out,N_2} 为出口气中氮气的体积浓度，%。

【仪器和药品】

仪器：红外二氧化碳分析仪，比长式二氧化碳检测管，正压抽气筒，橡胶软管，单向阀，鼓泡器，气体流量计，三通阀，干燥管，气体吸收瓶，磁力搅拌器，尾气净化装置。

药品：乙醇胺，N,N-二甲基二乙醇胺，N-甲基吡咯烷酮，二甲基亚砜，氢氧化钠，二氧化碳气体（99.9％），氮气（99.9％），蒸馏水。

【实验步骤】

① 按照质量比或摩尔比配制 30％乙醇胺水溶液、50％ N,N-二甲基二乙醇胺水溶液、10％乙醇胺 20％ N-甲基吡咯烷酮水溶液、3％ N,N-二甲基二乙醇胺 20％ N-甲基吡咯烷酮水溶液、10％乙醇胺 20％二甲基亚砜水溶液、20％二甲基亚砜水溶液各 100mL。

② 连接气体吸收装置，连接尾气净化装置，检查气密性。

③ 打开气体钢瓶，调节减压阀，调节流量计，使混合气中二氧化碳含量在 10％，然后关闭气源。

④ 在气体吸收瓶中加入配制的溶液，打开磁力搅拌，通入混合气，待气流平稳后检测入口气中二氧化碳含量和出口气中二氧化碳含量，计算吸收溶剂对二氧化碳气体的脱除率。

【注意事项】

1. 注意减压阀的连接及使用方法。
2. 注意气体流量计的操作及读数。
3. 实验前需做装置气密性检测。
4. 尾气需净化后排放。
5. 注意气体检测管及正压抽气筒的正确使用。

【思考题】

1. N-甲基吡咯烷酮、二甲基亚砜在其中所起的作用是什么？
2. 尾气净化的意义是什么？
3. 气体检测管检测二氧化碳的原理是什么？

实验五十三 TiO₂-g-C₃N₅ 复合材料的制备以及光催化性能研究

【实验目的】

1. 掌握 TiO_2-g-C_3N_4 复合材料的制备方法及材料特性。
2. 掌握光催化降解有机污染物的基本原理。
3. 了解目前污水治理的主要方法及特点。

【实验原理】

TiO_2 由于无毒、稳定性好、价格低廉、制备简单等优点,常被用于光催化、太阳能电池等领域。然而,二氧化钛的宽带隙(锐钛矿二氧化钛,3.2eV;金红石二氧化钛,3.0eV),使得制备的光催化剂吸收的太阳光范围有限,限制了其应用。

具有二维平面结构和匹配能带结构的 g-C_3N_5 可作为提高 TiO_2 光活性的优良材料,在合成过程中这两种材料可形成异质结,增加催化剂光生电子的生成,从而提高 TiO_2 的光催化活性。

【仪器和药品】

仪器:光催化反应器,滤光片,氙灯(500W),磁子,量筒,烧杯,聚四氟乙烯水热反应釜,氧化铝坩埚,玛瑙研钵,离心管、烘箱,管式炉,磁力搅拌器,超声清洗器,紫外-可见分光光度计。

药品:钛酸四丁酯,无水乙醇,十六烷基三甲基溴化铵(CTAB),3-氨基-1,2,4-三唑,硝酸铈,冰醋酸,三聚氰胺,亚甲基蓝(MB),四环素(TC)。

【实验步骤】

准确称取 5mL 钛酸四丁酯,滴入 10mL 无水乙醇中,制成溶液 A。将 0.05g CTAB 加入由 17.5mL 无水乙醇和 2.5mL 去离子水组成的溶液中,在组分完全溶解后,加入 7.5mL 冰醋酸,将混合物搅拌 30min 以形成溶液 B。将溶液 A 滴入溶液 B 中,将所得溶液搅拌 30min,随后再超声处理 30min。然后将溶液转移到 100mL 反应釜中,在 140℃反应 14h。冷却后,将沉淀物离心洗涤,在 80℃的烘箱中干燥,得到 TiO_2。

取 1.5g 3-氨基-1,2,4-三唑倒入加盖的氧化铝坩埚中,将坩埚置于管式炉中,在温度为 520℃下煅烧 3h,得到棕色的固体为 g-C_3N_5,研成粉末备用。

将制备好的 TiO_2 与 g-C_3N_5 按一定质量比放入玛瑙研钵中,充分研磨 30min,研磨至粉末状无颗粒感,将研磨的混合粉末倒入坩埚中,在 500℃高温下煅烧 3h,所得粉末为 TiO_2-g-C_3N_5 复合材料。

以 MB 和 TC 为模拟污染物确定样品的催化性能。将 40mg 光催化剂添加到 40mL 的 $20mg \cdot L^{-1}$ MB 和 $20mg \cdot L^{-1}$ TC 中,打开 500W 氙灯以发生光反应。每 15min 移取 4mL 悬浮液到离心管中。用紫外-可见分光光度计测量其吸光度值。然后使用下式计算降解率:

$$\eta = \frac{C_0 - C_t}{C_0}$$

式中,η 为降解率;C_0 为降解前的初始浓度;C_t 为辐照后的浓度。

【注意事项】

1. 在做光反应实验时，应先通冷凝水，再开灯，以免缩短灯的使用寿命。

2. 在水热反应结束后，应将反应釜冷却至室温后，再打开反应釜，以免发生危险。

3. 比色皿在用完以后应该及时清洗。

【思考题】

1. 实验过程中为什么选择蒸馏水作为参比溶液？参比溶液应该如何选择？

2. 亚甲基蓝和四环素的降解速率与哪些因素有关？

实验五十四　苯乙烯-马来酸酐共聚物及其聚氧乙烯脂肪醇酯的制备

【实验目的】

掌握沉淀聚合法制备苯乙烯-马来酸酐共聚物及其聚氧乙烯脂肪醇酯的方法。

【实验原理】

【仪器和药品】

仪器：电动搅拌器，水浴锅，球形冷凝管，温度计，锚式搅拌桨，锥形瓶，三口烧瓶，四口烧瓶，酸式滴定管，烧杯，量筒，恒压滴液漏斗，减压抽滤装置。

药品：苯乙烯，马来酸酐，甲苯，AEO-3，乙酸乙酯，BPO，$0.1 mol \cdot L^{-1}$ NaOH 溶液，$0.1 mol \cdot L^{-1}$ HCl 溶液，酚酞溶液。

【实验步骤】

1. 中间体苯乙烯-马来酸酐共聚物的合成

称取马来酸酐（6.68g），放入带有电动搅拌器、球形冷凝管、温度计的四口烧瓶中，加入甲苯搅拌溶解，称取 BPO（0.34g）于小烧杯中，称取苯乙烯（已经蒸馏过，7.30g）于10mL 的量筒内，然后将 1/3 的苯乙烯倒入 BPO 的小烧杯中混合均匀后倒入四口烧瓶中，搅拌。另取 20mL 甲苯连同剩余的 2/3 的苯乙烯转移至滴液漏斗中，并将其安装到四口烧瓶上。搅拌，升温至 74～76℃，保持 20min 左右出现白色沉淀，开始反应，搅拌下缓慢加入剩下的苯乙烯甲苯溶液。约 1～1.5h 加完，保持 0.5h，升温至 85℃，保持半小时，反应物减压过滤，110℃烘干 2h，得到白色粉末，称重。

2. 苯乙烯-马来酸酐共聚物（SMA）中马来酸酐（MA）含量的测定

准确称取 0.1g 共聚物产品于锥形瓶中，准确加入 30mL $0.1 mol \cdot L^{-1}$ 的 NaOH 标准溶液（过量），接入球形冷凝管回流 1h，冷却后滴入 2～3 滴酚酞，用 $0.1 mol \cdot L^{-1}$ 的 HCl 标准溶液滴定过量的 NaOH，溶液变为淡粉色且 30s 不褪色为滴定终点。记录滴定消耗的 HCl 的体积，计算出 MA 在 SMA 中的质量分数。

$$w_{MA} = \frac{(C_{NaOH}V_{NaOH} - C_{HCl}V_{HCl}) \times 98.06}{2 \times m \times 1000} \times 100\%$$

式中，m 为样品共聚物的质量，g；w_{MA} 为共聚物中马来酸酐的质量分数。

项目	SMA 质量 m/g	V_{NaOH}/mL	$C_{NaOH}/(mol \cdot L^{-1})$	V_{HCl}/mL	$C_{HCl}/(mol \cdot L^{-1})$	$w_{MA}/\%$
数量						

3. LSMA（苯乙烯-马来酸酐共聚物聚氧乙烯酯）的合成

称取中间体 8.0g 于 250mL 的三口烧瓶中，加入与 MA 等物质的量的 AEO-3，称取一定质量的乙酸乙酯装入四口烧瓶中，搅拌均匀。缓慢升温至 76℃，保持 3h，得到均匀的淡黄色溶液，即为最终产品，记录产品的质量及其状态。

【注意事项】

在 LSMA 的合成实验中，在缓慢升温至 70℃ 左右时体系黏度会迅速增大甚至凝固，搅拌应缓慢进行，76℃ 左右体系固体开始减少，黏度下降，加强搅拌直至固体消失。

【思考题】

1. 实验中为什么使用已经蒸馏过的苯乙烯？

2. 为什么要测定共聚物中马来酸酐的含量？

3. 共聚物酯化时为什么出现体系黏度随温度升高而升高而后又下降的现象？

实验五十五　4-苄氧基乙酰苯胺的合成

【实验目的】

1. 掌握酚和苄氯醚化的方法。
2. 掌握硝基还原成氨基的机理。
3. 掌握氨基酰化的反应原理。
4. 掌握减压抽滤、重结晶及固体产品干燥等基本的实验操作。

【实验原理】

1. 4-苄氧基硝基苯的制备

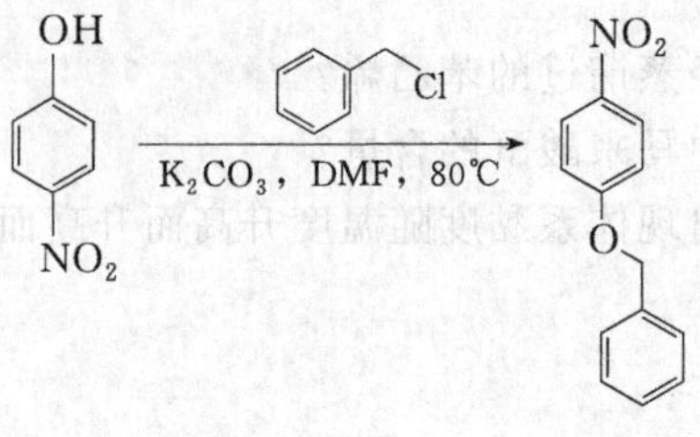

2. 4-苄氧基苯胺的制备

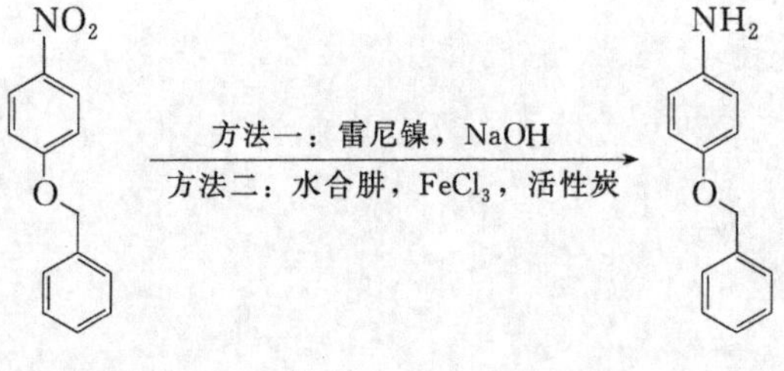

3. 4-苄氧基乙酰苯胺的制备

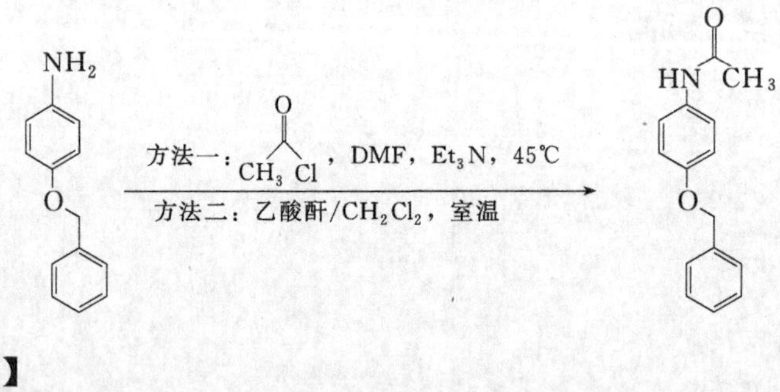

【仪器和药品】

仪器：三口烧瓶，球形冷凝管，磁力搅拌加热器，回流装置，烘箱，真空干燥箱，真空抽滤装置，恒压滴液漏斗，温度计。

药品：4-硝基苯酚，苄氯，碳酸钾，DMF，雷尼镍（Raney Ni），水合肼，氢气，三氯化铁，活性炭，乙醇，乙酸酐，三乙胺，二氯甲烷。

【实验步骤】

1. 4-苄氧基硝基苯的制备

称取对硝基苯酚 10.0g 于 100mL 三口烧瓶中，再加入干燥过的 40mL DMF、10g 苄氯和 14.8g 研磨过的碳酸钾。加热并控制反应温度在 80～90℃，搅拌 2～3h。反应完毕后，倒入 150mL 冰水中冷却，析出固体。减压抽滤并用蒸馏水洗涤，得到白色固体，放入烘箱中干燥，称取质量。产品进行熔点测定，初步确定其纯度。

2. 4-苄氧基苯胺的制备

（1）水合肼还原

在三口烧瓶中加入 7.36g 4-苄氧基硝基苯、0.3g 三氯化铁、1.5g 活性炭和 11.0g 80% 水合肼（过量），取 40mL 乙醇作为反应的溶剂，装上回流装置，反应温度在 80℃ 左右，回流保温反应 0.5～2h，反应结束后热过滤，除去活性炭。将滤液倒入 150mL 的蒸馏水中，析出固体，真空干燥后称重。

（2）Raney Ni 还原

在三口烧瓶中加入 7.36g 4-苄氧基硝基苯、0.5g Raney Ni 和 40mL 乙醇，装上回流装置，反应体系先抽真空再用氢气置换，重复 2～3 次，加热回流 0.5～2h，反应结束后，除去催化剂，将滤液倒入 150mL 的蒸馏水中，析出固体，真空干燥后称重。

3. 4-苄氧基乙酰苯胺的制备

在 50mL 三口烧瓶中加入 3.0g 的 4-苄氧基苯胺和 15mL 二氯甲烷，在室温下用恒压滴液漏斗缓慢滴加乙酸酐 2.3g，反应过程中会有产品析出，抽滤，干燥得到产品。

【注意事项】

水合肼有毒，需在通风橱中操作。

【思考题】

1. 碳酸钾的作用是什么？

2. 水合肼还原的原理是什么？

3. 采用二氯甲烷为溶剂为什么产品会析出？

附 录

附录 1　水在不同温度下的饱和蒸气压

温度 $t/℃$	饱和蒸气压 $/(\times10^3\mathrm{Pa})$	温度 $t/℃$	饱和蒸气压 $/(\times10^3\mathrm{Pa})$	温度 $t/℃$	饱和蒸气压 $/(\times10^3\mathrm{Pa})$
0	0.61129	29	4.0078	58	18.159
1	0.65716	30	4.2455	59	19.028
2	0.70605	31	4.4953	60	19.932
3	0.75813	32	4.7578	61	20.873
4	0.81359	33	5.0335	62	21.851
5	0.87260	34	5.3229	63	22.868
6	0.93537	35	5.6267	64	23.925
7	1.0021	36	5.9453	65	25.022
8	1.0730	37	6.2795	66	26.163
9	1.1482	38	6.6298	67	27.347
10	1.2281	39	6.9969	68	28.576
11	1.3129	40	7.3814	69	29.852
12	1.4027	41	7.7840	70	31.176
13	1.4979	42	8.2054	71	32.549
14	1.5988	43	8.6463	72	33.972
15	1.7056	44	9.1075	73	35.448
16	1.8185	45	9.5898	74	36.978
17	1.9380	46	10.094	75	38.563
18	2.0644	47	10.620	76	40.205
19	2.1978	48	11.171	77	41.905
20	2.3388	49	11.745	78	43.665
21	2.4877	50	12.344	79	45.487
22	2.6447	51	12.970	80	47.373
23	2.8104	52	13.623	81	49.324
24	2.9850	53	14.303	82	51.342
25	3.1690	54	15.012	83	53.428
26	3.3629	55	15.752	84	55.585
27	3.5670	56	16.522	85	57.815
28	3.7818	57	17.324	86	60.119

温度 $t/℃$	饱和蒸气压 $/(×10^3Pa)$	温度 $t/℃$	饱和蒸气压 $/(×10^3Pa)$	温度 $t/℃$	饱和蒸气压 $/(×10^3Pa)$
87	62.499	123	218.09	159	602.11
88	64.958	124	224.96	160	617.66
89	67.496	125	232.01	161	633.53
90	70.117	126	239.24	162	649.73
91	72.823	127	246.66	163	666.25
92	75.614	128	254.25	164	683.10
93	78.494	129	262.04	165	700.29
94	81.465	130	270.02	166	717.83
95	84.529	131	278.20	167	735.70
96	87.688	132	286.57	168	753.94
97	90.945	133	295.15	169	772.52
98	94.301	134	303.93	170	791.47
99	97.759	135	312.93	171	810.78
100	101.32	136	322.14	172	830.47
101	104.99	137	331.57	173	850.53
102	108.77	138	341.22	174	870.98
103	112.66	139	351.09	175	891.80
104	116.67	140	361.19	176	913.03
105	120.79	141	371.53	177	934.64
106	125.03	142	382.11	178	956.66
107	129.39	143	392.92	179	979.09
108	133.88	144	403.98	180	1001.9
109	138.50	145	415.29	181	1025.2
110	143.24	146	426.85	182	1048.9
111	148.12	147	438.67	183	1073.0
112	153.13	148	450.75	184	1097.5
113	158.29	149	463.10	185	1122.5
114	163.58	150	475.72	186	1147.9
115	169.02	151	488.61	187	1173.8
116	174.61	152	501.78	188	1200.1
117	180.34	153	515.23	189	1226.1
118	186.23	154	528.96	190	1254.2
119	192.28	155	542.99	191	1281.9
120	198.48	156	557.32	192	1310.1
121	204.85	157	571.94	193	1338.8
122	211.38	158	586.87	194	1368.0

温度 $t/℃$	饱和蒸气压 $/(\times 10^3 Pa)$	温度 $t/℃$	饱和蒸气压 $/(\times 10^3 Pa)$	温度 $t/℃$	饱和蒸气压 $/(\times 10^3 Pa)$
195	1397.6	231	2846.7	267	5246.3
196	1427.8	232	2899.0	268	5329.8
197	1458.5	233	2952.1	269	5414.3
198	1489.7	234	3005.9	270	5499.9
199	1521.4	235	3060.4	271	5586.4
200	1553.6	236	3115.7	272	5674.0
201	1568.4	237	3171.8	273	5762.7
202	1619.7	238	3288.6	274	5852.4
203	1653.6	239	3286.3	275	5943.1
204	1688.0	240	3344.7	276	6035.0
205	1722.9	241	3403.9	277	6127.9
206	1758.4	242	3463.9	278	6221.9
207	1794.5	243	3524.7	279	6317.2
208	1831.1	244	3586.3	280	6413.2
209	1868.4	245	3648.8	281	6510.5
210	1906.2	246	3712.1	282	6608.9
211	1944.6	247	3776.2	283	6708.5
212	1983.6	248	3841.2	284	6809.2
213	2023.2	249	3907.0	285	6911.1
214	2063.4	250	3973.6	286	7014.1
215	2104.2	251	4041.2	287	7118.3
216	2145.7	252	4109.6	288	7223.7
217	2187.8	253	4178.9	289	7330.2
218	2230.5	254	4249.1	290	7438.0
219	2273.8	255	4320.2	291	7547.0
220	2317.8	256	4392.2	292	7657.2
221	2362.5	257	4465.1	293	7768.6
222	2407.8	258	4539.0	294	7881.3
223	2453.8	259	4613.7	295	7995.2
224	2500.5	260	4689.4	296	8110.3
225	2547.9	261	4766.1	297	8226.8
226	2595.9	262	4843.7	298	8344.5
227	2644.6	263	4922.3	299	8463.5
228	2694.1	264	5001.8	300	8583.8
229	2744.2	265	5082.3	301	8705.4
230	2795.1	266	5163.8	302	8828.3

温度 t/℃	饱和蒸气压 /(×10³Pa)	温度 t/℃	饱和蒸气压 /(×10³Pa)	温度 t/℃	饱和蒸气压 /(×10³Pa)
303	8952.6	327	12364	351	16825
304	9078.2	328	12525	352	16932
305	9205.1	329	12688	353	17138
306	9333.4	330	12852	354	17348
307	9463.1	331	13019	355	17561
308	9594.2	332	13187	356	17775
309	9726.7	333	13357	357	17992
310	9860.5	334	13528	358	18211
311	9995.8	335	13701	359	18432
312	10133	336	13876	360	18655
313	10271	337	14053	361	18881
314	10410	338	14232	362	19110
315	10551	339	14412	363	19340
316	10694	340	14594	364	19574
317	10838	341	14778	365	19809
318	10984	342	14964	366	20048
319	11131	343	15152	367	20289
320	11279	344	15342	368	20533
321	11429	345	15533	369	20780
322	11581	346	15727	370	21030
323	11734	347	15922	371	21286
324	11889	348	16120	372	21539
325	12046	349	16320	373	21803
326	12204	350	16521	—	—

附录 2　常用离子交换树脂系列

1. 强酸性苯乙烯型阳离子交换树脂系列

产品型号	产品名称	用途
001X7(732)	强酸性苯乙烯阳离子交换树脂	主要用于硬水软化、脱盐水、纯水与高纯水制备、湿法冶金、稀有元素分离、抗生素提取等,广泛用于锅炉、印染、医药、制糖等行业,及作为脱水剂和催化剂
001X4(734)	强酸性苯乙烯阳离子交换树脂	高纯水制备及抗生素提炼等
008X3T	强酸性苯乙烯阳离子交换树脂	抗生素提炼,医药化工等
008X1T	强酸性苯乙烯阳离子交换树脂	抗生素提炼
008X8T	强酸性苯乙烯阳离子交换树脂	主要用于纯水制备,有机催化

产品型号	产品名称	用途
008X2T	强酸性苯乙烯阳离子交换树脂	抗生素提炼
008X11T	强酸性苯乙烯阳离子交换树脂	高密度树脂,电镀铬液中回收铬
008X13T	强酸性苯乙烯阳离子交换树脂	抗生素提炼
008T	强酸性苯乙烯阳离子交换树脂	配套双层床,抗生素提取
008X9X9	强酸性苯乙烯阳离子交换树脂	水处理
TH809 核子级	强酸性苯乙烯阳离子交换树脂	原子能反应堆中水处理

2. 苯乙烯系大孔强酸阳离子交换树脂系列

产品型号	产品名称	用途
D801-HT	苯乙烯系大孔强酸阳离子交换树脂	高速水处理,用于混合床
D808-HT	苯乙烯系大孔强酸阳离子交换树脂	高速水处理,用于双层床
D8099-T	苯乙烯系大孔强酸阳离子交换树脂	制备高纯水,羟醛缩合催化剂
D811-T	苯乙烯系大孔强酸阳离子交换树脂	制备高纯水
D812-T	苯乙烯系大孔强酸阳离子交换树脂	用于脱除回收生产己二酸母液中的铜和矾催化剂
D842-T	苯乙烯系大孔强酸阳离子交换树脂	用作酸催化剂等
D843-T	苯乙烯系大孔强酸阳离子交换树脂	谷氨酸提炼及用作酸催化剂等
D803	苯乙烯系大孔强酸阳离子交换树脂	用于催化,并可用于甲基硅油、羟甲基硅油的合成
D82	苯乙烯系大孔强酸阳离子交换树脂	有机反应催化,高速混合床水处理
D81	苯乙烯系大孔强酸阳离子交换树脂	食品工业氨基酸提炼,有机反应催化,水处理等
D81-T	苯乙烯系大孔强酸阳离子交换树脂	制药工业,生物提炼,有机催化
D811	苯乙烯系大孔强酸性阳离子交换树脂	制药工业,生物提炼,有机催化
D891	苯乙烯系大孔强酸性阳离子交换树脂	制药工业,生物提炼,有机催化

3. 大孔丙烯酸系阳离子交换树脂系列

产品型号	产品名称	用途
D820	大孔丙烯酸系阳离子交换树脂	药物提取和分离
D8225	大孔丙烯酸系阳离子交换树脂	配套双层床,含镍废水处理
D880	大孔丙烯酸系阳离子交换树脂	主要用于制水,周期长,制水平衡
D851	大孔丙烯酸系阳离子交换树脂	水处理,电镀含镍废水处理,制药工业等
D852	大孔丙烯酸系阳离子交换树脂	水处理,三废酸碱中和,制药、食品、制糖工业中用
D813	大孔丙烯酸系阳离子交换树脂	电力电子工业水处理,医药、制糖等工业的提炼和精制

4. 大孔强碱性苯乙烯阴离子交换树脂系列

产品型号	产品名称	用途
D890	大孔强碱性苯乙烯阴离子交换树脂	药物提取分离食品、制糖等
D869	大孔强碱性苯乙烯阴离子交换树脂	电影洗印,三废治理,有机催化,去杂质等
D861	大孔强碱性苯乙烯阴离子交换树脂	大型化肥厂装置水处理
D201	大孔强碱性苯乙烯阴离子交换树脂	主要用于高速混床凝结水处理、废水处理、重金属回收

5. 大孔弱碱性苯乙烯阴离子交换树脂系列

产品型号	产品名称	用途
D8501	大孔弱碱性苯乙烯阴离子交换树脂	含铬废水处理,耐污染性能好
D8590	大孔弱碱性苯乙烯阴离子交换树脂	制药工业,抗生素提炼、脱色等
D8596	大孔弱碱性苯乙烯阴离子交换树脂	制药工业,抗生素提炼、脱色等
T89-K	大孔弱碱性苯乙烯阴离子交换树脂	专用于处理电镀铬工业中的废水
T850A	大孔弱碱性苯乙烯阴离子交换树脂	用于含铬废水处理
T850B	大孔弱碱性苯乙烯阴离子交换树脂	用于含铬废水处理及电力工业用作双层床

6. 螯合型离子交换树脂系列

产品型号	产品名称	用途
D401	大孔苯乙烯系螯合离子交换树	主要用于离子交换膜法制取高纯碱,工业中食盐水二次精制,选择性吸附二价金属离子等
D402	大孔苯乙烯系螯合离子交换树	主要用于离子交换膜法制取高纯碱,工业中食盐水二次精制,选择性吸附二价金属离子等
D403	螯合离子交换树脂	主要用于从海水或卤水中选择性吸附硼
D405	螯合离子交换树脂	除汞专用树脂
D407	螯合离子交换树脂	除硝酸根专用树脂

7. 特种离子交换树脂系列

产品型号	产品名称	用途
DTH-01	淀粉糖专用分离树脂	利用 Ca^{2+} 与多羟基糖或糖醇的特殊作用力,实现果糖与葡萄糖、山梨醇与甘露醇等光活性糖或糖醇异构体的色谱分离
DTH-02	淀粉糖专用分离树脂	主要用于从粗葡萄糖浆中脱除麦芽糖等低聚糖,实现葡萄糖的精制
D8550	大孔丙烯酸弱酸酸阳离子交换树脂	用于生化分离提纯
TD-75	大孔阴离子交换树脂	专用于各类白酒生产中脱脂和脱色

附录3　常用溶剂的物理常数

名称	沸点/℃	相对密度(d_4^{20})	名称	沸点/℃	相对密度(d_4^{20})
甲醇	64.96	0.7914	苯	80.10	0.8787
乙醇	78.5	0.7893	甲苯	110.6	0.8669
正丁醇	117.25	0.8098	二甲苯	140.0	
乙醚	34.51	0.7138	硝基苯	210.8	1.2037
丙酮	56.2	0.7899	氯苯	132.0	1.1058
乙酸	117.9	1.0492	氯仿	61.70	1.4832

名称	沸点/℃	相对密度(d_4^{20})	名称	沸点/℃	相对密度(d_4^{20})
乙酐	139.55	1.0820	四氯化碳	76.54	1.5940
乙酸乙酯	77.06	0.9003	二硫化碳	46.25	1.2632
乙酸甲酯	57.00	0.9330	乙腈	81.60	0.7854
丙酸甲酯	79.85	0.9150	二甲亚砜	189.0	1.1014
丙酸乙酯	99.10	0.8917	二氯甲烷	40.00	1.3266
二氧六环	101.1	1.0337	1,2-二氯乙烷	83.47	1.2351

注：1. 如未注明压力，一般指常压（101.3kPa）下的沸点。

2. 如未特别说明，一般用 d_4^{20} 表示相对密度，即表示物质在20℃时相对于4℃水的密度。

附录4　常用酸、碱试剂的密度和浓度

试剂名称	化学式	分子量	密度 $\rho/(g \cdot mL^{-1})$	质量分数 $w/\%$	物质的量浓度 /($mol \cdot L^{-1}$)
浓硫酸	H_2SO_4	98.08	1.83～1.84	96	18
浓盐酸	HCl	36.46	1.18～1.19	36～38	12
浓硝酸	HNO_3	63.01	1.42	70	16
浓磷酸	H_3PO_4	98.00	1.69	85	15
冰醋酸	CH_3COOH	60.05	1.05	99	17
高氯酸	$HClO_4$	100.46	1.67	70	12
浓氢氧化钠	NaOH	40.00	1.43	40	14
浓氨水	$NH_3 \cdot H_2O$	35.05	0.88～0.90	28	15
氢氟酸	HF	20.01	1.13	40	22.5
氢溴酸	HBr	80.91	1.49	47	8.6

附录5　SI基本单位及常用常数

1. SI基本单位

量的名称	单位名称	单位符号
长度	米	m
质量	千克（公斤）	kg
时间	秒	s
电流	安［培］	A
热力学温度	开［尔文］	K
发光强度	坎［德拉］	cd
物质的量	摩［尔］	mol

注：1. 表中（ ）内的字表示为前者的同义语。

2. ［ ］内的字在不致混淆的情况下，可以省略。

2.SI 单位制的辅助单位

量的名称	单位名称	单位符号
[平面]角	弧度	rad
立体角	球面度	sr

3. 国际单位制中具有专门名称的导出单位

量的名称	单位名称	单位符号	其他表示示例
频率	赫[兹]	Hz	s^{-1}
压力(压强),应力	帕[斯卡]	Pa	$N \cdot m^{-2}$
能[量],功,热	焦[耳]	J	$N \cdot m$
功率,辐[射能]通量	瓦[特]	W	$J \cdot s^{-1}$
电荷[量]	库[仑]	C	$A \cdot s$
电位,电压,电动势	伏[特]	V	$W \cdot A^{-1}$
摄氏温度	摄氏度	℃	
[放射性]活度	贝克[勒尔]	Bq	

附录6 常用的热浴和冷浴

热浴：水浴、油浴、砂浴、空气浴。

冷浴：冰浴、冷水浴。

附录7 常见重要基团的红外吸收特征频率

键伸缩振动类型	基团	波数/cm^{-1}	波长/μm
	O—H	3650~3100	2.74~3.23
	N—H	3550~3100	2.82~3.23
	≡C—H	3320~3310	3.01~3.02
Y—H 伸缩振动	=C—H	3085~3025	3.24~3.31
	Ar—H	约3030	约3.03
	R—H	2960~2870	3.38~3.49
	S—H	2590~2550	3.86~3.92
	C=O	1850~1650	5.40~6.05
	C=NR	1690~1590	5.92~6.29
	C=C	1680~1600	5.95~6.25
X=Y 伸缩振动	(以上三种双键如与 C=C 或芳核共轭时频率约降低 30cm^{-1})		
	N=N	1630~1575	6.13~6.35
	N=O	1600~1500	6.25~6.60
	⬡	1600~1450(四个带)	6.25~6.90

键伸缩振动 类型	基团	波数/cm^{-1}	波长/μm
X≡Y 和 X=Y=Z 伸缩振动	C≡N	2260～2240	4.42～4.46
	RC≡CR	2260～2190	4.43～4.57
	RC≡CH	2140～2100	4.67～4.76
	C=C=O	2170～2150	4.61～4.70
	C=C=C	1980～1930	5.05～5.18

附录8 常用基本物理常数

物理常数	符号	最佳实验值	供计算用值
真空中光速	c	$(299792458 \pm 1.2)\,\mathrm{m \cdot s^{-1}}$	$3.00 \times 10^{8}\,\mathrm{m \cdot s^{-1}}$
引力常数	G_0	$(6.6720 \pm 0.0041) \times 10^{-11}\,\mathrm{m^3 \cdot s^{-2}}$	$6.67 \times 10^{-11}\,\mathrm{m^3 \cdot s^{-2}}$
阿伏伽德罗（Avogadro） 常数	N_0	$(6.022045 \pm 0.000031) \times 10^{23}\,\mathrm{mol^{-1}}$	$6.02 \times 10^{23}\,\mathrm{mol^{-1}}$
摩尔气体常数	R	$(8.31441 \pm 0.00026)\,\mathrm{J \cdot mol^{-1} \cdot K^{-1}}$	$8.31\,\mathrm{J \cdot mol^{-1} \cdot K^{-1}}$
玻尔兹曼（Boltzmann） 常数	κ	$(1.380662 \pm 0.000041) \times 10^{-23}\,\mathrm{J \cdot K^{-1}}$	$1.38 \times 10^{-23}\,\mathrm{J \cdot K^{-1}}$
理想气体摩尔体积	V_m	$(22.41383 \pm 0.00070) \times 10^{-3}\,\mathrm{m^3 \cdot mol^{-1}}$	$22.4 \times 10^{-3}\,\mathrm{m^3 \cdot mol^{-1}}$
基本电荷(元电荷)	e	$(1.6021892 \pm 0.0000046) \times 10^{-19}\,\mathrm{C}$	$1.602 \times 10^{-19}\,\mathrm{C}$
原子质量单位	u	$(1.6605655 \pm 0.0000086) \times 10^{-27}\,\mathrm{kg}$	$1.66 \times 10^{-27}\,\mathrm{kg}$
电子静止质量	m_e	$(9.109534 \pm 0.000047) \times 10^{-31}\,\mathrm{kg}$	$9.11 \times 10^{-31}\,\mathrm{kg}$
电子荷质比	e/m_e	$(1.7588047 \pm 0.0000049) \times 10^{11}\,\mathrm{C \cdot kg^{-2}}$	$1.76 \times 10^{11}\,\mathrm{C \cdot kg^{-2}}$
质子静止质量	m_p	$(1.6726485 \pm 0.0000086) \times 10^{-27}\,\mathrm{kg}$	$1.673 \times 10^{-27}\,\mathrm{kg}$
中子静止质量	m_n	$(1.6749543 \pm 0.0000086) \times 10^{-27}\,\mathrm{kg}$	$1.675 \times 10^{-27}\,\mathrm{kg}$
法拉第常数	F	$(9.648456 \pm 0.000027) \times 10^{4}\,\mathrm{C \cdot mol^{-1}}$	$96500\,\mathrm{C \cdot mol^{-1}}$
真空电容率	ε_0	$(8.854187818 \pm 0.000000071) \times 10^{-12}\,\mathrm{F \cdot m^{-2}}$	$8.85 \times 10^{-12}\,\mathrm{F \cdot m^{-2}}$
真空磁导率	μ_0	$12.5663706144 \times 10^{-7}\,\mathrm{H \cdot m^{-1}}$	$4\pi \times 10^{-7}\,\mathrm{H \cdot m^{-1}}$
电子磁矩	μ_e	$(9.284832 \pm 0.000036) \times 10^{-24}\,\mathrm{J \cdot T^{-1}}$	$9.28 \times 10^{-24}\,\mathrm{J \cdot T^{-1}}$
质子磁矩	μ_p	$(1.4106171 \pm 0.0000055) \times 10^{-23}\,\mathrm{J \cdot T^{-1}}$	$1.41 \times 10^{-23}\,\mathrm{J \cdot T^{-1}}$
玻尔(Bohr)半径	α_0	$(5.2917706 \pm 0.0000044) \times 10^{-11}\,\mathrm{m}$	$5.29 \times 10^{-11}\,\mathrm{m}$
玻尔(Bohr)磁子	μ_B	$(9.274078 \pm 0.000036) \times 10^{-24}\,\mathrm{J \cdot T^{-1}}$	$9.27 \times 10^{-24}\,\mathrm{J \cdot T^{-1}}$
核磁子	μ_N	$(5.059824 \pm 0.000020) \times 10^{-27}\,\mathrm{J \cdot T^{-1}}$	$5.05 \times 10^{-27}\,\mathrm{J \cdot T^{-1}}$
普朗(Planck)常数	h	$(6.626176 \pm 0.000036) \times 10^{-34}\,\mathrm{J \cdot s}$	$6.63 \times 10^{-34}\,\mathrm{J \cdot s}$
精细结构常数	a	7.2973506×10^{-3}	—
里德伯(Rydberg)常数	R	$1.097373177 \times 10^{7}\,\mathrm{m^{-1}}$	

物理常数	符号	最佳实验值	供计算用值
电子康普顿(Compton)波长		$2.4263089 \times 10^{-12}$ m	—
质子康普顿(Compton)波长		$1.3214099 \times 10^{-15}$ m	—
质子电子质量比	m_p/m_e	1836.1515	—

附录 9　核磁共振氢化学位移

物质	质子	mult,J	$CDCl_3$	丙酮-d_6	DMSO-d_6	CD_3CN	CD_3OD	D_2O
溶剂残留峰	—	—	7.26	2.05	2.50	1.94	3.31	4.79
水	H_2O	s	1.56	2.84	3.33	2.13	4.87	—
乙酸	CH_3	s	2.10	1.96	1.91	1.96	1.99	2.08
丙酮	CH_3	s	2.17	2.09	2.09	2.08	2.15	2.22
苯甲醚	CH(3,5)	m	7.32~7.27	7.31~7.25	7.31~7.26	7.32~7.27	7.28~7.22	7.40,t(8.0)[d]
	CH(2,4,6)	m	6.97~6.89	6.96~6.89	6.94~6.90	6.96~6.90	6.92~6.87	7.09~7.03[d]
	OCH_3	s	3.81	3.78	3.75	3.77	3.77	3.85[d]
苯甲醇	CH	m	7.38~7.28	7.37~7.29	7.36~7.28	7.37~7.30	7.36~7.30	7.47~7.37
	CH	m	7.38~7.28	7.25~7.20	7.25~7.20	7.29~7.23	7.26~7.22	7.47~7.37
	CH_2	d,5.9	4.71	4.63[4.62,s]	4.49	4.57	4.59,s	4.65,s
	OH	t,5.9	1.64	4.16	5.16	3.14	—	—
叔丁醇	CH_3	s	1.27	1.18	1.11	1.17	1.22	1.25
	OH	s	—	3.22	4.18	2.39	—	—
乙醇	CH_2	s	5.30	5.63	5.76	5.44	5.49	—
	CH_3	s	3.79	3.72	3.69	3.72	3.74	3.69
	OH	s	2.62	2.52	2.54	2.50	2.65	2.71
甲酸	HCO	s	8.03	8.11	8.14	8.03	8.07	8.26
甲醇	CH_3	d,5.3	3.49,s	3.31	3.17	3.28	3.34	3.36
	OH	q,5.3	1.05	3.12	4.10	2.17	—	—
甲苯	CH(3,5)	m	7.28~7.24	7.26~7.22	7.27~7.23	7.27~7.23	7.23~7.19	7.36~7.33
	CH(2,4,6)	m	7.18~7.14	7.18~7.12	7.19~7.13	7.20~7.13	7.16~7.09	7.29~7.22
	CH_3	s	2.36	2.31	2.30	2.33	2.32	2.35
乙苯	CH(3,5)	m	7.30~7.26	7.29~7.25	7.30~7.26	7.30~7.25	7.26~7.22	—
	CH(2,6)	m	7.23~7.15	7.22~7.19	7.22~7.14	7.23~7.21	7.18~7.16	—
	CH(4)	m	7.23~7.15	7.17~7.13	7.22~7.14	7.19~7.14	7.14~7.10	—
	CH_2	q,7.6	2.65	2.63	2.60	2.63	2.62	—
	CH_3	t,7.6	1.24	1.20	1.21	1.21	1.21	—

d 为在 D_2O 中观察到第二组核磁共振峰。

附录 10　常用聚合物的英文缩写

英文缩写	中文名称（商品名）	英文缩写	中文名称（商品名）	英文缩写	中文名称（商品名）
ABS	丙烯腈-丁二烯-苯乙烯共聚物	PA	聚酰胺（尼龙）	PP	聚丙烯
AS	丙烯腈-苯乙烯树脂	PAA	聚丙烯酸	PPO	聚苯醚
BR	丁二烯橡胶（顺丁橡胶）	PAM	聚丙烯酰胺	PPS	聚苯硫醚
CR	氯丁橡胶	PAI	聚酰胺-酰亚胺	PPSF	聚苯砜
EAA	乙烯-丙烯酸共聚物	PAN	聚丙烯腈	PS	聚苯乙烯
EPDM（EPT）	乙烯-丙烯-二烯三元共聚物/三元乙丙橡胶	PB	聚丁烯	PSF	聚砜
EPM（EPR）	乙烯-丙烯共聚物/二元乙丙橡胶	PBD	聚丁二烯	PTFE	聚四氟乙烯
EPS	发泡聚苯乙烯	PBI	聚苯并咪唑	PU	聚氨酯
EVA	乙烯-乙酸乙烯酯共聚物	PBT	聚对苯二甲酸丁二醇酯	PVA	聚乙烯醇
GPS	通用聚苯乙烯	PC	聚碳酸酯	PVAC	聚乙酸乙烯酯
HDPE	高密度聚乙烯	PE	聚乙烯	PVB	聚乙烯醇缩丁醛
HIPS	高抗冲聚苯乙烯	PEEK	聚醚醚酮	PVC	聚氯乙烯
IIR	丁基橡胶	PEK	聚醚酮	PVDC	聚偏二氯乙烯
IR	异戊二烯橡胶	PET	聚对苯二甲酸乙二醇酯	PVDF	聚偏二氟乙烯
LDPE	低密度聚乙烯	PEU	聚醚氨酯	PVFM	聚乙烯醇缩甲醛
LLDPE	线形低密度聚乙烯	PF	酚醛树脂	SBR	丁苯橡胶
MF	三聚氰胺-甲醛树脂	PI	聚酰亚胺	SBS	苯乙烯-丁二烯-苯乙烯嵌段共聚物
mPE	茂（金属）系聚乙烯	PIB	聚异丁烯	TPE	热塑性弹性体
NBR（ABR）	丁腈橡胶	PMMA	聚甲基丙烯酸甲酯	UF	脲醛树脂

参 考 文 献

[1] 李珺. 综合化学实验 [M]. 西安：西北大学出版社，2003.

[2] 杨玲，白红进，刘文杰. 大学基础化学实验 [M]. 北京：化学工业出版社，2015.

[3] 徐雅琴，姜建辉，王春. 有机化学实验 [M]. 北京：化学工业出版社，2016.

[4] 陆大东，于海燕，叶涛，等. 微波辐射下从废聚酯饮料瓶中回收对苯二甲酸——推荐一个绿色有机化学实验 [J]. 大学化学，2014，29 (6)：34-37.

[5] 李厚金，朱可佳，陈六平. 黄酮化合物的合成——推荐一个大学有机化学实验 [J]. 大学化学，2013，28 (5)：47-50.

[6] 张颖，姜文清，贾定先. 乙基叔丁基醚的绿色合成——推荐一个设计性综合化学实验 [J]. 化学教育，2013，34 (1)：73-75.

[7] 李天荣，苏军霞，陈凤娟，等. 碳点的合成及对锰离子的比色检测——推荐一个大学化学综合实验 [J]. 大学化学，2020，35 (12)：206-211.

[8] 马贤波，李新汉，张富琴，等. 鲜花香皂的制备——推荐一个大学化学综合教学实验 [J]. 大学化学，2021，36 (8)：65-69.

[9] 孙长艳，李文军，陆慧丽. 席夫碱型有机小分子荧光探针的制备与表征——推荐一个综合化学实验 [J]. 大学化学，2020，35 (2)：70-74.

[10] 孟祥茹，余一泓，江远帆，等. 苯并三氮唑基乙酸 HOF 的制备及质子导电性能研究——推荐一个绿色综合化学实验 [J]. 大学化学，2022，37 (7)：160-166.

[11] 梁鹏举，管荣新，王伟华，等. Ce 掺杂 ZnO 光催化氧化脱硫性能 [J]. 化工进展，2018，37 (12)：4701-4708.

[12] Zhao Jianbo, Wei Jun, Zhang Yongwang, et al. Development of a polyaspartic acid hydrogel fabricated using pickering high internal phase emulsions as templates for controlled release of drugs [J]. Journal of Biobased Materials and Bioenergy，2019，13 (5)：585-595.

[13] Zhang Yuan, Cui Tianyi, Zhao Jianbo, et al. Fabrication and study of a novel TiO_2/g-C_3N_5 material and photocatalytic properties using methylene blue and tetracycline under visible light [J]. Inorganic Chemistry Communications，2022，143：109815.